普通高等院校计算机基础教育系列精品教材

Python语言程序设计

主 编◎张素莉 刘 鑫 刘玥波

副主编◎常 颖 李依霖 郭 雨

U0129896

北京理工大学出版社

BEIJING INSTITUTE OF TECHNOLOGY PRESS

内 容 简 介

Python 是目前深受用户欢迎的程序设计语言之一，也是国内各高校计算机公共程序设计语言首选课程。本书以应用为目的，以案例教学为主线，结合最新的全国计算机等级考试大纲要求及编者多年的一线教学实践经验，深入浅出地介绍了 Python 的基本语法、基本应用及其可视化等典型应用。

本书注重对学生实践能力的培养，以实例方式进行知识点讲解，每个实例都通过了程序验证。本书内容图文并茂、操作步骤完善并附有具体脚本代码，易于读者掌握和学习。本书概念表述精准清晰、例题经典、习题丰富，并以二维码链接形式提供案例代码及其计算机二级考试真题，为读者创造良好的学习环境。

本书既可以作为国内各大院校非计算机专业本科、专科学生 Python 语言程序设计课程的教材，又可以作为全国计算机等级考试的辅导教材，还可以作为相关专业技术人员的参考用书。

图书在版编目(CIP)数据

Python 语言程序设计 / 张素莉，刘鑫，刘玥波主编
. --北京：北京理工大学出版社，2023.7(2023.8 重印)
ISBN 978-7-5763-2557-7

Ⅰ. ①P… Ⅱ. ①张… ②刘… ③刘… Ⅲ. ①软件工
具-程序设计 Ⅳ. ①TP311.561

中国国家版本馆 CIP 数据核字(2023)第 125724 号

出版发行 / 北京理工大学出版社有限责任公司
社　　址 / 北京市海淀区中关村南大街 5 号
邮　　编 / 100081
电　　话 / (010)68914775(总编室)
　　　　　 (010)82562903(教材售后服务热线)
　　　　　 (010)68944723(其他图书服务热线)
网　　址 / http：//www.bitpress.com.cn
经　　销 / 全国各地新华书店
印　　刷 / 唐山富达印务有限公司
开　　本 / 787 毫米×1092 毫米　1/16
印　　张 / 19.25
字　　数 / 452 千字
版　　次 / 2023 年 7 月第 1 版　2023 年 8 月第 2 次印刷
定　　价 / 49.80 元

责任编辑 / 江　立
文案编辑 / 李　硕
责任校对 / 刘亚男
责任印制 / 李志强

前　言

　　本书结合教育部高等学校非计算机专业计算机基础课程教学指导委员会提出的《关于进一步加强高等学校计算机基础教学的意见》，从当前非计算机专业大学新生对计算机基础知识和基本应用技能的实际情况出发，旨在满足现今社会工作对计算机基础操作技能、有关图形图像处理及动画制作的要求。

　　随着人工智能和大数据技术的快速发展，Python 已经成为业界流行的程序设计语言之一，应用领域涵盖常规软件开发、科学计算、云计算、Web 开发、数据分析等。目前，已经有越来越多的学校将"Python 语言程序设计"课程作为非计算机专业的公共基础课，与此同时，为适应新时代信息技术的发展，教育部考试中心决定自 2018 年 3 月起，在全国计算机等级考试(二级)中加入"Python 语言程序设计"科目。本书兼顾了不同专业、不同层次读者的需求，以提高读者自主学习和实际应用能力为目标，以案例教学为主线，强化对实践能力的培养，同时巧妙融入编者的教学经验和体会，将计算机二级考点的基本知识讲解和技能训练相融合，将原理和实践有机结合，使 Python 初学者能结合实例较容易地掌握 Python 程序设计的方法，既能够提高运用 Python 编程并解决实际问题的能力，又能够通过学习，为参加全国计算机等级考试做好准备。

　　本书的主编为张素莉、刘鑫、刘玥波，副主编为常颖、李依霖、郭雨。全书共有 10 章：第 1 章由张素莉编写；第 2 章、第 4 章由常颖编写；第 3 章、第 10 章由刘鑫编写；第 5 章由李依霖编写；第 6 章、第 9 章由刘玥波编写；第 7 章、第 8 章由郭雨编写；最后由张素莉统稿。

　　本书为"互联网+"创新型立体化教材，对书中的二维码进行扫描，可以查看案例代码及其计算机二级考试真题。为了便于学生学习和老师讲解，本书提供配套课程电子资源、习题参考答案、实验素材等教学资源。

　　感谢所有参与本书编写的同事们及帮助和指导过我们工作的朋友们！由于编者水平有限，书中难免存在不足之处，恳请读者批评指正。

编　者

2023 年 4 月

目 录 ↘

第1章

开始 Python 编程之旅

Python 是近年来发展势头迅猛的一种高级程序设计语言，它对编程初学者友好，是一种不受局限、跨平台的开源编程语言。它功能强大、易写易读，在数据分析、机器学习、网络数据爬取、Web 应用开发、自动化运维等方面有着广泛的应用，能在 Windows、Mac OS 和 Linux 等平台上运行。

Python 拥有丰富的应用程序编程接口（Application Programming Interface，API）和第三方工具包，使用它可以高效地开发各种应用程序，因此也被认为是有前途的高级程序设计语言之一。本章从"Hello World!"案例开始，通过介绍 Python 的历史、特点及应用，Python 开发环境搭建，IDLE 设置与应用等内容，讲解 Python 程序设计与 IDLE 的相关基础知识。

 学习目标

（1）了解 Python 的历史、特点及应用。
（2）熟悉 Python 编程环境的搭建。
（3）掌握 IDLE 的设置。
（4）掌握 IDLE 下两种编程模式的使用。

思维导图

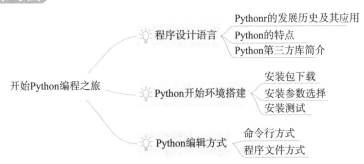

1.1 案例一 搭建 Python 开发环境

案例描述

搭建 Python 3.10.6 环境。

案例分析

以自定义安装方式为例，搭建 Python 3.10.6 环境。

案例实现

1.1.1 程序设计语言

程序设计语言是用于书写计算机程序的语言，因此也被称为编程语言。它是一种让人与计算机实现交流，让计算机理解人的意图并按照人的意图完成工作的符号系统，是指令或语句的集合(指令或语句是让计算机完成某项功能的命令)。在机器语言或汇编语言中，这样的命令被称为指令；在高级语言中，这样的命令被称为语句。

从计算机诞生到现在，世界上公布的程序设计语言已有上千种之多。这些程序设计语言经历了从机器语言、汇编语言到高级语言 3 个阶段：机器语言和汇编语言都是低级语言，高级语言分为结构化程序设计语言、面向对象程序设计语言、可视化程序设计语言、面向人工智能的程序设计语言和数据库语言等。

机器语言是由二进制编码指令构成的语言，它是一种依附于机器硬件的语言。不同的CPU 具有不同的指令系统，这些指令能够被计算机直接执行。用机器语言编写的程序就是由 0 和 1 组成的数字串，这种指令难以准确记忆、容易出错、难以理解和修改，在使用时还需要用户直接对存储空间进行分配，因此编程效率极低，已经逐渐被淘汰。

汇编语言是由助记符指令构成的语言，与机器指令存在直接的对应关系，因此其在本质上也是一种依附于机器硬件的语言。用汇编语言编写的程序称为汇编程序，其需要被翻译成机器语言才能被计算机执行。和机器语言相比，汇编语言实现的功能相同，而指令相对容易记忆、编写和理解。使用汇编语言同样需要编程人员对计算机的硬件结构有较深入的了解，因此也存在难学难用、容易出错、维护困难等缺点。但是，使用汇编语言可以直接访问系统接口，因此将其翻译成机器语言的效率较高。在实际应用中，只有在高级语言不能满足设计要求，或者不具备支持某种特定功能的技术性能时，汇编语言才会被使用。

机器语言的指令用二进制数字串表示，汇编语言的指令用英文助记符表示，高级语言的语句用英文和数学公式表示。因此，高级语言是面向用户的、独立于计算机种类和结构的语言，其形式上接近算术语言和自然语言，概念上接近人们通常使用的概念。高级语言易学易用，通用性强，应用广泛。常见的高级语言有 C、C++、Java、Python 等。

用高级语言编写的程序称为高级语言源程序，它也需要被翻译成目标程序才能被计算机理解和执行。高级语言的翻译方式有多种，可分为汇编、编译和解释。按照不同的计算机执行机制，高级语言又可分为静态语言和脚本语言两类：采用编译执行的高级语言是静态语言，如 C、Java；采用解释执行的高级语言是脚本语言，如 JavaScript、PHP、Python。

1.1.2　Python 简介

1. Python 的发展

Python 由荷兰数学和计算机科学研究学会的吉多·范罗苏姆（Guido van Rossum）于 1989 年发明。1991 年，Python 发布了第 1 个公开版本，明确了其是一种解释型、面向对象、动态数据类型的高级语言。Python 是一种解释型语言，具有简单、明确的语法结构，高效的数据结构和有效的面向对象编程功能，目前已成为多数平台上脚本和应用开发的编程语言。Python 的名字来源于英国喜剧团 Monty Python（蒙提·派森，又称巨蟒剧团），Python 的创始人是该剧团的粉丝。Python 自发布以来，主要经历了 3 个版本，分别是 1994 年发布的 Python 1.0 版本（已过时），2000 年发布的 Python 2.0 版本（已停止更新）和 2008 年发布的 Python 3.0 版本（现在已更新到 3.11.x）。

2. Python 的应用领域

据 2022 年 9 月的 TIOBE 排行榜显示，Python 的市场份额达到 15.47%，相比上个月增加了 4.07%，创下了历史新高，如图 1-1 所示。可见，作为一种高扩展性语言，Python 的应用领域十分广泛，主要体现在以下几个方面。

Sep 2022	Sep 2021	Change		Programming Language	Ratings	Change
1	2	⌃		Python	15.74%	+4.07%
2	1	⌄		C	13.96%	+2.13%
3	3			Java	11.72%	+0.60%
4	4			C++	9.76%	+2.63%
5	5			C#	4.88%	-0.89%
6	6			Visual Basic	4.39%	-0.22%
7	7			JavaScript	2.82%	+0.27%
8	8			Assembly language	2.49%	+0.07%
9	10	⌃		SQL	2.01%	+0.21%
10	9	⌄		PHP	1.68%	-0.37%
11	24	⌃		Objective-C	1.49%	+0.86%
12	14	⌃		Go	1.16%	+0.03%
13	20	⌃		Delphi/Object Pascal	1.09%	+0.32%
14	16	⌃		MATLAB	1.06%	+0.04%
15	17	⌃		Fortran	1.03%	+0.02%
16	15	⌄		Swift	0.98%	-0.09%
17	11	⌄		Classic Visual Basic	0.98%	-0.55%
18	18			R	0.95%	-0.02%
19	13	⌄		Perl	0.72%	-0.06%
20	13	⌄		Ruby	0.66%	-0.62%

图 1-1　2022 年 9 月的 TIOBE 排行榜

（1）常规软件开发。

Python 支持函数式编程和面向对象程序设计（Object Oriented Programming，OOP）编程，能够承担任何种类软件的开发工作，因此常规的软件开发、脚本编写、网络编程等都属于 Python 的标配能力。

（2）科学计算。

随着 NumPy、SciPy、Matplotlib 等众多程序库的开发，Python 越来越适用于科学计算、绘制高质量的 2D 和 3D 图像。和科学计算领域最流行的商业软件 MATLAB 所采用的脚本语言相比，Python 是一门通用的程序设计语言，其应用范围更广泛，拥有更多的程序库的支持。

（3）云计算。

云计算是未来发展的一大趋势，Python 是为云计算服务的。很多常用的云计算框架中都有 Python 的身影。例如，开源云计算解决方案 OpenStack 就是基于 Python 开发的。

（4）Web 开发。

在 Web 开发领域，Python 拥有很多免费的数据函数库、网页模板系统，以及与 Web 服务器进行交互的库。基于 Python 的 Web 开发框架有很多，如耳熟能详的 Django，还有 Tornado、Flask。其中的 Python+Django 架构，应用范围非常广，开发速度非常快，学习门槛也很低，能够帮助用户快速搭建可用的 Web 服务。例如，我们经常使用的豆瓣网、知乎等平台都是用 Python 开发的。

（5）网络爬虫。

在网络爬虫领域，Python 几乎占据了霸主地位，它可以将网络中的一切数据作为资源，通过自动化程序进行有针对性的数据采集以及处理。因为 Python 本身的简洁性，使得用 Python 编写爬虫比用其他编程语言编写要简单得多，Python 的 Scrapy 爬虫框架应用非常广泛。

（6）数据分析。

在大量数据的基础上，结合科学计算、机器学习等技术，对数据进行清洗、去重、规范化和针对性的分析是大数据行业的基石。Python 是数据分析的主流语言之一。在数据分析方面，Python 是金融分析、量化交易领域里用得最多的语言，日常工作中复杂的 Excel 报表处理也可以用 Python 来完成。对数据分析师而言，Python 是数据分析的利器。

（7）人工智能。

Python 是目前公认学习人工智能的基础语言，很多开源的机器学习项目都是基于 Python 编写的，如用于身份认证的人脸识别系统。

相信随着 Python 的不断发展和其影响力的扩大，其应用领域会越来越广泛。对于 IT 从业者而言，Python 开发职位多、工资高、晋升快。而对于非 IT 从业者而言，学会 Python 后可将其应用到实际工作中，提高工作效率，进而提升自己的综合竞争力。

虽然从网站建设、网络爬虫到机器人控制，Python 几乎适用于任何应用场合，然而，Python 也是一把双刃剑。利用 Python 入侵他人网络、非法获取他人信息如同探囊取物，窃取他人机密也易如反掌。因此，读者在学习使用 Python 的时候要有正确的价值观，应该用 Python 帮助解决我们工作生活中的问题，做有益的事情，提高我们的工作效率和生活质量，而不能用它做违反道德和法律的事，更不能危害社会。

3. Python 的特点

与其他程序设计语言相比，Python 具有易学易用、有丰富的第三方库、免费开源等特点，使其得到广泛的学习和使用。

（1）易学易用，开发速度快。

Python 的语法多源于 C 语言，但是比 C 语言更简洁，适合新手入门。与其他程序设计语言相比，用更少的 Python 代码就可以实现相同的功能，因此更易于我们学习和掌握，编程人员也能更多地关注数据处理逻辑，而不是语法细节。Python 程序相对代码量少，容易编写，代码的测试、重构、维护等都比较容易，因而利用 Python 进行软件开发的速度快，可以有效提高软件生产企业的竞争力。

（2）具有大量的标准库和第三方库。

Python 解释器提供了非常完善的基础库（内置类库），包括系统、网络、文件、图形用户界面(Graphical User Interface，GUI)、数据库、文本处理等方方面面的功能，这些随同解释器被默认安装，各平台通用，无须安装第三方支持就可以使用。此外，遍布世界各地的 Python 开源社区还提供了许多第三方库，覆盖了计算机技术的各个领域，因此，编写Python 程序可以大量利用已有的内置类库和第三方库中的函数，这样可以大大减少编程人员自己编写代码的工作量，简化编程工作，提高编程效率和代码质量。

(3)开源语言，发展动力巨大。

Python 使用 GPL(General Public License，通用公共许可证)开源协议，编程人员可以通过网络免费获取源代码，进行学习、改进。Python 因其开放性、自由性的特点，聚起了人气，形成了社区，不仅给编程人员提供了语言学习和使用的帮助，使他们能够更好地了解、学习和使用语言，同时也推动了其自身的发展。

1.1.3　搭建 Python 开发环境

学习程序设计语言首先要搭建一个开发环境，搭建 Python 开发环境主要是安装 Python解释器。只有安装了 Python 解释器，才能执行 Python 程序，才能验证编写的程序是否正确以及执行效率如何。Python 解释器的安装主要包含以下 3 个步骤。

1. 下载 Python 安装包

搭建 Python 开发环境的第一步就是下载 Python 安装包。安装包可以通过 Python 官方网站(https：//www.python.org/)下载。用户访问 Python 官方网站，进入下载界面，如图1-2 所示。

进入 Python 官方网站之后，将鼠标指针移动到 Downloads 菜单上，将显示与下载有关的菜单项。如果使用的是 64 位的 Windows 操作系统，那么直接单击相应版本按钮下载 64位的安装包；否则，单击 View the full list of downloads 按钮，将列出 Python 不同版本的下载链接，用户可以根据需要选择想要安装的 Python 版本下载，本书使用 Python 3.10.6 版本，如图 1-3 所示。

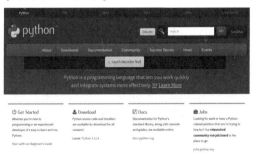

图 1-2　Python 官方网站下载界面

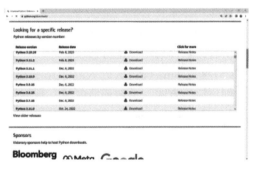

图 1-3　下载版本选择

单击 Download 按钮，在下载文件中选择 Windows installer(64-bit)进行下载。下载完成后，浏览器会自动提示"此类型的文件可能会损坏您的计算机。您仍然要保留 python-3.10.6-amd64.exe 吗？"，此时，单击"保留"按钮，保留该文件，就可以得到名称为python-3.10.6-amd64.exe 的安装文件。

2. 在 Windows 64 位系统上安装 Python

在 Windows 64 位系统上安装 Python 3.10.6 的步骤如下。

(1)双击安装文件，将弹出安装向导界面。Python 安装起始界面中为用户提供了两种安装方式，如图 1-4 所示。一种是 Install Now，这也是默认安装方式，包括安装 IDLE、pip 包管理器和相关文档。另一种是 Customize installation，这是自定义安装方式，安装时由用户选择安装路径和设置选项。

勾选安装界面中的 Add Python 3.10 to PATH 复选框，表示系统将自动配置环境变量，如果未勾选，那么需要用户手动配置环境变量。

（2）这里选择自定义安装方式，单击 Customize installation 按钮，进行自定义安装（自定义安装可以修改安装路径），这里采用默认设置，进入如图 1-5 所示的界面。

图 1-4　Python 安装起始界面　　　　图 1-5　安装设置选择界面

安装设置选择界面包括以下选项。

①Documentation 复选框：选择是否安装 Python 相关文档文件。

②pip 复选框：选择是否安装 Python 包 pip 管理器，如果选择安装，那么可用 pip 下载、安装其他 Python 功能包。

③tcl/tk and IDLE 复选框：选择是否安装 tcl 工具命令语言、Tkinter 图形用户界面编程环境，以及 IDLE。这些用于创建、运行、调试 Python 程序代码。

④Python test suite 复选框：选择是否安装标准库测试套。

⑤py launcher 复选框：选择是否安装 py 启动工具，若勾选，则可通过全局命令 py 方便地启动 Python。

⑥for all users（require elevation）复选框：表示以上选项对于本机上登录的所有用户账号登录后的配置适用，是可选项。

（3）单击 Next 按钮，进入高级选项设置界面。高级选项设置界面中包括安装相关文件、创建快捷方式、添加环境变量、预编译标准库等，如图 1-6 所示。

（4）单击 Install 按钮，将开始安装 Python，并显示安装进度。安装过程持续几分钟，最终安装成功的界面如图 1-7 所示。

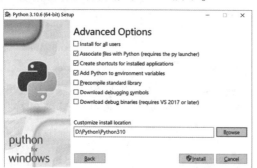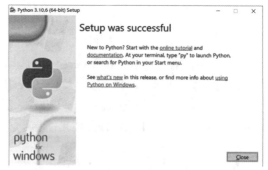

图 1-6　高级选项设置界面　　　　图 1-7　安装成功界面

Python 安装成功后，在系统"开始"菜单中，增加了 Python 程序操作菜单，如图 1-8 所示。

Python 程序操作菜单中包含以下选项。

①IDLE(Python 3. 10 64-bit)：安装包中的 Python 集成开发环境。

②Python 3. 10(64-bit)：Python 终端程序。

③Python 3. 10 Manuals(64-bit)：Python 3. 10 CHM 版本的使用文档。

④Python 3. 10 Module Docs(64-bit)：模块查询文档。

3. 测试 Python 是否安装成功

Python 安装成功后，用户需要检测 Python 是否真的安装成功。例如，在 Windows 10 系统中检测 Python 是否真的安装成功，可以在"开始"菜单右侧的"在这里输入你要搜索的内容"文本框中输入 cmd 命令，然后按〈Enter〉键，启动"命令提示符"窗口，再在当前的命令提示符后输入 Python，并按〈Enter〉键，若出现如图 1-9 所示的信息，则说明 Python 已安装成功。

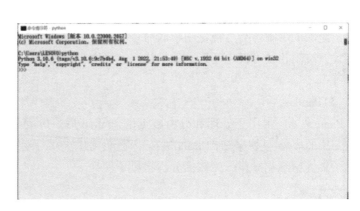

图 1-8　Python 程序操作菜单　　　　　　　图 1-9　安装测试

1. 1. 4　Python 标准库和第三方库

1. Python 标准库

Python 标准库是随着 Python 安装的时候默认自带的库，不需要单独下载安装。常见的 Python 标准库主要包括以下几个。

(1)datetime 库：处理时间和日期的库，提供了日期获取和格式化等方法。

(2)random 库：随机数生成库，提供了随机数生成的方法。

(3)math 库：数据函数库，提供了基础的数学运算。

(4)sys 库：系统命令库，提供了 sys. argv、sys. path、sys. modules 等操作方法。

(5)os 库：操作系统库，提供了系统操作关联函数。

2. Python 常用的第三方库

Python 第三方库也称为扩展库，需要下载或在线安装到 Python 的安装目录中。Python 标准库和第三方库的调用方式是一样的，都需要用 import 语句调用。常见的 Python 第三方库包括以下几个。

（1）NumPy。

NumPy 是 Python 科学计算的基础工具包，统计学、线性代数、矩阵数学、金融操作等很多 Python 数据计算工作库都依赖它。NumPy 支持大量的维度数组与矩阵运算，提供了大量的针对数组运算的数学函数库。NumPy 是 SciPy、Pandas 等数据处理和科学计算库最基本的函数功能库。

（2）SciPy。

SciPy 是 Python 中用于科学计算的函数集合，其包含的功能有最优化、线性代数、积分、插值、拟合、特殊函数、快速傅里叶变换、信号处理和图像处理、常微分方程求解和其他科学与工程中常用的计算等，它用于有效计算 NumPy 矩阵，使 NumPy 和 SciPy 协同工作，高效解决问题。

（3）Scikit-learn 库。

Scikit-learn 基于上述的 NumPy 和 SciPy 库，包含大量用于传统机器学习和数据挖掘相关的算法，集成了常见的机器学习功能。

（4）Matplotlib。

Matplotlib 是 Python 强大的数据可视化工具和作图库，其功能为生成可发布的可视化内容，提供了绘制各类可视化图形的命令字库、简单的接口，可以方便用户轻松掌握图形的格式，绘制各类可视化图形，如折线图、饼图、柱状图、直方图、散点图以及其他专业图形等。

（5）Pandas。

Pandas 是一个用于处理和分析数据的 Python 库。Pandas 提供用于进行结构化数据分析的二维的表格型数据结构 DataFrame，它能提供类似于数据库中的切片、切块、聚合、选择子集等精细化操作，为数据分析提供了便捷。

知识扩展

（1）TIOBE 排行榜能反映某个编程语言的热门程度，是反映当前业内程序开发语言的流行使用程度的有效指标。它可以用来判断开发者的编程技能能否跟上趋势，或者是否有必要作出战略改变，以及什么编程语言是应该及时掌握的，对研究世界范围内程序开发语言的走势具有重要参考意义。

（2）库的安装与管理。

Python 提供两个基本的库管理工具：easy_install 和 pip，其中 pip 是目前主流的使用方式，可利用 pip 实现对扩展库的查看、安装与卸载。

①查看第三方库。

命令格式：pip list

例如：D:\Python\Python310\Scripts>pip list

②查看当前安装的库。

命令格式：pip show Package

例如：D:\Python\Python310\Scripts>pip show Matplotlib

③安装指定版本的第三方库。

命令格式：pip install Package==版本号

例如：D：\Python\Python310\Scripts>pip install Matplotlib==

④离线安装指定版本的第三方库 whl。

命令格式：pip install Package. whl

例如：D：\Python\Python310\Scripts>pip install Matplotlib. whl

⑤卸载第三方库。

命令格式：pip uninstall Package

例如：D：\Python\Python310\Scripts>pip uninstall Matplotlib

⑥更新第三方库。

命令格式：pip install-U Package

例如：D：\Python\Python310\Scripts>pip install-U Matplotlib

1.2　案例二　输出"Hello World！"

案例描述

输出"Hello World！"。

案例分析

使用两种方法编写程序，输出"Hello World！"。

案例实现

1.2.1　Python 的 IDLE 设置

解释器是 Python 运行必不可少的一种工具。因此，我们搭建 Python 开发环境，本质上就是对 Python 进行配置和定制。而解释器就是能够执行使用其他程序设计语言编写的程序的系统软件，它是一种翻译程序。它的执行方式是一边翻译一边执行，因此其执行效率一般偏低，但是实现较为简单，而且编写源程序的高级语言可以使用更加灵活和富于表现力的语法。Python 解释器有两个重要的工具：IDLE 和 pip。集成开发学习环境（Integrated Development and Learning Environment，IDLE）实际就是 Python 的一个外壳（Shell）。IDLE 包括交互命令行、编辑器、调试器等基本组件，可以完成简单应用程序的编写与运行任务。

1. 启动 IDLE

单击 Windows 10 系统的"开始"菜单，然后依次选择"所有程序"→Python 3. 10→IDLE（Python 3. 10 64-bit）选项，即可打开 IDLE 界面用来编写和调试 Python 代码，如图 1-10 所示。使用 IDLE 编写 Python 代码时，代码将会以不同的颜色显示，这样代码将更容易阅读。

2. IDLE 设置

单击 Python IDLE 界面的 Options 菜单，然后单击 Configure IDLE 选项，就可以进入如

图 1-11 所示的 IDLE 设置界面。该设置界面包括字体/缩进(Fonts/Tabs)、字体高亮(Highlights)、快捷键(Keys)、常规(Windows)、Shell/Ed、扩展(Extensions)等功能设置。其中，在 Fonts/Tabs 选项卡中可设置 IDLE 编辑区域代码字体、字号、是否加粗、缩进量等。默认情况下，代码缩进 4 个空格字符，用户可拖动滑动按钮，设置缩进量。在 Highlights 选项卡中可以设置命令模式和编辑模式下前景、背景配色方案，以及 IDLE 的界面模式，用户可以根据自己的喜好来调整颜色。IDLE 的界面模式共分为 IDLE Classic、IDLE Dark 和 IDLE New 三种，不同界面模式的风格差距比较大，可以根据自己的喜好进行选择。

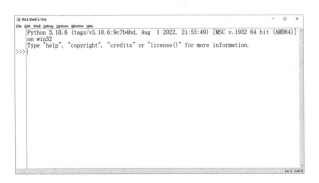

图 1-10　Python IDLE 界面　　　　　　　　图 1-11　Python IDLE 设置界面

1.2.2　Python 编程

在具体的 Python 程序设计中，安装好 Python 解释器后，Python 程序的编辑运行主要包括命令行模式和程序设计两种模式。

1. Python 命令行模式

命令行模式是一种人机交互方式，在 IDLE 界面，用户输入一行命令(Python 语句)，计算机就执行一条，并即时输出运行结果。

用户可以在 IDLE 界面提示符"＞＞＞"后面输入相应的程序语句，按〈Enter〉键执行该语句。若程序语句没有错误，则 IDLE 立即执行该语句，并输出运行结果；否则会抛出异常，并显示错误提示信息。使用 exit( )命令退出交互模式。

如果想要利用 Python 输出"Hello World!"，则可以在提示符"＞＞＞"后输入如图 1-12 所示的语句。其中，print( )是 Python 提供的输出函数，其功能是显示输出表达式的计算结果，上述语句的功能就是在屏幕上显示输出字符串"Hello World!"，具体运行结果如图 1-13 所示。

图 1-12　命令行模式下输入"Hello World!"　　　　图 1-13　命令行模式下输出"Hello World!"

这种命令行模式交互简单方便，可用于实现简单功能和学习时的语法格式验证，但是不适合解决复杂问题，只有编写程序才能更好地体现出 Python 的优势。

2. Python 程序设计模式

在解决具体问题中，一般是把多条语句组织成一个程序文件，然后执行该程序文件，达到解决问题的目的。首先在图 1-10 所示的 IDLE 界面中选择 File→New File 命令，打开程序编辑器窗口，在窗口中输入若干条语句，形成一个 Python 程序，如图 1-14 所示。其次选择 File→Save 命令，输入相应的文件名并选择文件存储路径后，可以保存该程序，Python 源程序文件默认的扩展名是 .py。最后可以选择 Run→Run Module 命令（或者按〈F5〉快捷键），将在一个标记为 Python Shell 的窗口中显示运行结果，如图 1-15 所示。也可以在 IDLE 界面中选择 File→Open 命令，打开一个已经存在的 Python 程序文件，用于编辑修改和调试程序。

图 1-14 程序设计模式下编辑 Hello World! 程序   图 1-15 程序设计模式下输出"Hello World!"

知识扩展

Python 编程人员通常选用第三方集成开发环境（Integrated Development Environment，IDE）进行程序设计。常用的 IDE 有 Notepad++、PyScripter、PyCharm、Eclipse with PyDev、Komodo、Wing IDE 等，它们通常具有自动代码完成、参数提示、代码错误检查等功能。

1.3 实 训

1.3.1 实训一 完成 Python 开发环境搭建

根据个人计算机的实际情况，请完成 Python 开发环境的下载及其安装，并按个人喜好完成 IDLE 界面的设置。

1.3.2 实训二 简单程序实现

基于搭建好的 Python 开发环境，要求完成下列任务。
(1) 在命令行模式下，完成简单算数运算、字符串输出的练习。
(2) 在程序设计模式下，完成指定字符串输出程序的编辑、运行。

第2章
基本数据类型与内置函数

Python 程序设计的基本知识是学习后续章节的有力支撑。本章通过几个简单问题的计算机求解，介绍 Python 程序设计的一些基本概念、Python 程序的代码规范和风格，为编程人员后续编写程序养成良好习惯打下基础。数据类型是程序中最基本的概念，只有确定了数据类型，才能确定变量的存储及操作。本章将介绍基本数据类型中的整型、浮点型、布尔类型、字符串类型以及类型转换。表达式是表示一个计算求值的式子，有了变量、常量、表达式就可以完成科学计算。本章将介绍基本的输入、输出函数应用，使用输入、输出功能是实现人机交互的重要方式方法。本章还将介绍常用的内置函数的使用方法，Python 中的内置函数使程序编写更加方便快捷。

本章所介绍的这些内容都是编程人员编程的基础，也是 Python 程序设计的基本内容。

 学习目标

（1）了解程序的基本结构，掌握注释、缩进、续行、import 导入模块、变量和常量的应用。

（2）了解 Python 基本数据类型，熟练应用各种数据类型的使用方法。

（3）理解和掌握强制类型转换。

（4）掌握运算符与表达式的应用。

（5）掌握并熟练应用 Python 的基本输入和基本输出方法。

（6）掌握 math 模块、random 模块、time 模块中函数和方法的应用。

 思维导图

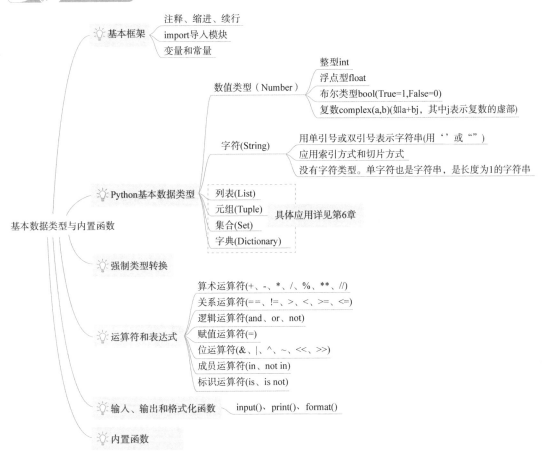

基本框架
- 注释、缩进、续行
- import导入模块
- 变量和常量

Python基本数据类型
- 数值类型（Number）
  - 整型int
  - 浮点型float
  - 布尔类型bool(True=1,False=0)
  - 复数complex(a,b)(如a+bj，其中j表示复数的虚部)
- 字符(String)
  - 用单引号或双引号表示字符串(用'　'或"　")
  - 应用索引方式和切片方式
  - 没有字符类型。单字符也是字符串，是长度为1的字符串
- 列表(List)
- 元组(Tuple)　　具体应用详见第6章
- 集合(Set)
- 字典(Dictionary)

强制类型转换

运算符和表达式
- 算术运算符(+、-、*、/、%、**、//)
- 关系运算符(==、!=、>、<、>=、<=)
- 逻辑运算符(and、or、not)
- 赋值运算符(=)
- 位运算符(&、|、^、~、<<、>>)
- 成员运算符(in、not in)
- 标识运算符(is、is not)

输入、输出和格式化函数　　input()、print()、format()

内置函数

基本数据类型与内置函数

2.1　案例一　猜单词游戏

案例描述

以下程序代码实现猜单词游戏，读者现在不需要理解程序各条语句的功能意义，只需观察程序的组成框架。欢迎读者在学习了后续的知识点后，回顾该程序。

程序代码：

```
'''
猜单词游戏,该程序功能是建立一个单词库,随机选择一个单词,将该单词的字母乱序后输出,由玩家
猜乱序后的字母可组合的单词,并输入组合好后的单词,判断玩家组合的单词是否正确
'''
import random                          #导入 random 模块
#下行程序表示:WORDS 为该游戏的单词库。应用续行符"\"将过长的语句分行
WORDS=("apple","bee","cat","dog",\
       "egg","flower","guess")
word=random. choice(WORDS)            #随机函数应用,从单词库中随机选一个单词给 word
correct=word                          #将 word 赋值给 correct
```

```
jumble=""
"""以下程序块,读者不需要理解程序的功能,只需观察程序块中语句的所属关系,观察程序利用缩进
功能,使程序结构更明显易读"""
while word:                          #word 不是空字符串时循环,循环详见第 4 章
    position=random. randrange(len(word))  #len()函数功能:返回 word 变量中的字符串长度
#random. randrange(len(word))作用:返回从[1,字符串长度]中选取的一个数
    jumble=jumble+word[position]     #将 position 位置的字母组合到乱序后的单词中
#通过切片,将 position 位置的字母从 word 变量中删除,应用详见第 2.4.2 小节
    word=word[:position]+word[(position+1):]
print("乱序后单词",jumble)
guess=input("请你猜:")                 #玩家输入猜到的单词
if guess==correct:                   #判断玩家输入的单词与变量 correct 中的是否一致
    print("你真棒,猜对了")
else:                                #选择结构 if…else 应用详见第 4 章
    print("猜错了")
```

运行结果如图 2-1 所示。

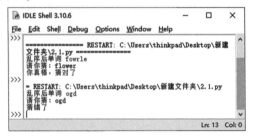

图 2-1　猜单词游戏程序运行结果

■■■案例分析■■■

通过以上程序思考下述问题。

(1)import 导入模块。

(2)注释的应用。

(3)缩进的益处。

(4)续行符的作用。

■■■案例实现■■■

2.1.1　Python 程序的基本组成框架

Python 中最简单的程序就是直接使用内置函数 print( )输出一个字符串。
例如:

```
print("习惯是一个人思想与行为的领导者! ")
```

但 Python 中的程序不会都这么简单,随着问题的不断扩展,程序设计也会越来越复
杂。一个 Python 程序会包含若干个自定义的函数、若干个自定义的类等。因此,Python 程

序的基本框架应由以下几部分组成：程序的注释、导入需要的模块、各个类的定义、各个函数的定义、各种执行语句。

2.1.2　注释

若想得到质量好的、可读性强的程序，注释是必不可少的。注释一般在程序中占 20% 以上，用来注解程序的意义。注释提供给读程序的人，使其了解编程者的意图，所以 Python 解释器将忽略这部分内容不予执行。Python 中常用的注释方式主要有两种：单行注释和多行注释。

（1）单行注释：Python 中使用井号"#"作为单行注释的符号。从#开始，直到该行结束为止的所有内容都是注释。

语法格式：

```
#注释内容
```

【微实例 2-1】
单行注释的应用。

【程序代码 eg2-1】

```
print("习惯是一个人思想与行为的领导者!")    #输出字符串
```

【运行结果】如图 2-2 所示。

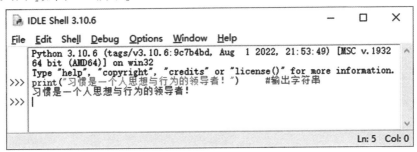

图 2-2　微实例 2-1 运行结果

（2）多行注释：一次性注释程序中多行的内容，但也可以是一行。Python 使用 3 个连续的单引号('''）或 3 个连续的双引号("""）注释多行内容。

语法格式：

```
''' 注释内容  '''
"""注释内容   """
```

知识扩展

（1）多行注释的内容可以是一行或多行，但 3 个连续的单引号('''）或 3 个连续的双引号("""）必须分别作为注释的开头和结尾，即成对出现。

（2）输入单引号或双引号时必须切换到英文状态下，否则系统会提示报错。

【微实例 2-2】
多行注释的应用。

【程序代码 eg2-2】

```
''' 以下程序实现一个 for 循环,共循环 10 次,每循环一次输出 i 的值后,i 再自动加 1,因为 i 没有初始
化,所以默认从 0 开始,输出结果是 0 1 2 3 4 5 6 7 8 9。end=' ' 的作用是让结果一行输出,每个数据中间空
一个空格。'''
for i in range(10):
print(i,end=' ')
```

【运行结果】如图 2-3 所示。

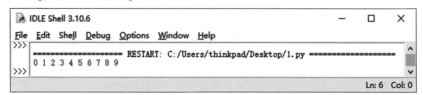

图 2-3　微实例 2-2 运行结果

2.1.3　缩进

在程序中代码有缩进，使代码更具有可读性。Python 中的缩进非常特殊，可以用来分组。即将需要组合在一起的语句或表达式，采用相同的缩进方式进行区分，使代码之间具有逻辑关系，缩进结束就表示一个程序块结束。

【微实例 2-3】

缩进的应用。

【程序代码 eg2-3】

```
num1=15
num2=35
if num1>num2:                    #如果 num1 的值大于 num2 的值
    print(num1)                  #输出 num1 的值
else:                            #否则 num1 的值不大于 num2 的值
    print(num2)                  #输出 num2 的值
```

【运行结果】如图 2-4 所示。

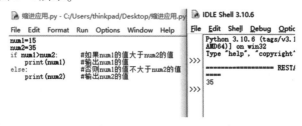

图 2-4　微实例 2-3 运行结果

知识扩展

一般以 4 个空格为基本缩进单位，而不要使用制表符 Tab。对于类定义、函数定义、选择结构、循环结构，行尾的冒号表示缩进的开始，按〈Enter〉键后会自动缩进。

2.1.4　续行

如果一行语句太长，超过编辑窗口的宽度，则可以在行尾加上反斜杠"\"表示续行。

【微实例 2-4】

续行符的应用。

【程序代码 eg2-4】

```
#学会集体工作的艺术。在今天的科学中,只有集体的努力才会有真正的成就
x=" Learn the art of collective work. \
    In today' science, only collective \
efforts can make real achievements. "
print(x)
```

【运行结果】如图 2-5 所示。

```
IDLE Shell 3.10.6                                          —    □    ×
File  Edit  Shell  Debug  Options  Window  Help
Python 3.10.6 (tags/v3.10.6:9c7b4bd, Aug  1 2022, 21:53:49) [MSC v.1932 64 bit (AMD64)] on win32
Type "help", "copyright", "credits" or "license()" for more information.
>>> x=" Learn the art of collective work. \
...     In today' science, only collective \
... efforts can make real achievements. "
>>> print(x)
 Learn the art of collective work.     In today' science, only collective efforts can make real achievements.
>>> |
                                                                    Ln: 8  Col: 0
```

图 2-5　微实例 2-4 运行结果

知识扩展

应用续行符时，在其后面不能再出现任何字符，包括空格，必须换行才能编写下一行内容，否则系统提示报错。

2.1.5　import 导入模块

在 Python 中，import 的作用是将系统自带的或编程人员已经编写好的、现成的模块导入自己的程序，这样就可以直接调用属于这些模块的函数和方法，而不用重新定义。import 具有重用性的作用，还减少了代码冗余。例如，Python 内置模块中的 math 模块有许多数学函数，如求绝对值函数 fabs( )、求正弦函数 sin( )、求平方根函数 sqrt( )等，将 math 库导入 Python 后，其所有函数都可以直接调用计算，非常方便。

Python 中的模块有 3 种：内置模块、第三方模块、自定义模块。

(1)内置模块是 Python 内置标准库中的模块，也是 Python 的官方模块，可直接导入程序供开发人员使用，如 math 库、random 库、time 库等。

(2)第三方模块是由非官方制作发布的、供大众使用的 Python 模块，在使用之前需要开发人员自行安装，如 requests 库、scrapy 库、numpy 库等。

(3)自定义模块是开发人员在程序编写过程中自行编写的、存放功能性代码的 .py 文件。

利用关键字 import 导入模块的方法有以下 4 种。

（1）方法一：最常用的导入模块方法。

import 模块名   #导入该模块

在调用模块中的函数时，必须按如下格式调用：

模块名 . 函数名([参数])   #[参数]表示参数可缺省

【微实例 2-5】

"import 模块名"方法的应用。

【程序代码 eg2-5】

```
import math                      #导入系统自带的 math 模块(math 库)
print(math. pow(5,3))            #调用 math 模块中的 pow()函数求 5 的三次方,输出结果
```

【运行结果】如图 2-6 所示。

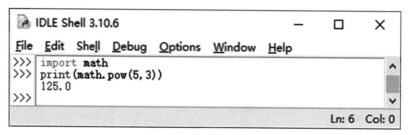

图 2-6 微实例 2-5 运行结果

知识扩展

使用 import 导入模块时，每个 import 只导入一个模块，不要一次导入多个模块。虽然 import 可以一次导入多个模块（只需要在模块名之间用逗号进行分隔），但是不提倡这样写。

例如：

import math,time   #语法上合理,但不提倡

（2）方法二：有时只需用到模块中的某个函数，只需引入该函数即可，此时用以下格式语句引入。

from 模块名 import 函数名   #导入指定的模块内的指定函数

在调用模块中的函数时，必须按如下格式调用：

函数名([参数])

【微实例 2-6】

"from 模块名 import 函数名"方法的应用。

【程序代码 eg2-6】

```
from math import pow            #导入系统自带的 math 模块(math 库)中的 pow()函数
print(pow(5,3))                 #调用 pow()函数求 5 的三次方,输出结果
```

【运行结果】如图 2-7 所示。

IDLE Shell 3.10.6
File Edit Shell Debug Options Window Help
>>> from math import pow
>>> print(pow(5, 3))
125.0
>>>
Ln: 9 Col: 0

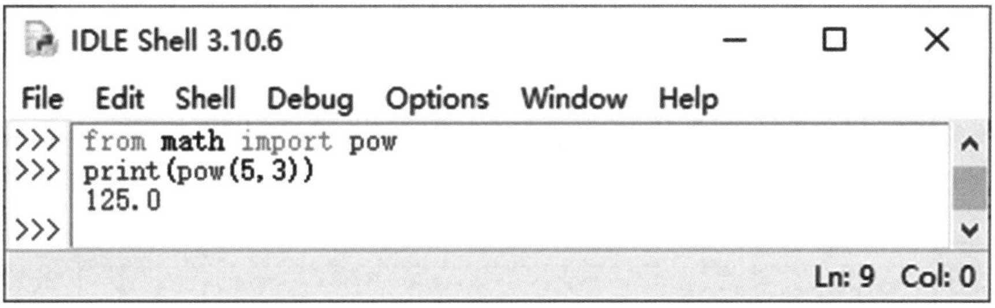

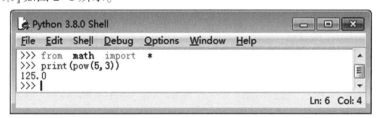

图 2-7　微实例 2-6 运行结果

知识扩展

通过“from 模块名 import 函数名”方法引入函数，调用函数时只能写函数名，不能写模块名，否则系统提示报错。

(3) 方法三：提供了一个简单的方式来导入模块中的所有项目。

```
from 模块名 import  *                    #导入指定的模块
```

在调用模块中的函数时，必须按如下格式调用：

```
函数名([参数])
```

【微实例 2-7】

“from 模块名 import * ”方法的应用。

【程序代码 eg2-7】

```
from math import  *                      #导入系统自带的 math 模块(math 库)
print(pow(5,3))
```

【运行结果】如图 2-8 所示。

Python 3.8.0 Shell
File Edit Shell Debug Options Window Help
>>> from math import *
>>> print(pow(5, 3))
125.0
>>>
Ln: 6 Col: 4

图 2-8　微实例 2-7 运行结果

知识扩展

“from 模块名 import 函数名”方法不建议过多地使用，除非是确保不会出现命名空间冲突的模块。

(4) 方法四：适合复杂模块名情况。

```
import 模块名   as   模块别名
```

在调用模块中的函数时，必须按如下格式调用：

```
模块别名 . 函数名([参数])
```

【微实例 2-8】

"import 模块名 as 模块别名"方法的应用。

【程序代码 eg2-8】

import math as tt	#为 math 模块(math 库)起别名为 tt,并导入
print(tt. pow(5,3))	#通过 math 模块(math 库)别名 tt 调用 pow()函数

【运行结果】如图 2-9 所示。

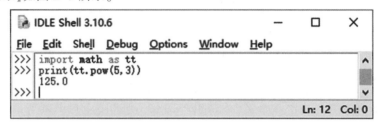

图 2-9　微实例 2-8 运行结果

知识扩展

通过"import 模块名 as 模块别名"方法引入函数，调用函数时调用语句只能采用"模块别名. 函数名(参数)"格式，不能采用"模块名. 函数名(参数)"格式，否则系统提示报错。

2.2　案例二　求圆柱体的体积、侧面积和表面积

案例描述

已知圆柱体的半径和高，编写程序，求圆柱体的体积、侧面积和表面积。

案例分析

通过以下步骤可以实现上述问题。

(1)定义两个变量 r 和 h，分别代表圆柱体的半径和高，并为其赋值。

(2)求圆柱体的体积：圆柱体的体积=底面积×高，即 $V = \pi r^2 h$。

(3)求圆柱体的侧面积：圆柱体的侧面积=底面周长×高，即 $S = 2\pi rh$。

(4)求圆柱体的表面积：圆柱体的表面积=1 个侧面积+2 个底面积，即 $area = S + 2\pi r^2$。

(5)输出圆柱体的体积、侧面积和表面积。

2.2.1　变量

变量，表示对可变对象的一种计量。计算机中的变量与初中数学中的变量意义一致，只不过计算机中的变量可以是数字、文本、图像等任意数据类型。

(1)变量定义规范。

变量声明：

变量名＝变量值

变量的定义由 3 个部分组成，即"变量名""＝""变量值"。变量名用来引用变量值，这里的符号"＝"不表示等于，而是赋值符号，表示把右侧的变量值赋值给左侧的变量。赋值符号的作用就是赋值，在 Python 中 "＝＝"代表等于（例如，"a＝＝3"表示逻辑判断变量 a 是否恒等于 3）。变量值存放数据，用来记录现实世界中的某种状态。变量可以赋值任意数据类型的数据。

例如：

```
name="honghong"          #表示变量 name 赋值一个字符串"honghong"
number=1                 #表示变量 number 赋值一个数值 1
```

同一个变量可以被反复赋值，而且可以为其赋不同类型的数据。在 Python 中，不需要事先声明变量的类型，通常所说的"变量类型"是变量所引用的对象的类型，或者说是变量的值的类型。这种变量本身类型不固定的语言称为动态语言。动态语言的优点是使用起来更加灵活。

【微实例 2-9】

输出变量的值。

【程序代码 eg2-9】

```
x=15                     #变量 x 是整型
x=' abc'                 #变量 x 是字符串类型
print(x)
```

【运行结果】如图 2-10 所示。

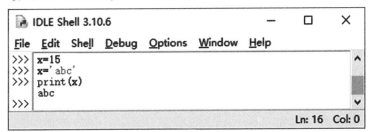

图 2-10　微实例 2-9 运行结果

通过图 2-10 可以看出，变量 x 随着其后面获得的数据值的变化改变其数据类型。

知识扩展

与动态语言相对应的是静态语言，静态语言要求变量必须先定义、再使用，若赋值类型不匹配则系统提示报错。C 语言就是典型的静态语言。

例如，以下一段 C 语言代码：

```
int a;                   //变量 a 是整型变量
a="abc";                 //为变量 a 赋值字符串"abc"，系统提示报错，类型不匹配
printf("% d",a);         //输出变量 a 的值
```

如图 2-11 所示，在 Visual Studio 2010 环境下运行以上 C 语言代码，运行结果报错。

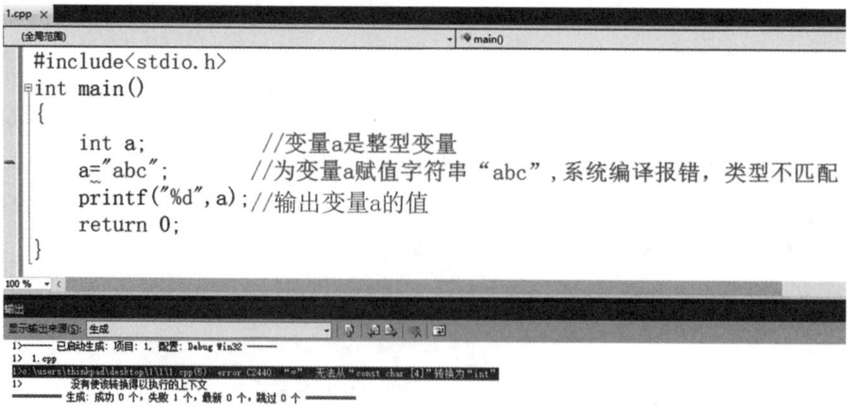

图 2-11　数据类型不匹配运行结果报错

Python 中的每个变量在使用前都必须赋值，变量赋值以后才会被创建。新的变量通过赋值的动作，创建并开辟内存空间，保存值。如果变量没有被赋值而直接在一行语句中写一个变量名，系统会提示报错，如图 2-12 所示。

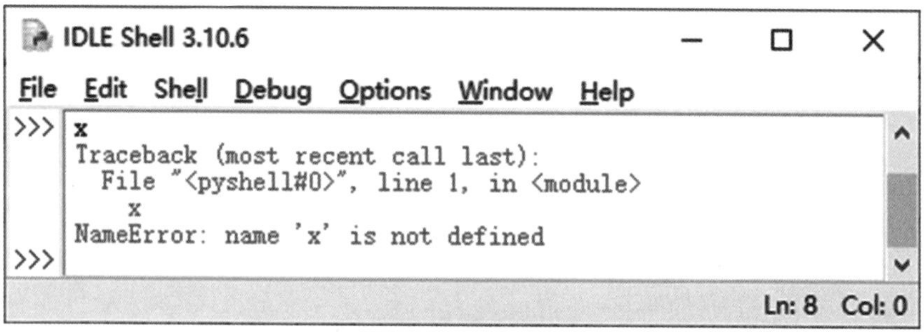

图 2-12　变量未赋值运行结果报错

（2）变量定义规则。

①变量名只能是字母、数字或下划线（_）的任意组合。

②变量名的第 1 个字符不能是数字。

③关键字不能作为变量名。

例如：

合法的变量名：a123、stu_1、sum。

不合法的变量名：12a、not、x-y。

以上变量名不合法的原因是，12a 的第一个字符不能为数字；not 是关键字，不能定义为变量名；x-y 中的"-"不是字母、数字或下划线，不能作为变量的定义。

在变量定义的时候，尽量用其在现实中表示的意义来定义变量的名称，使后续程序的测试及维护更加方便。变量定义时不要将变量名定义为中文、拼音，变量名不宜过长且切忌词不达意。

（3）变量在内存中的意义。

Python 中的一切都是对象，变量保存的是对象的引用。变量的存储采用了引用语义的方式，即在变量里面保存的只是变量值所在内存空间的地址，而不是这个变量值本身。

例如：

a="xyz"

知识扩展

上例中定义了变量 a 并赋值，那么计算机是如何存储变量的呢？实际上，Python 解释器完成了以下两件事情：

①在内存中创建了一个字符串"xyz"；

②在内存中创建了一个名为 a 的变量，并把它指向字符串"xyz"。

如图 2-13 所示，变量 a 存储的是其本身所对应的值"xyz"所在的内存地址，而不是存储的"xyz"本身。

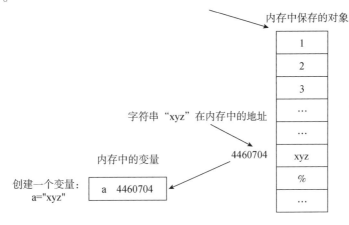

图 2-13　变量在内存中的存储关系

给变量赋值时，每一次赋值都会产生一个新的地址空间，将新内容的地址赋值给变量，但对于相同的值，地址不发生变化。

【微实例 2-10】

输出变量的值和内存地址。

【程序代码 eg2-10】

```
a="xyz"
print(a)                          #输出变量 a 的值
print(id(a))                      #输出变量 a 中存储的对象的内存地址
b="xyz"
print(b)                          #输出变量 b 的值
print(id(b))                      #输出变量 b 中存储的对象的内存地址
a=1
print(a)
print(id(a))
```

【运行结果】如图 2-14 所示。

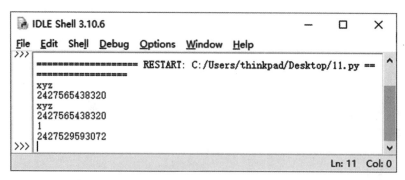

图 2-14　微实例 2-10 运行结果

本例中用到的函数 id( ) 是 Python 的内置函数，用来查看对象的内存地址。通过运行结果可知，当变量 a 的赋值发生了变化，即由字符串"xyz"变成数值 1 时，其存储对象的地址也发生了改变。变量 b 和变量 a 都存储字符串"xyz"，输出的存储对象的地址是一样的，都是字符串"xyz"的内存地址，所以程序中第 2 行语句和第 5 行语句，输出变量 a 和变量 b 的值自然都是字符串"xyz"。

知识扩展

C 语言是把变量直接保存在变量的存储区里，与 Python 不同，这种方式是值语义方式。例如，int a = 1 表示定义一个整型变量，为其分配可装入 4 个字节的整型存储空间，将数值 1 装入这个存储空间。因此，变量 a 里存储的就是数值 1 而不是地址。C 语言通过指针来实现引用语义。

（4）变量的删除。

当在 Python 中不需要变量时，Python 会自动回收内存空间，也可以使用 del 语句删除不用的变量。del 的作用主要是解除变量引用关系，因为 Python 会采用垃圾回收机制清除无引用的数据。

del 的语法格式：

del 变量名

例如：

```
del   a                        #表示删除单个变量
del   x,y                      #表示删除多个变量
```

知识扩展

当变量被删除后，输出变量时系统会报错，提示无法找到该变量。例如：

```
a=15
del a                          #删除变量 a
print(a)
```

运行结果如图 2-15 所示。

注意：del 删除的是变量，而不是数据。

2.2.2　常量

常量是内存中用于保存固定值的单元，在程序中常量的值不能发生改变。Python 常量包括数字、字符串、布尔值、空值。在 Python 中没有一个专门的语法代表常量，编程人员约定俗成用全部大写的变量名代表常量。

例如：

PI=3.14159

实际上 PI 本质上仍然是一个变量，根本没有任何限定 PI 的值不能改变，只不过习惯上用全部大写的变量名表示常量，实际上变量 PI 的值是可以改变的。

【微实例 2-11】

计算圆的面积。

【程序代码 eg2-11】

```
PI=3.14159
r=5
s=PI*r*r
print(s)
```

【运行结果】如图 2-16 所示。

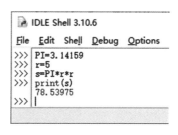

图 2-15　应用 del 删除变量输出报错　　　图 2-16　微实例 2-11 运行结果

案例实现

本案例具体实现过程可以参考以下操作。

(1)定义两个变量 r 和 h，分别代表圆柱体的半径和高，分别赋值 r=5，h=15。

(2)定义一个常量 PI=3.14159。

(3)定义一个变量 v，求圆柱体的体积：v=PI*r*r*h。

(4)定义一个变量 s，求圆柱体的侧面积：s=2*PI*r*h。

(5)定义一个变量 area，求圆柱体的表面积：area=s+2*PI*r*r。

(6)输出变量 v 的值。

(7)输出变量 s 的值。

(8)输出变量 area 的值。

运行结果如图 2-17 所示。

二维码 2-1
案例二代码 AnLi-2

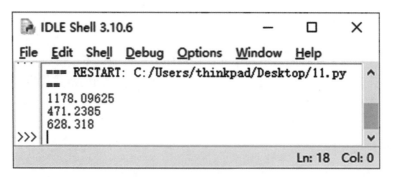

图 2-17　案例二运行结果

2.3　案例三　GDP 计算

　案例描述

GDP(Gross Domestic Product)表示国内生产总值,是一个国家或地区在一定时间内生产活动的总量,通常用来衡量一个国家的经济规模和发展水平。表 2-1 所示为我国 2016—2021 年的 GDP 数据及世界占比(数据来源:快易理财网),编写程序,请计算出我国 2017—2021 年每年的 GDP 增量和 2016—2021 年 GDP 的平均值。

表 2-1　我国 2016—2021 年的 GDP 数据

年份	中国	
	GDP/万亿美元	世界占比/%
2021	17.73	18.453 7
2020	14.69	17.298 6
2019	14.28	16.291 5
2018	13.89	16.079 5
2017	12.31	15.122 6
2016	11.23	14.690 6

案例分析

通过以下步骤可以实现上述问题。

(1)定义 6 个变量,分别表示 2016—2021 年的 GDP 总值,并为这 6 个变量赋值。

(2)计算差值,求出 2017—2021 年每一年的 GDP 增量。

(3)求 2016—2021 年 GDP 的平均值。

(4)输出结果。

2.3.1　基本数据类型

确定数据类型是程序中最基本的操作,只有确定了数据类型,才能确定变量的存储和操作。在计算机程序中可以处理各种类型数据，如文本、图形、声音、图像、网页等。不同类型的数据需要定义不同的数据类型。

Python 中内置的基本数据类型可分为以下几类。

（1）Number（数值）：包括整数、浮点数、复数。

（2）Bool（布尔）：包括 True、False。

（3）None（空值）：该值是一个空对象。

（4）String（字符串）：如'hello'"hello"。

（5）set（集合）：如{1，2，3}，set("abcd")。

（6）List（列表）：如[1，2，3]，[1，2，3，[1，2，3]，4]。

（7）Dictionary（字典）：如{1:"nihao"，2:"hello"}。

（8）Tuple（元组）：如(1，2，3，abc)。

本章介绍 Number、Bool、None 和 String 4 种数据类型的应用。

2.3.2　数值类型

数值类型用于存储数值，包括整型（int）、浮点型（float）、复数（complex）。

（1）整型。

整型通常被称为整数，包括正整数、负整数、0，不带有小数点。

【微实例 2-12】

验证变量是整型的数据类型。

【分析】

输入 3 种类型的数字，即正整数、负整数、0，通过 type( ) 函数，求得( )中对象的数据类型。

【程序代码 eg2-12】

```
x=3
y=-3
z=0
print(type(x))            # type()函数的作用是获取()中对象的数据类型
print(type(y))            # print()函数的作用是输出()中对象的值
print(type(z))
```

【运行结果】如图 2-18 所示。

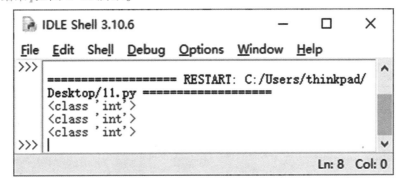

图 2-18　微实例 2-12 运行结果

通过运行结果可以看出，变量 x 的值是 3（正整数），输出结果的第一行显示该对象的数据类型是整型。同理，变量 y 的值是−3（负整数）、变量 z 的值是 0，输出结果的第二行和第三行分别显示该对象的数据类型是整型，即变量 y 和变量 z 的数据类型也都是整型。

知识扩展

长整型（long），是无限大小的整数，整数的最后有一个字母 L 或 l（建议使用大写 L，避免与数字 1 混淆）。长整型只存在于 Python 2.x 版本中，在 2.2 以后的版本中，int 型数据溢出后会自动转为 long 型。在 Python 3.x 版本中 long 型被移除，都使用 int 型替代。

（2）浮点型。

Python 把含有小数部分的数据称为浮点型。浮点型数据有两种表现形式，一种是十进制小数形式，另一种是指数形式。

①十进制小数形式：由数字和小数点组成，而且必须包含小数点。

例如：0.12，15.6，15.0。

注意：常量 15 和 15.0 有本质区别，表示两种数据类型。15 表示整型数据，15.0 表示浮点型数据，不能将小数点后的"0"舍去，这与数学上的写法不相同。

②指数形式：由小数部分和指数部分组成，指数部分是 10 的幂，用"e 指数"或"E 指数"形式表示。小数部分可以浮动，小数和指数之间是相乘的关系，但乘号要省略。

例如：0.017 5 用指数形式可表示为 1.75e-2 或 0.175E-1；2.78 用指数形式可表示为 27.8e-1 或 0.278E1。

Python 中的浮点型数据在输出时其精度是 16 位小数加上 1 位整数，最多有 17 位有效数字。

（3）复数。

复数由一个实部（real）和一个虚部（imag）组成，表示为 real+imagj 或 complex(real, imag)，复数的虚部以字母 j 或 J 结尾。

例如：3+2j。

注意：实部和虚部都是浮点数，虚部必须有后缀 j 或 J。

【微实例 2-13】

输出复数的实部和虚部。

【分析】

通过"对象.real"和"对象.imag"方法，求出复数的实部和虚部。

【程序代码 eg2-13】

```
x=12.5+3J
y=complex(9,-2.5)
print(x.real)          #通过 print()函数输出变量 x 的实部
print(x.imag)          #通过 print()函数输出变量 x 的虚部
print(y.real)          #通过 print()函数输出变量 y 的实部
print(y.imag)          #通过 print()函数输出变量 y 的虚部
```

【运行结果】如图 2-19 所示。

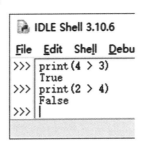

图 2-19　微实例 2-13 运行结果

2.3.3　布尔类型

Python 支持布尔类型的数据, 实际上布尔类是 int 类的一个子类。布尔类型只有 True (真)和 False(假)两种值。True 和 False 是 Python 的两个关键字, 在使用时, 一定要注意首字母要大写, 否则解释器会报错。

布尔类型有以下几种运算。

(1)条件判断结果是布尔类型。

【微实例 2-14】

通过条件判断, 输出结果为布尔类型。

【程序代码 eg2-14】

```
print(4 > 3)                    #判断条件真假,用 print()函数输出
print(2 > 4)
```

【运行结果】如图 2-20 所示。

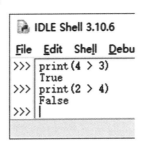

图 2-20　微实例 2-14 运行结果

(2)逻辑运算结果是布尔类型, 即与运算(and)、或运算(or)和非运算(not)。

【微实例 2-15】

通过逻辑运算判断, 输出结果为布尔类型。

【程序代码 eg2-15】

```
print(True and True)           #逻辑与运算,and 两侧都为真,结果为真
print(True or False)           #逻辑或运算,or 两侧有一侧为真,结果为真
print(not False)               #逻辑非运算,not 后面为假,结果为真
```

【运行结果】如图 2-21 所示。

（3）布尔类型的布尔值可以当作整数，即 True 相当于整数值 1，False 相当于整数值 0，但在日常开发设计中不建议这么用。

【微实例 2-16】

布尔类型的布尔值当作整数计算输出结果。

【程序代码 eg2-16】

```
print(True+1)          #相当于数值计算出 1+1 的结果并输出
print(True- 1)         #相当于数值计算出 1-1 的结果并输出
print(False+2)         #相当于数值计算出 0+2 的结果并输出
print(False- 2)        #相当于数值计算出 0-2 的结果并输出
```

【运行结果】如图 2-22 所示。

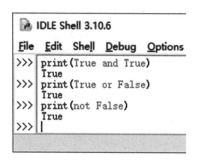

图 2-21　微实例 2-15 运行结果

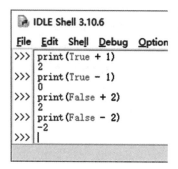

图 2-22　微实例 2-16 运行结果

（4）作为 bool( ) 函数应用。bool( ) 函数( ) 中只能有一个参数，并根据这个参数的值返回真或假。参数可以是数字、字符串、列表、元组等。

【微实例 2-17】

bool( ) 函数应用。

【程序代码 eg2-17】

```
print(bool(3))         # bool()函数()中的参数是数字 3
print(bool(' '))       # bool()函数()中的参数是空字符串
print(bool("abc"))     # bool()函数()中的参数是字符串"abc"
```

【运行结果】如图 2-23 所示。

知识扩展

下面几种情况的布尔值会被认为是 False。

①为 0 的数字，包括"0""0.0"。

②空字符串，如""、' '。

③表示空值的 None。

④空集合，包括空元组( )、空序列[ ]、空字典{ }。

其他值都为 True。

【微实例 2-18】

bool( ) 函数运算值的几种特殊情况。

【程序代码 eg2-18】

```
print(bool(0))
print(bool(' '))
print(bool(None))
print(bool(()))
```

【运行结果】如图 2-24 所示。

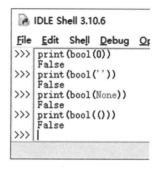

图 2-23　微实例 2-17 运行结果　　　图 2-24　微实例 2-18 运行结果

2.3.4　空值

空值是 Python 中一个特殊的值，用 None 表示。None 不能理解为 0，因为 0 是有意义的，而 None 是一个特殊的空值，None 的数据类型为 NoneType。可以将 None 赋值给任何变量，也可以将任何变量赋值给一个 None 值的对象。None 不支持任何运算，也没有任何内置函数方法。

案例实现

本案例具体实现过程可以参考以下操作。

（1）定义 6 个变量 year2016、year2017、year2018、year2019、year2020、year2021，分别按表 2-1 中的 GDP 赋值。

（2）分别计算每两年的 GDP 差值，输出每年的 GDP 增量。

（3）定义一个变量 sum，求出 2016—2021 年的 GDP 总值。

（4）通过计算 sum/6，求出 2016—2021 年 GDP 的平均值，并输出。

运行结果如图 2-25 所示。

二维码 2-2
案例三代码 AnLi-3

图 2-25　案例三运行结果

2.4 案例四 提取字母

编写程序，给定一个字符串，将字符串最中间的两个字符提取出，并要求全部大写输出。

通过以下步骤可以实现上述问题。

（1）求出字符串中间的位置。

（2）提取中间的两个字符。

（3）将两个字符转换成大写。

（4）输出结果。

2.4.1 字符串类型

字符串就是一串字符序列。Python 3.x 支持中文，使用 Unicode 编码格式，无论是一个数字、英文字母，还是一个汉字，都是字符串。Python 没有专门的字符类型，所以无论是单个字符还是多个字符，都是字符串类型。

在 Python 中，字符串使用单引号、双引号、三单引号、三双引号作为界定符，并且可以互相嵌套。

例如：

"python"、'123'、"""中国红"""、'''number'''、'''he said,"hello"'''

以上几种都是合法的字符串。

2.4.2 访问字符串

字符串的序号有两种表示方式，一种是正向递增序号，另一种是反向递减序号，如图 2-26 所示。

Python 访问子字符串时，可以使用方括号即"[ ]"来截取字符串。索引和切片是截取字符串的最常用的方法。

（1）索引。

当对字符串中的单个字符进行截取时，往往建立字符串的索引，也就是字符在字符串中的序号。通过索引可以精确定位到字符串中的某个元素。索引操作使用"[ ]"来获取字符串中的字符。

语法格式：

```
<字符串>[ M ]          # M 表示字符的序号
```

索引有正向索引和反向索引。

①正向索引：字符串中的字符序号从 0 开始，依次从左向右递增。注意：正向索引字

符序号从 0 开始，而不是 1。

②反向索引：字符串中的字符序号从 -1 开始，依次从右向左递减。

【微实例 2-19】

索引应用。

【程序代码 eg2-19】

```
s="我爱你中国!"
print(s[3])                          #输出 s[3]
print(s[4])                          #输出 s[4]
print(s[-6])                         #输出 s[-6]
print(s[-5])                         #输出 s[-5]
print(s[-4])                         #输出 s[-4]
```

【运行结果】如图 2-27 所示。

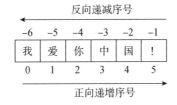

图 2-26　字符串的序号

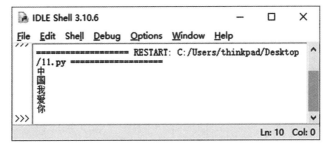

图 2-27　微实例 2-19 运行结果

(2) 切片。

切片的作用是截取字符串中的子字符串。

语法格式：

```
<字符串>[M:N]     # M 表示切片的起始位置,N 表示切片的结束位置
```

注意：M、N 用 "："分隔，[M:N] 表示为从第 M 个到第 N-1 个截取的子字符串。切片中的 M 和 N 可以缺省。

①<字符串>[:N]：M 缺省，表示切片没有指定起始位置，Python 默认从字符串首开始。

②<字符串>[M:]：N 缺省，表示切片没有指定结束位置，Python 默认从 M 位置开始，停止在字符串尾。

③<字符串>[:]：M 和 N 都缺省，表示整个字符串。

【微实例 2-20】

切片应用。

【程序代码 eg2-20】

```
s="我爱你中国!"
print(s[1:5])              #输出切片第 1 个字符到第 4 个字符
print(s[:5])               #起始位置缺省,输出切片从起始位置到第 4 个字符
print(s[1:])               #结束位置缺省,输出切片从第 1 个字符到末尾
print(s[:-1])              #起始位置缺省,输出切片从起始位置到第-2 个字符
print(s[-5:])              #结束位置缺省,输出切片从第-5 个字符到末尾
print(s[:])                #输出整个字符串 s
```

【运行结果】如图 2-28 所示。

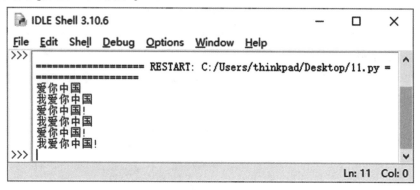

图 2-28　微实例 2-20 运行结果

（3）扩展切片功能。

前面应用的切片功能有两个参数 M 和 N，分别表示切片的起始位置和结束位置，切片还可以有第三个参数，表示切片的步长。步长表示从原字符串中每隔多少个字符就取出值放入子字符串。步长为正、负数均可，正、负号决定了"切取方向"，为正表示"从左向右"取值，为负表示"从右向左"取值。

语法格式：

```
<字符串>[M:N:Step]        # 第三个参数 Step,当缺省时 Step=1
```

【微实例 2-21】

扩展切片应用。

【程序代码 eg2-21】

```
s="0123456"
print(s[1:7:3])            #从数字 1 到数字 6,从左向右 3 个一截取,结果为 14
print(s[:5:2])            #从数字 0 到数字 4,从左向右 2 个一截取,结果为 024
print(s[1::2])            #从数字 1 到数字 5,从左向右 2 个一截取,结果为 135
print(s[:-1:4])           #从数字 0 到数字 5,从左向右 4 个一截取,结果为 04
print(s[::-2])            #整个字符串,从右向左两个一截取,结果为 6420
```

【运行结果】如图 2-29 所示。

2.4.3　转义字符

某些特殊的字符被定义为转义字符。这些字符由于被定义为特殊用途，失去了原有的意义，所以要用转义字符的方式表示它们原有的意义。Python 在字符串中使用特殊字符

时，用反斜杠(\ )表示转义字符。

【微实例 2-22】

转义字符应用。

【程序代码 eg2-22】

```
print("0123456")              #一对双引号,表示定义一个字符串,失去了双引号的原意
print("\"0123456\"")          # \"是转义字符,表示原有的双引号的意义
```

【运行结果】如图 2-30 所示。

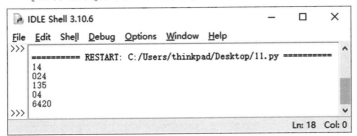

图 2-29　微实例 2-21 运行结果　　　　图 2-30　微实例 2-22 运行结果

通过运行结果可以看出，第一行语句中的双引号，起到定义字符串"0123456"的作用，所以输出结果是 0123456；而第二行语句中有两处 \"，是转义字符，目的是输出双引号，所以输出结果是"0123456"。

Python 常用的转义字符如表 2-2 所示。

表 2-2　Python 常用的转义字符

转义字符	说明	示例	输出结果
\(在行尾时)	续行符	print("123\456789")	123456789
\\	反斜杠符号	print("I like this\\")	I like this\
\'	单引号	s＝print("It\' me")	It' me
\"	双引号	print("he said:\"OK\"")	he said:"OK"
\a	响铃	print("\a")	显示一声铃响 (IDLE 显示·,不响)
\b	退格(Backspace)	print("abc\bdef")	abdef (IDLE 中无法应用)
\n	回车换行	print("你好\n很高兴认识你")	你好 很高兴认识你
\t	横向制表符 (一个\t 是 4 个字符)	print("hello\tworld!")	hello　　world!
\r	回车不换行	print("你好\r很高兴认识你")	你好很高兴认识你
\f	换页		对打印机执行响应操作
\ooo	3 位八进制数对应的字符	print("\101")	A
\xhh	2 位十六进制数对应的字符	print("\x41")	A
\uhhhh	4 位十六进制数表示 Unicode 字符	print("\u8463")	董

2.4.4 字符串运算符

运算符的作用是执行程序代码的运算。字符串中常用的运算符，实现对字符串的特殊应用。常见的字符串运算符如表 2-3 所示。

表 2-3 常见的字符串运算符

运算符	说明	示例	输出结果
+	连接+左右两端的字符串	str1 = "abc" str2 = "ABC" print(str1+str2)	abcABC
*	重复输出字符串	str1 = "abc" print(3*str1)	abcabcabc
[ ]	通过索引获取字符串中的字符	str1 = "abc" print(str1[0])	a
[:]	通过切片获取字符串中的子字符串	str1 = "abc" print(str1[1:3])	bc
in	成员运算符,判断左端的字符是否在右端的字符串中,是为 True,否为 False	str1 = "abc" print("a" in str1)	True
not in	成员运算符,判断左端的字符端是否不在右端的字符串中,是为 True,否为 False	str1 = "abc" print("a" not in str1)	False

r/R	在字符串开头使用,使转义字符失效	print(' a\tb')
		print(r' a\tb')
		#转义字符\t 无效
		print(R' a\tb')
		#转义字符\t 无效
			ab
			a\tb
			a\tb

==	比较运算符,判断两个字符串是否相同,是为 True,否为 False	str1 = "abc" str2 = "ABC" print(str1 == str2)	False
>	比较运算符,左、右两端的字符串从左向右逐个字符比较 ASCII 码值: ①两个字符相等,继续向后比较下一个字符 ②两个字符不相等,若左端字符 ASCII 码值大于右端字符 ASCII 码值,则输出 True ③两个字符不相等,若左端字符 ASCII 码值小于右端字符 ASCII 码值,则输出 False	str1 = "abc" str2 = "aC" print(str1>str2) #b 是 98,C 是 67	True
<	比较运算符,左、右两端的字符串从左向右逐个字符比较 ASCII 码值: ①两个字符相等,继续向后比较下一个字符 ②两个字符不相等,若左端字符 ASCII 码值小于右端字符 ASCII 码值,则输出 True ③两个字符不相等,若左端字符 ASCII 码值大于右端字符 ASCII 码值,则输出 False	str1 = "abc" str2 = "aC" print(str1<str2)	False

2.4.5 字符串处理函数

Python 中有许多关于字符串的内置处理函数和方法，可以非常方便、灵活地处理字符串，当用户编写程序时，可直接调用这些函数。Python 中字符串操作常用的函数和方法有替换、删除、截取、复制、连接、判断、查找、分割等。

字符串处理函数的调用格式：

字符串变量名 . 函数([参数])

（1）英文字符串大小写处理函数。

语法格式：

```
string. capitalize()          #将英文字符串首字母大写,其余小写,便于写英文文章
string. upper()               #将英文字符串中的英文字母全部大写
string. lower()               #将英文字符串中的英文字母全部小写
string. swapcase()            #将英文字符串中所有的字母大小写互换
string. title()               #将英文字符串中每个单词的首字母大写,其余不变
```

【微实例 2-23】

英文字符串大小写处理函数应用。

【程序代码 eg2-23】

```
#当你想要放弃那一刻,想一想为什么当初坚持走到了这里
str1 = "minute you think of giving up,think of the reason why you held on so long"
str2 = str1. capitalize()
str3 = str1. title()
str4 = str1. upper()
str5 = str4. lower()
str6 = str5. swapcase()
print(str2)
print(str3)
print(str4)
print(str5)
print(str6)
```

【运行结果】如图 2-31 所示。

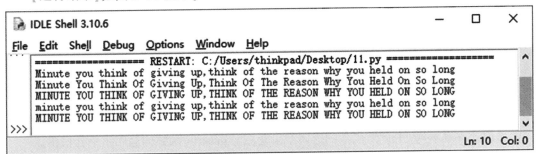

图 2-31 微实例 2-23 运行结果

（2）字符串查找函数。

语法格式：

```
#统计指定的字符串出现的次数,()中必须有参数,参数为要查找的子字符串
string. count()
#搜索指定字符串,找到子字符串并返回其在此字符串中的位置,无则返回−1,同上要有参数
string. find()
#搜索指定字符串,找到子字符串并返回其在此字符串中的位置,但是找不到会报错,要有参数
string. index()
#搜索指定字符串,从右边开始查找
string. rfind()
```

【微实例 2-24】

字符串查找函数应用。

【程序代码 eg2-24】

```
#当你想要放弃那一刻,想一想为什么当初坚持走到了这里
str1 = "minute you think of giving up,think of the reason why you held on so long"
str2 = str1. count("ou")            #搜索子字符串"ou"出现了几次
str3 = str1. find("ou")             #查找是否有子字符串"ou",有则返回第一次出现的位置,无则返回−1
str4 = str1. index("ou")            #查找是否有子字符串"ou",有则返回第一次出现的位置,无则报错
str5 = str1. rfind("ou")            #从右边开始查找是否有子字符串"ou",有则返回第一次出现的位置
print(str2)
print(str3)
print(str4)
print(str5)
print(str1. find("z"))              #查找是否有子字符串"z",无则返回−1
print(str1. index("z"))             #查找是否有子字符串"z",无则报错
```

【运行结果】如图 2-32 所示。

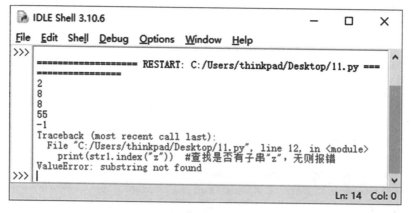

图 2-32　微实例 2-24 运行结果

字符串查找函数中使用 find( ) 函数和 index( ) 函数，若查找到子字符串时，结果是相同的，但若查找不到，find( ) 函数的返回结果是−1，index( ) 函数的返回结果会报错。

（3）字符串删除、替换和分割函数。

语法格式：

string. strip()	#复制字符串,删除字符串左、右两端空格
string. lstrip()	#复制字符串,删除字符串左端空格
string. rstrip()	#复制字符串,删除字符串右端空格
string. replace(old,new)	#替换 old 为 new
string. replace(old,new,次数)	#替换指定次数的 old 为 new
string. split()	#分割字符串,默认按空格分割,按特定符号分割带参数

【微实例 2-25】

字符串删除、替换和分割函数应用。

【程序代码 eg2-25】

```
str1 = "  delete spaces   "
print(str1. strip())                    #删除 str1 左、右两端空格
print(str1. lstrip())                   #删除 str1 左端空格
print(str1. rstrip())                   #删除 str1 右端空格
print(str1. replace("e","a"))           #将 str1 中的字符 e 替换成 a
print(str1. replace("e","a",2))         #从左端开始,将 str1 中的字符 e 替换成 a 两次
print(str1. split())                    #从 str1 查找空格,分割字符串
print(str1. split("e"))                 #从 str1 查找字符 e,分割字符串
```

【运行结果】如图 2-33 所示。

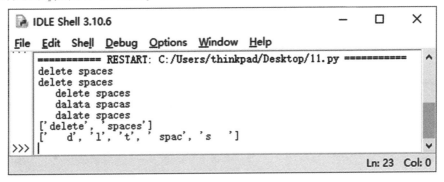

图 2-33 微实例 2-25 运行结果

(4)字符串连接函数。

语法格式:

sep. join(seq) #以 sep 为分隔符,将 seq 中的所有元素合并成一个新的字符串

【微实例 2-26】

字符串连接函数应用。

【程序代码 eg2-26】

```
seq = "hello good time"
print("-". join(seq))       #以- 为分隔符,将 seq 中的所有字母合并成一个新的字符串
print(":". join(seq))       #以:为分隔符,将 seq 中的所有字母合并成一个新的字符串
print(" ". join(seq))       #以空格为分隔符,将 seq 中的所有字母合并成一个新的字符串
print("". join(seq))        #分隔符可以为空,将 seq 中的所有字母连接
```

【运行结果】如图 2-34 所示。

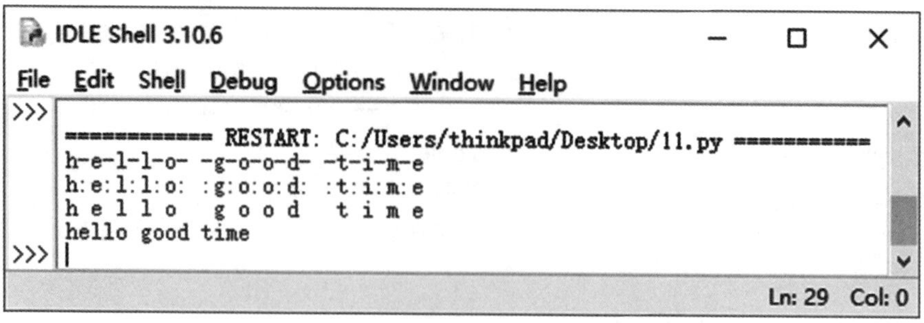

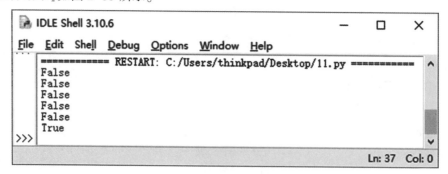

图 2-34 微实例 2-26 运行结果

（5）字符串判断函数。

语法格式：

```
string. isalnum()              #判断字符串是否全是字母或数字
string. isalpha()              #判断字符串是否全是字母
string. isdigit()              #判断字符串是否全是数字
string. islower()              #判断字符串是否全是小写字母
string. isupper()              #判断字符串是否全是大写字母
string. istitle()              #判断字符串是否首字母是大写
string. isspace()              #判断字符串中每个单词首字母是否是大写
```

【微实例 2-27】

字符串判断函数应用。

【程序代码 eg2-27】

```
str1 = "Judg The String State"
print(str1. isalnum())          #字符串中有空格,不全是字母或数字,结果为 False
print(str1. isalpha())          #字符串中有空格,不全是字母,结果为 False
print(str1. isdigit())          #字符串中有空格,不全是数字,结果为 False
print(str1. islower())          #字符串中有空格,不全是小写字母,结果为 False
print(str1. isupper())          #字符串中有空格,不全是大写字母,结果为 False
print(str1. istitle())          #字符串中每个单词首字母都是大写,结果为 True
```

【运行结果】如图 2-35 所示。

图 2-35 微实例 2-27 运行结果

（6）len( )函数。

对于字符串操作，还有一个非常重要和使用高频的函数即 len( )。len( )函数的作用是返回字符串的长度。当不确定字符串长度时，可以应用此函数。

语法格式：

len(string)　　#统计字符串的长度,返回字符串长度的值

【微实例 2-28】

len( )函数应用。

【程序代码 eg2-28】

str1="日日行,不怕千万里,常常做,不怕千万事"

number=len(str1)　　　　　　　　　　#将 len()函数统计的字符串长度的值赋值给 number

print(number)

【运行结果】如图 2-36 所示。

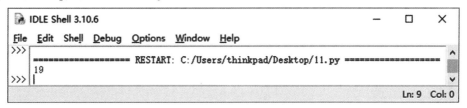

图 2-36　微实例 2-28 运行结果

知识扩展

在字符串中，数字、英文字母、标点符号、空格、小数点、特殊字符等都算作一个字符，所以统计字符串长度时都要计算。

案例实现

本案例具体实现过程可以参考以下操作。

(1)定义一个变量 string，将字符串赋值给它。

(2)通过 len( )函数计算字符串长度，将该值赋值给整型变量 num。

(3)num 除以 2 取整，找到字符串的中间位置。

(4)通过索引找到字符。

(5)连接字符。

(6)将子字符串转换成大写字母。

(7)输出结果。

运行结果如图 2-37 所示。

二维码 2-3
案例四代码 AnLi-4

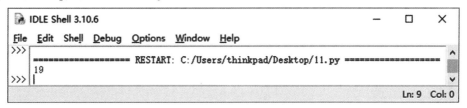

图 2-37　案例四运行结果

知识扩展

在截取中间两个字符时，若用正向索引截取，要注意索引从 0 计数，所以中间的字符是 string[num-1]和 string[num]。

也可以用切片的方式获得中间两个字符，具体实现方法结合 2.4.2 小节中的内容，由读者思考。

2.5 案例五　字母移位

案例描述

从键盘上输入 3 个字符的字符串（要求输入的字符只能从 A~X 中选择），将输入的字符串中的每个字母向后移 2 位，输出新的字符串。例如，输入 ABC，输出结果应为 CDE。

案例分析

通过以下步骤可以实现上述问题。

（1）输入字符串。

（2）分割字符串中的每个字母，然后将每个字母向后移位 2 位。

（3）输出结果。

2.5.1　强制类型转换

数据类型的显式转换，也称为数据类型的强制类型转换。强制类型转换就是将一种数据类型的变量转换为另一种数据类型。例如，整型转换成浮点型、字符串类型转换成整型等。

在 Python 中通过内置函数来实现类型转换，当用户编写程序时，这些函数可直接调用，不用 import 导入。类型转换函数如表 2-4 所示。

表 2-4　类型转换函数

函数	说　明
int(x)	将 x 转换成十进制整型(int)
float(x)	将 x 转换成浮点型(float)
bool(x)	将 x 转换成布尔类型(bool)
complex(real[，imag])	创建一个复数
str(x)	将 x 转换为字符串类型(string)
eval(str)	将字符串 str 当成有效的表达式计算求值，并返回计算结果
chr(x)	将整数 x 转换为对应的 ASCII 字符
ord(x)	将一个字符 x 转换为它对应的整数值
hex(x)	将一个整数 x 转换为一个十六进制的字符串

续表

函数	说　明
oct(x)	将一个整数 x 转换为一个八进制的字符串
bin(x)	将一个整数 x 转换为一个二进制的字符串

2.5.2 转换成数值类型函数和布尔类型函数

int(x)、float(x)、bool(x)、complex(real[，imag])这 4 个函数的作用分别是将 x 显式转换成整型、浮点型、布尔类型和创建一个复数。

【微实例 2-29】

强制类型转换成数值类型函数和布尔类型函数的应用。

【程序代码 eg2-29】

```
x='65'
a=int(x)                    #将字符串"65"转换成十进制整数,结果是 65
print(a)
b=float(a)                  #将整数 65 转换成浮点型,结果是 65.0
print(b)
c=bool(b)                   #将浮点数 65.0 转换成布尔类型,结果是 True(非 0 数即为真)
print(c)
d=complex(3,2)              #创建一个复数,实部是 3,虚部是 2,结果是(3+2j)
print(d)
```

【运行结果】如图 2-38 所示。

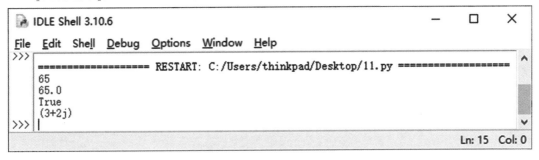

图 2-38 微实例 2-29 运行结果

2.5.3 字符串与数值转换函数

将数值类型强制转换成字符串类型的函数是 str()，强制将字符串类型转换成数值类型的函数是 eval()。两个函数在编程时经常用来相互转换，在应用时稍不注意就会导致系统报错。

(1)str()函数。

【微实例 2-30】

str()函数的应用：假设我们得到一条消息，需要使用消息中变量的值。

【分析】

假设我们编写的程序代码如下：

```
age=18
message="Happy"+age+"th Birthday!"
print(message)
```

该段程序代码存在数据类型不匹配错误，运行后系统提示报错，如图2-39所示。

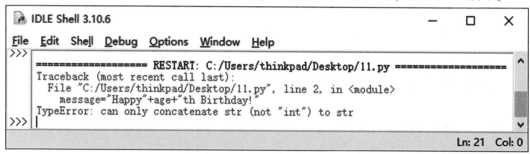

图 2-39　数据类型不匹配错误

错误点在该程序段第二行，在 Python 中，"+"运算符两侧的数据类型应一致。在算术表达式中，"+"表示数值计算；在字符串表达式中，"+"表示连接。该程序段会报错的原因是"+"两侧的表达式类型不匹配，需要调用 str( )函数，显式地将这个整数 18 转换成字符串，从而使"+"两侧的数据类型一致。修改程序段中的第二条语句，修改后的程序代码如下。

【程序代码 eg2-30】

```
age=18
message="Happy "+str(age)+"th Birthday!"
print(message)
```

【运行结果】程序正确运行，如图2-40所示。

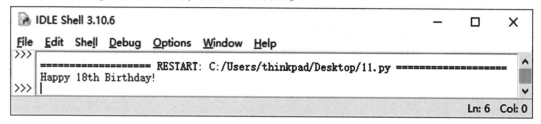

图 2-40　微实例 2-30 运行结果

（2）eval( )函数。

eval( )函数常与输入函数 input( )连用。因为通过输入函数 input( )获得的值是字符串类型，即使输入的是数值，系统也将其保存成字符串，这样就不能直接进行数值计算，应该应用 eval( )函数先转换成数值类型再计算。

【微实例 2-31】

eval( )函数的应用：假设从键盘上输入一个整数，进行数学运算。

【分析】

假设我们编写的程序代码如下：

```
t=input()
t=t+1
print(t)
```

该程序段想实现从键盘上输入整数 15，然后进行加法运算，并输出结果，可是系统提示报错，如图 2-41 所示。

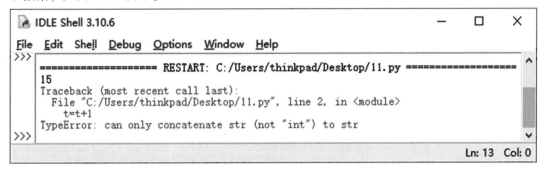

图 2-41 数据类型不匹配错误

因为通过 input( ) 函数从键盘上输入的 15，系统是按字符串赋值给变量 t，不能进行加法运算，所以系统提示报错数据类型不匹配。利用 eval( ) 函数修改第一条语句，即可实现程序功能，修改后的程序代码如下。

【程序代码 eg2-31】

```
t=eval(input())
t=t+1
print(t)
```

【运行结果】从键盘上输入 15，利用 eval( ) 函数将字符串 "15" 转换成数值类型赋值给变量 t，程序正确运行，如图 2-42 所示。

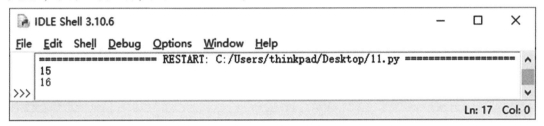

图 2-42 微实例 2-31 运行结果

2.5.4 字符与数值转换函数

chr(x)、ord(x) 也是功能相对应的两个函数。chr(x) 是将数值转换成字符函数，ord(x) 是将字符转换成数值函数。

【微实例 2-32】
字符与数值转换函数应用。
【程序代码 eg2-32】

```
x=65
print(chr(x))            # chr(x)将数值 65 转换成字符'A'(大写字母 A 的 ASCII 值是 65)
y=' A'
print(ord(y))           # ord(y)将字符'A'转换成数值 65
```

【运行结果】如图 2-43 所示。

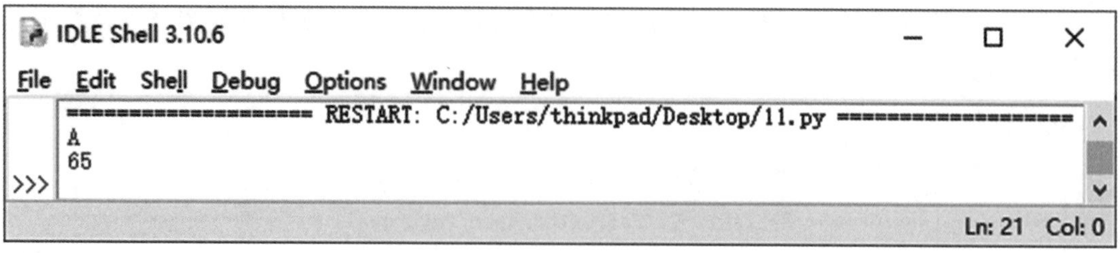

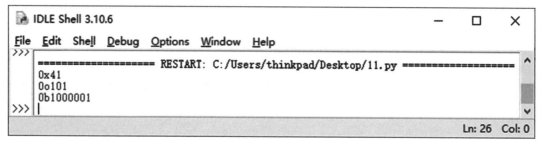

图 2-43　微实例 2-32 运行结果

2.5.5　整数转换成字符串函数

hex(x)、oct(x)、bin(x) 3 个函数的作用分别是将一个整数 x 转换为一个十六进制、八进制和二进制的字符串。

【微实例 2-33】

整数转换成字符串函数应用。

【程序代码 eg2-33】

```
x=65
print(hex(x))                    #将十进制整数 65 转换成十六进制字符串
print(oct(x))                    #将十进制整数 65 转换成八进制字符串
print(bin(x))                    #将十进制整数 65 转换成二进制字符串
```

【运行结果】如图 2-44 所示。

图 2-44　微实例 2-33 运行结果

案例实现

本案例具体实现过程可以参考以下操作。

（1）通过函数 input( )，从键盘上输入 3 个字母的字符串赋值给变量 t。

（2）定义一个字符串变量 m，用来接收每个变换后的字符，初始为空。

（3）通过索引方式将第 1 个字母强制类型转换成 ASCII 值后再加 2，再将新的 ASCII 值强制类型转换成字母赋值给 m。

（4）同理将第 2 个字母、第 3 个字母进行转换，再连接到 m 中。

（5）输出新的字符串。

运行结果如图 2-45 所示。

二维码 2-4
案例五代码 AnLi-5

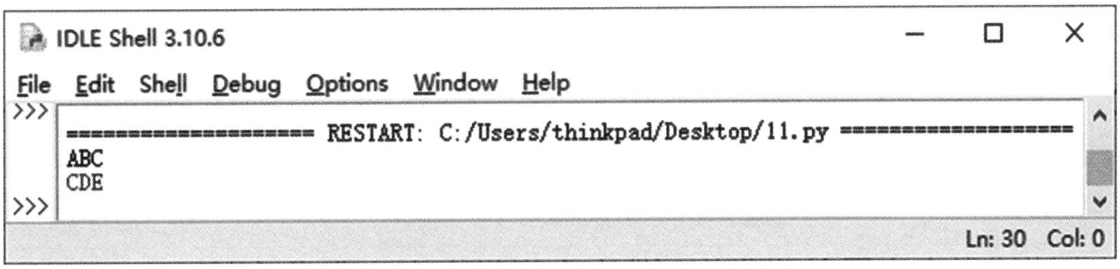

```
IDLE Shell 3.10.6                                    —    □    ×
File  Edit  Shell  Debug  Options  Window  Help
>>>
    ==================== RESTART: C:/Users/thinkpad/Desktop/11.py ====================
ABC
CDE
>>>
                                                        Ln: 30   Col: 0
```

图 2-45　案例五运行结果

2.6　案例六　华氏温度转换成摄氏温度

案例描述

编写程序，将华氏温度转换成摄氏温度。

案例分析

通过以下步骤可以实现上述问题。

（1）确定华氏温度的值。

（2）利用温度转换公式"$c=(5/9)(f-32)$"计算。

（3）输出结果。

2.6.1　运算符

Python 中常用的运算符有算术运算符、关系运算符、逻辑运算符、赋值运算符、位运算符、成员运算符、标识运算符。算术运算符主要是实现算术运算；关系运算符用于比较两个值，结果是 True 或 False；逻辑运算符就是"与、或、非"3 种关系，结果为 True 或 False；赋值运算符具有赋值功能；位运算符用于位和位的操作；成员运算符用于判断对象是否是序列的成员；标识运算符用于比较两个对象的内存位置。

运算有单目运算、双目运算和三目运算。Python 只有单目运算和双目运算，没有三目运算，但 C 语言有。单目运算是指运算符左侧或右侧只有一个变量，如!a，表示"变量 a 的非"；双目运算是运算符左、右两侧都有变量，如 a+b，表示"变量 a 加变量 b"。

（1）算术运算符。

算术运算符是最常用的运算符，在科学计算中必不可少，如表 2-5 所示。假设有两个变量 a 和 b，其中 a=6，b=5。

表 2-5　算术运算符

运算符	说明	示例	输出结果
+	加法——两个操作数相加	a+b	11
-	减法——左操作数减去右操作数	a-b	1
*	乘法——两个操作数相乘	a*b	30

续表

运算符	说明	示例	输出结果
/	浮点数除法——左操作数除以右操作数，结果是浮点数	a/b	1.2
%	求余——左操作数除以右操作数，求得的余数	a%b	1
**	指数——左操作数取右操作数的指数运算	a**b	7 776
//	整除——左操作数整除以右操作数，结果向下取整	a//b	1

知识扩展

①*：在 Python 中乘号不能省略，例如，数学中的 $b^2 - 4ac$，在 Python 中的表达式应为 b*b-4*a*c。

②%：表示求余运算，不要与数学中的百分号混淆。

③**：两个乘号表示指数运算，6**5 表示 6 的 5 次幂。

④//：表示整除运算，"//"两侧的操作数相除后，结果若有小数，则向下取整。例如，5//3 的结果是 1，-5//3 的结果是-2。"//"与"/"的区别是"//"是向下取整除(结果是整数)，"/"是精确除法(结果是浮点数)。

⑤算术运算符的优先级如表 2-6 所示。优先级由高到低，优先级高的先执行。

表 2-6   算术运算符的优先级

优先级数 (数越大优先级越高)	运算符	说明
4	**	幂
3	~、+、-	求反、正号、负号
2	*、/、%、//	乘、除、求余、整除
1	+、-	加、减

若算术运算符优先级低的想优先运算，可以使用圆括号()改变优先顺序，即先算圆括号里的，再算圆括号外的。只能用圆括号()，不能用大括号{}或中括号[]。可以使用多层圆括号，但左、右括号必须配对，运算时由内向外依次计算。

(2)关系运算符。

关系运算符用于比较两个值，结果为 True(真)或 False(假)。关系运算符有恒等于(==)、不等于(!=)、大于(>)、小于(<)、大于等于(>=)、小于等于(<=)。

(3)逻辑运算符。

逻辑运算符用于逻辑运算，结果为 True(真)或 False(假)。逻辑运算符有逻辑与(and)、逻辑或(or)、逻辑非(not)。具体应用详见第 3 章。

(4)赋值运算符。

赋值运算符(=)的语法格式

变量=表达式

表示将右侧表达式的值赋值给左侧变量。

例如:

a=3*b+4 #3 乘以变量 b 的值加上 4,将结果赋值给变量 a

x=3 #将 3 赋值给变量 x

t=y #将变量 y 的值赋值给变量 t

y=fun() #将函数 fun()的返回值赋值给变量 y

知识扩展

①赋值运算符的右侧可以是常量、变量、表达式或函数返回值,但左侧只能是单个变量。例如,a+b=3 是错误的。

②赋值运算符不同于数学中的等号,在计算机中的等号用关系运算符恒等于(==)表示。例如,x==3 表示 x 等于 3。

Python 中还有复合赋值运算符,使用它可以使程序看起来更加简洁明了。常用的复合赋值运算符如表 2-7 所示。

表 2-7 常用的复合赋值运算符

运算符	说明	示例	解释
+=	加法赋值	c+=a	相当于 c=c+a
-=	减法赋值	c-=a	相当于 c=c-a
*=	乘法赋值	c*=a	相当于 c=c*a
/=	除法赋值	c/=a	相当于 c=c/a
%=	求余赋值	c%=a	相当于 c=c%a
**=	指数运算赋值	c**=a	相当于 c=c**a
//=	整除赋值	c//=a	相当于 c=c//a

(5)位运算符。

位(bit),表示二进制位。位是计算机内部数据存储的最小单位,一个二进制位只可以表示 0 或 1 两种状态。位运算符如表 2-8 所示。

表 2-8 位运算符

运算符名称	符号	示例	说明
按位与	&	a&b	将运算符两边的操作数(二进制数)对应位逐一进行逻辑与运算
按位或	|	a|b	将运算符两边的操作数(二进制数)对应位逐一进行逻辑或运算
按位异或	^	a^b	将运算符两边的操作数(二进制数)对应位逐一进行异或运算 若对应位相异,则结果为 1;若对应位相同,则结果为 0
按位求反	~	~a	~是单目运算符,将操作数的对应位逐一取反,即 1 取 0,0 取 1
左移	<<	a<<n	将 a 按二进制位向左移动 n 位,移出的高 n 位舍弃,最低位补 n 个 0
右移	>>	a>>n	将 a 按二进制位向右移动 n 位,移出的低 n 位舍弃,高 n 位补 0 或 1 若 a 是有符号的整型数,则高位补符号位 若 a 是无符号的整型数,则高位补 0

知识扩展

假设 a=5，b=4

c=a&b	c=a|b	c=a^b
a 0 0 0 0 0 1 0 1	a 0 0 0 0 0 1 0 1	a 0 0 0 0 0 1 0 1
& b 0 0 0 0 0 1 0 0	| b 0 0 0 0 0 1 0 0	^ b 0 0 0 0 0 1 0 0
c 0 0 0 0 0 1 0 0	c 0 0 0 0 0 1 0 1	c 0 0 0 0 0 0 0 1
结果是4	结果是5	结果是1

c=~a	c=a<<3	c=a>>3
~ a 0 0 0 0 0 1 0 1	<< a 0 0 0 0 0 1 0 1	>> a 0 0 0 0 0 1 0 1
c 1 1 1 1 1 0 1 0	c 0 0 1 0 1 0 0 0	c 0 0 0 0 0 0 0 0
结果是-6	结果是40	结果是0
（c的补码取原码）		

位运算是二进制运算，要先将十进制数转换成二进制数后再进行位运算。我们都知道正数的符号位是0，负数的符号位是1，正数的原码、反码、补码都一样，负数的补码是原码各位取反加1。位运算时两个操作数是补码，结果转换成十进制数时，要将结果的补码变成原码后再转换成十进制数。

位运算符的优先级如表2-9所示。优先级由高到低，优先级高的先执行。

表2-9　位运算符的优先级

优先级数 （数越大优先级越高）	运算符	说明
4	~	"~"仅此算术运算符幂运算符"＊＊"优先级低
3	>>、<<	左、右按位移动
2	&	按位与
1	^、|	按位异或和按位或

（6）成员运算符。

成员运算符是判断序列中是否有某个成员，如表2-10所示。

表2-10　成员运算符

运算符	说明	示例	输出结果
in	格式：x in y 如果 x 是序列 y 的成员，则结果是 True 如果 x 不是序列 y 的成员，则结果是 False	a＝3 in［1，2，3，4］ print(a)	True
		a＝3 in［1，2］ print(a)	False
not in	格式：x not in y 如果 x 不是序列 y 的成员，则结果是 True 如果 x 是序列 y 的成员，则结果是 False	a＝3 not in［1，2，3，4］ print(a)	False
		a＝3 not in［1，2］ print(a)	True

(7)标识运算符。

标识运算符用于比较两个对象的内存位置，如表2-11所示。

表2-11 标识运算符

运算符	说明	示例	输出结果
is	格式：x is y 如果 x 和 y 指向相同的对象，则结果是 True 如果 x 和 y 指向不相同的对象，则结果是 False	a = 3 b = 3 print(a is b)	True
		a = 3 b = 5 print(a is b)	False
is not	格式：x is not y 如果 x 和 y 指向不相同的对象，则结果是 True 如果 x 和 y 指向相同的对象，则结果是 False	a = 3 b = 3 print(a is not b)	False
		a = 3 b = 5 print(a is not b)	True

2.6.2 运算符的优先级

当表达式中有多种运算符时，要注意运算符的优先级，优先级高的先进行运算。当表达式中有圆括号时，要先算圆括号里的，再算圆括号外的。运算符的优先级如图2-46所示。

2.6.3 表达式

表达式是由操作数和运算符构成的序列。Python 的表达式与其他程序设计语言一样，每个表达式都有唯一确定的值。常量、变量、序列、函数、函数调用、对象等都可以构成表达式。

案例实现

本案例具体实现过程可以参考以下操作。

(1)定义两个变量 f 和 c 分别代表华氏温度和摄氏温度。

(2)为变量 f 赋值。

(3)将数学公式"$c = (5/9)(f-32)$"转换成 Python 表达式"$c = (5/9)*(f-32)$"。

(4)输出结果。

运行结果如图2-47所示。

本案例主要是将温度转换的数学公式转换成 Python 表达式，需要注意的是，数学中的乘号可以省略，但 Python 表达式中的乘号不能省略，否则系统会报错。请读者思考，若将已知的摄氏温度转换成华氏温

二维码2-5
案例六代码AnLi-6

度，该如何修改程序。

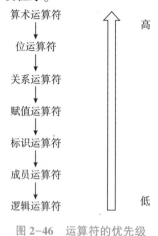

图 2-46　运算符的优先级

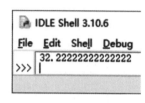

图 2-47　案例六运行结果

2.7　案例七　求 BMI 值

案例描述

编写程序，根据输入的身高、体重计算身体质量指数（Body Mass Index，BMI）。要求输入、输出按以下格式：

输入样式：

请输入您的身高(米)和体重(千克)：

1.65

60

输出样式：

您的身高是 1.65 米，体重 60.00 千克，BMI 指数为 22.0

案例分析

通过以下步骤可以实现上述问题。

(1)输入身高值和体重值。

(2)通过公式"BMI=体重(千克)/身高(米)^2"进行计算。

(3)输出结果。

2.7.1　input( )基本输入

在 Python 3.x 版本中输入函数是 input( )函数。该函数返回输入的对象，可输入数值、字符串和其他任意类型对象。

语法格式：

```
x=input("请输入文字说明")          #带有提示信息输入
x=input()                        #无提示信息输入,光标在行首闪烁
```

前者有提示语句"请输入文字说明"，提示语句由编程人员自定义，因为是字符串所以用单引号或双引号引上；后者没有提示语句，光标直接在行首闪烁。输入语句运行之后，会等待用户输入，用户从键盘上输入后，按〈Enter〉键，输入内容存储到内存中，并且变量 x 指向该字符串。

在 Python 3.x 版本中无论用户输入的数据是什么数据类型，input( )函数的返回结果都是字符串，所以需要将其转换为相应的数据类型再处理。

【微实例 2-34】

input( ) 函数应用：输入一个整数，实现输出。

【程序代码 eg2-34】

```
x＝input("请输入一个整数")
print(x)
print(type(x))              #type()函数的作用是获取变量数据类型
x＝eval(input("请输入一个整数"))  #利用 eval()函数将输入的字符串转换成数值
print(x)
print(type(x))
```

【运行结果】如图 2-48 所示。

根据运行结果可以看出，第一次输入的 15 赋值给变量 x，通过 type( )函数获取 x 的数据类型是字符串类型(str)。第二次输入 20 后用 eval( )函数将字符串转换成整型并赋值给 x，所以获取的数据类型是整型(int)

2.7.2　print( )基本输出

在 Python 3.x 版本中输出函数是 print( )函数。该函数的作用是输出特定信息。

语法格式：

```
print([value,...][,sep＝"  "][,end＝"\n "][,file＝sys.stdout][,flush＝False])
```

其中的 sep、end、file、flush 都有默认值，各参数说明如下。

sep：用来间隔多个对象，默认是一个空格。

end：用来设定以什么结尾。默认值是换行符\n，我们可以换成其他字符。

file：要写入的文件对象。

flush：默认不立即输出缓冲区的内容。

value：要输出的对象，可以是字符串，也可以是非字符串。输出多个对象时，需要用逗号分隔。

下面演示 print( )函数的几种用法。

(1)输出一个或多个对象的值，改变多个值之间的分隔符。

【微实例 2-35】

print( ) 函数应用：实现输出一个或多个对象的值。

【程序代码 eg2-35】

```
print("看几个输出的例子吧:")       #最简单的输出,即原样输出
a＝0
b＝1
print(a)                       #输出单个对象的值
```

```
print(a+b)                        #输出表达式的值,先计算再输出
print(a,b)                        #输出多个对象的值,想同时输出多个对象时用逗号分隔
print(a,b,a,b,sep=".")            #输出多个对象的值,显示分隔符是"."
print(a,b,a,b,sep=":")            #输出多个对象的值,显示分隔符是":"
```

【运行结果】如图 2-49 所示。

图 2-48　微实例 2-34 运行结果　　　图 2-49　微实例 2-35 运行结果

（2）换行与不换行。

【微实例 2-36】

print()函数应用：实现输出结果的换行与不换行。

【程序代码 eg2-36】

```
print("输出对象后不换行,用.分隔")
for i in range(5):                #表示 i 循环 5 次,每次加 1,循环具体应用见第 3 章
print(i,end=".")                  #每输出一个对象后不换行,对象用.分隔
print()                           #print()表示"\n",即回车换行
print("输出对象后不设置,默认回车换行")
for i in range(5):
print(i)                          #每输出一个对象后换行,end 设置省略了,默认 end="\n"
```

【运行结果】如图 2-50 所示。

（3）强制把缓冲区的内容写入文件。

【微实例 2-37】

print()函数应用：实现强制把缓冲区的内容写入文件。

【程序代码 eg2-37】

```
fp=open('test.txt','w')           #文件操作,详见第 7 章
print('Hello world',file=fp,flush=True)   #强制把缓冲区的内容写入文件
fp.close()
```

【运行结果】test.txt 文件内容被写入字符串"Hello world"。

（4）格式化输出。

格式化输出就是按照某种特殊要求输出。如果输入一个整数，则希望整数按照十六进制或八进制输出；如果输入一个小数，则希望小数保留后面 2 位输出；字符串的输出希望在 10 个格子内输出，或者左对齐、居中等。

语法格式：

```
print("显示信息与格式说明符"%(输出参数列表))
```

%为格式说明符标志，它的作用是把输出的格式说明符与格式说明符对应的输出列表

联系起来。

【微实例 2-38】

print( )函数应用：应用格式说明符实现格式化输出。

【程序代码 eg2-38】

```
a=1
b=2
print("对象 a+对象 b 的值是%d;对象 a*对象 b 的值是%d"%(a+b,a*b))
```

【运行结果】如图 2-51 所示。

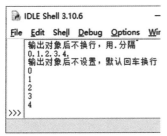

图 2-50 微实例 2-36 运行结果   图 2-51 微实例 2-38 运行结果

知识扩展

格式说明符与输出列表的对应关系如图 2-52 所示。

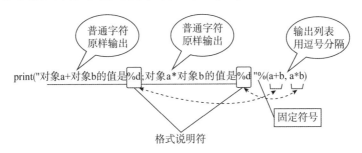

图 2-52 格式说明符与输出列表的对应关系

格式说明符为真实值预留位置，并控制显示的格式。格式说明符包含一个类型码，用以控制显示的类型，如表 2-12 所示。

表 2-12 格式说明符

格式说明符	说明	示例	输出结果
%d	十进制整数，以 10 为基数输出数字	a=65 print("a=%d"%(a))	a=65
%f	浮点数，以浮点数输出数字	a=65 print("a=%f"%(a))	a=65.000000
%c	字符，转换成对应的 Unicode 字符输出	a=65 print("a=%c"%(a))	a=A
%s	字符串，转换成字符串输出	a=65 print("a=%s"%(a))	a=A

续表

格式说明符	说明	示例	输出结果
%o	八进制，以 8 为基数输出数字	a=65 print("a=%o"%(a))	a=101
%x	十六进制，以 16 为基数输出数字	a=65 print("a=%x"%(a))	a=41
%e	指数记法，以科学计数法输出数字	a=65 print("a=%e"%(a))	a=6.500000e+01

2.7.3 format( )格式化

Python 的字符串格式化使用 format( )函数。它的使用更加灵活。

（1）format( )函数基本应用。

语法格式：

<模板字符串>.format(参数列表)

format( )函数的参数说明如下。

参数列表：要输出的字符串。若有多个参数，则以逗号分隔。

模板字符串：由一系列槽组成。槽用大括号表示。意思是将 format( )函数中以逗号分隔的参数按照序号关系替换到模板字符串的槽中。

槽的基本用法有以下 3 种。

①不带编号，即"{}"，按参数顺序在槽的位置输出。

②带编号，按照序号对应参数替换到槽的位置。槽中序号可调换顺序。

③带关键字，按关键字参数替换到槽的位置。

【微实例 2-39】

format( )函数基本应用。

【程序代码 eg2-39】

```
print("{} {} {} {}".format("zero","one","two","three"))        #不带编号
print("{0} {1} {2} {3}".format("zero","one","two","three"))    #带编号
print("{1} {0} {1} {3} {2}".format("zero","one","two","three")) #打乱编号顺序
print("{str1} {str0} {str1}".format(str0="zero",str1="one"))   #带关键字
```

【运行结果】如图 2-53 所示。

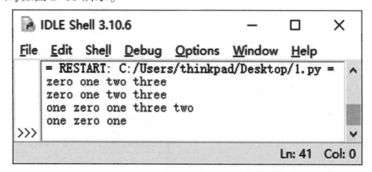

图 2-53　微实例 2-39 运行结果

（2）format（）函数进阶应用。

format（）函数中模板字符串的槽除了包括参数序号，还可以包括格式控制信息。

槽的内部样式：

{<参数序号>:<格式控制标记>}

槽的内部样式的参数说明如下。

格式控制标记：控制参数显示时的格式。格式内容包括 6 个字段，格式如下：

:<填充> <对齐> <宽度> <,> <精度> <类型>

①<填充>：参数按照宽度格式输出，参数外的字符采用指定方式填充，默认采用空格。

②<对齐>：表示参数的对齐方式，包括左对齐、右对齐、居中，符号分别为<、>、^，默认是左对齐。

③<宽度>：表示设定输出字符的宽度，若该槽对应的参数长度比设定的宽度值大，则按参数的实际长度输出；若参数长度小于设定的宽度值，则默认以空格填充，也可以根据设置的"填充符号"填充。

【微实例 2-40】

format（）函数进阶应用一。

【程序代码 eg2-40】

```
s="hello"
print("{:15}". format(s))        #填充默认是空格,默认左对齐,宽度 15
print("{0:*^15}". format(s))     #填充是*,对齐方式为居中,宽度 15
print("{:=>15}". format(s))      #填充是=,对齐方式为右对齐,宽度 15
print("{0:3}". format(s))        #字符串长于宽度,原样输出
```

【运行结果】如图 2-54 所示。

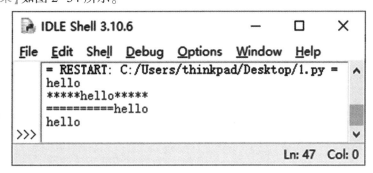

图 2-54　微实例 2-40 运行结果

④<,>：用于显示数字类型的千位分隔符。

【微实例 2-41】

format（）函数进阶应用二。

【程序代码 eg2-41】

```
num=111111111            #注意:数值类型
print("{:,}". format(num))       #千位输出
print("{:}". format(num))        #原样输出
```

【运行结果】如图 2-55 所示。

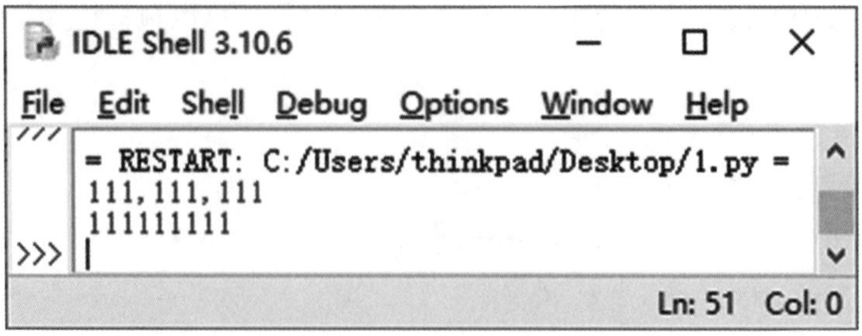

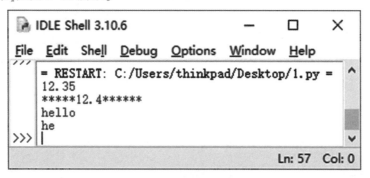

图 2-55　微实例 2-41 运行结果

⑤<精度>：有两个含义，以小数点(.)开头。若是浮点数，则精度表示小数部分的有效位数；若是字符串，则精度表示字符串输出的最大长度。

【微实例 2-42】

format( )函数进阶应用三。

【程序代码 eg2-42】

```
num=12. 3542                    #浮点数
print("{:. 2f}". format(num))    #小数点后保留两位
print("{:*^15. 1f}". format(num)) #小数点后保留一位,宽度 15,居中,*填充
s="hello"                        #字符串
print("{:. 10}". format(s))      #字符串长于宽度,原样输出
print("{:. 2}". format(s))       #字符串短于宽度,截取宽度值的子字符串
```

【运行结果】如图 2-56 所示。

图 2-56　微实例 2-42 运行结果

⑥<类型>：表示输出整数和浮点数的格式规则。

对于整型共有 6 种输出格式：d(输出整数的十进制形式)、c(输出整数对应的 Unicode 字符)、b(输出整数的二进制形式)、o(输出整数的八进制形式)、x(输出整数的小写十六进制形式)、X(输出整数的大写十六进制形式)。

对于浮点型共有 4 种输出格式：f(输出浮点数的标准形式)、e(输出小写字母 e 的指数形式)、E(输出大写字母 E 的指数形式)、%(输出浮点数的百分比形式)。

【微实例 2-43】

format( )函数进阶应用四。

【程序代码 eg2-43】

```
num1=65
print("{0:d}   {0:c}   {0:b}   {0:o}   {0:x}   {0:X}". format(num1))
num2=2. 6
print("{0:. 2f}   {0:e}   {0:E}   {0:% }". format(num2))
```

【运行结果】如图 2-57 所示。

图 2-57　微实例 2-43 运行结果

◀◖█▶ **案例实现**

本案例具体实现过程可以参考以下操作。

（1）通过 input（）函数输入身高和体重，赋值给两个变量。

（2）将"BMI＝体重（千克）/身高（米）^{2}"转换成 Python 表达式"BMI＝ weight/（height**2）"。

（3）利用格式化方法输出 BMI 的值

运行结果如图 2-58 所示。

图 2-58　案例七运行结果

2.8　案例八　求随机数中的最大值和最小值

◀◖█▶ **案例描述**

编写程序，随机生成 100~1 000 之间的 3 个整数，要求输出产生的 3 个随机数，求出 3 个数中的最大值和最小值，并计算出运行该程序所用的秒数。

通过以下步骤可以实现上述问题。

（1）生成 3 个随机数。

（2）通过求最大值和最小值函数，分别求出 3 个随机数中的最大值和最小值。

（3）在程序开始前计算时间，在结束时计算时间，求两者的差值，即程序的运行时间。

（4）输出结果。

2.8.1　内置数学运算函数

数学运算函数是满足数学运算的函数，这些函数不需要 import 导入就可以直接使用，如表 2-13 所示。

表 2-13　数学运算函数

函数	说明	示例	输出结果
abs( )	返回绝对值	a = -3 print(abs(a))	3
divmod(a, b)	分别取 a 与 b 的商和余数	a = 5 b = 3 print(divmod(a, b))	(1, 2)
pow(x, y)	乘方，表示 x 的 y 次幂	a = 5 b = 3 print(pow(a, b))	125
round(x [, n])	四舍五入。n 表示舍入到小数点后的位数，默认是 0	a = 3.1415926 print(round(a)) print(round(a, 2))	3 3.14
max(x1, x2, ...)	求最大值，参数可以为序列	x1 = 5 x2 = 6 x3 = 7 x4 = [5, 6, 7] print(max(x1, x2, x3)) print(max(x4))	7 7
min(x1, x2, ...)	求最小值，参数可以为序列	x1 = 5 x2 = 6 x3 = 7 x4 = [5, 6, 7] print(min(x1, x2, x3)) print(min(x4))	5 5

2.8.2　内置 math 库中的函数

math 库是实现浮点数的数学运算的 Python 标准库。在使用 math 库中的数学运算函数时需要先导入 math 库，然后才能调用，即使用语句 import math。调用 math 库中函数的方法是"math. 函数名(参数)"。math 库的数学运算函数如表 2-14 所示。

表 2-14　**math 库的数学运算函数**

函数	说明	示例	输出结果
e	自然常数 e	print(math. e)	2. 718 281 828 459 045
pi	π	print(math. pi)	3. 141 592 653 589 793
sin(x)、cos(x)、tan(x)	正弦、余弦、正切	print(math. sin(15))	0. 650 287 840 157 116 8
degrees(x)	弧度转角度	print(math. degrees(0. 26))	14. 896 902 673 401 405
radians(x)	角度转弧度	print(math. radians(15))	0. 261 799 387 799 149 4
pow(x, y)	x 的 y 次幂	print(math. pow(5, 3))	125. 0
exp(x)	e 的 x 次幂	print(math. exp(5))	148. 413 159 102 576 6
sqrt(x)	x 的平方根	print(math. sqrt(4))	2. 0
fabs(x)	x 的绝对值	print(math. fabs(-4))	4. 0
fmod(x, y)	取余，即 x%y	print(math. fmod(5, 3))	2. 0
ceil(x)	向上取整	print(math. ceil(5. 9))	6
floor(x)	向下取整	print(math. floor(5. 9))	5
log(x, y)	以 y 为底，x 的对数	print(math. log(5, 3))	1. 464 973 520 717 926 9
log2(x)	以 2 为底，x 的对数	print(math. log2(2))	1. 0
log10(x)	以 10 为底，x 的对数	print(math. log10(2))	0. 301 029 995 663 981 2

知识扩展

math 库和 Python 内置数学运算函数中都有 pow(x, y)函数，两者都表示求 x 的 y 次幂，虽然意义相同，但是不同库中的函数，并且结果的数据类型不同。若调用 math 库中的 pow(x, y)函数，则必须使用调用语句 math. pow(x, y)。求绝对值函数，math 库中用 fabs(x)，内置数学运算函数中是 abs(x)，两者不同，不要混淆。

2.8.3　内置 random 库中的函数

random 库是使用随机数的 Python 标准库。随机数可用于数学、游戏等领域中，还经常被嵌入算法，提高编写程序的安全性和算法效率。使用 random 库中的函数时需要先导入 random 库，即调用语句 import random。调用 random 库中函数的方法是"random. 函数名(参数)"。

random 库包含两类函数，常用的有以下 8 个。

基本随机函数：seed()、random()。

扩展随机函数：randint()、randrange()、getrandbits()、uniform()、choice()、shuffle()。

(1)基本随机函数：如表 2-15 所示。

表 2-15 基本随机函数

函数	说明
random. seed([x])	改变随机数生成器的种子。若不设定 seed，则 Python 会帮助用户选择一个 seed
random. random()	生成一个[0.0, 1.0)之间的随机小数。注意：[0.0, 1.0)之间是不包含 1.0 的随机小数

【微实例 2-44】

基本随机函数应用。

【程序代码 eg2-44】

```
import random                #导入 random 库
random. seed(10)             #产生种子 10 对应的序列
print(random. random())      #生成一个[0.0,1.0)之间的随机小数
```

【运行结果】如图 2-59 所示。

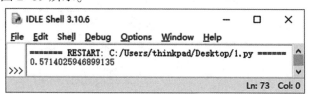

图 2-59 微实例 2-44 运行结果

随机数的产生与种子有关，只要种子相同，那么在产生的随机序列中，无论是每一个数，还是数与数之间的关系都是确定的。若种子是 10，则第 1 个数必定是如图 2-59 所示的结果。

（2）扩展随机函数：如表 2-16 所示。

表 2-16 扩展随机函数

函数	说明
randint(a, b)	生成一个[a, b]之间的整数
randrange(m, n[, k])	生成一个[m, n)之间以 k 为步长的随机整数
getrandbits(k)	生成一个 k 比特长的随机整数
uniform(a, b)	生成一个[a, b]之间的随机小数
choice(seq)	从序列中随机选择一个元素
shuffle(seq)	将序列 seq 中的元素随机排列，返回打乱后的序列

【微实例 2-45】

扩展随机函数应用。

【程序代码 eg2-45】

```
import random                         #导入 random 库
print(random. randint(10,100))        #生成一个[10,100]之间的随机整数
print(random. randrange(10,100,10))   #生成一个[10,100)之间以 10 为步长的随机整数
print(random. getrandbits(16))        #生成一个 16 比特长的随机整数
print(random. uniform(10,100))        #生成一个[10,100]之间的随机小数
```

```
print(random. choice([1,2,3]))          #从[1,2,3]中随机选择一个
s=[1,2,3];
random. shuffle(s);                     #将[1,2,3]中的元素打乱,随机排列
print(s)
```

【运行结果】如图 2-60 所示。

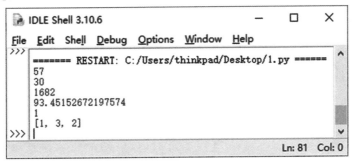

图 2-60 微实例 2-45 运行结果

2.8.4 内置 time 库中的函数

time 库是 Python 中比较常用的标准库，如调用系统时间、计算程序运行时间等。使用其中的函数时也需要先导入 time 库，即调用语句 import time，调用 time 库中函数的方法是"time. 函数名(参数)"。

在学习应用 time 库中的函数之前，先来认识两个概念：时间戳和时间元组。Python 中通常用其表示时间。

(1)时间戳：从 1970 年 1 月 1 日 00:00:00 开始到现在的秒数。因此，时间戳是一个时间长度。

(2)时间元组 struct_time：时间元组的格式是我们通常看到的时间表示格式，即年、月、日、时、分、秒、一周中的第几天、一年中的第几天、是否是夏令时。

例如：

time. struct_time(tm_year=2022,tm_mon=1,tm_mday=30,tm_hour=17,tm_min=59,tm_sec=57,tm_wday=6,tm_yday=30,tm_isdst=0)

时间元组 struct_time 共有 9 个元素，它们的索引分别是从 0~8，元素项如表 2-17 所示。

表 2-17 struct_time 元素项

索引号	struct_time 元素名	说明	范围
0	tm_year	年	4 位年数
1	tm_mon	月	1~12
2	tm_mday	日	1~31
3	tm_hour	小时	0~23
4	tm_min	分钟	0~59
5	tm_sec	秒	0~59

索引号	struct_time 元素名	说明	范围
6	tm_wday	一周中的第几天	0~6(0 表示周日)
7	tm_yday	一年中的第几天	1~366
8	tm_isdst	是否是夏令时	1,0(1 表示夏令时,默认是1)

time 库中既有时间处理函数,也有转换时间格式的函数。

1. 时间处理函数

(1)time( )函数:time 库中最常用的函数,返回当前时间的时间戳(1970 年后的浮点秒数)。

语法格式:

time. time()

第 1 个 time 表示 time 库,第 2 个是 time( )函数,不需要传递参数,返回值是一个时间戳的浮点数。

【微实例 2-46】

time( )函数应用。

【程序代码 eg2-46】

```
import time
print("当前时间的时间戳:% f "%(time. time()))
```

【运行结果】如图 2-61 所示。

图 2-61 微实例 2-46 运行结果

知识扩展

利用 time( )函数,还可以计算两个时间点之间的间隔。即开始前使用一次 time( )函数,结束时使用一次 time( )函数,求两者的差值,即间隔时间。经常用这个方法来计算程序的运行效率。

(2)localtime( )函数:格式化时间戳为本地时间(struct_time 类型)。

语法格式:

time. localtime([secs])

参数 secs 指转换为 struct_time 类型的对象的秒数,即从 1970 年 1 月 1 日到现在的秒数。无参数时,就以当前时间为转换标准。

【微实例 2-47】

localtime( )函数应用。

【程序代码 eg2-47】

```
import time
print(time. localtime(10000))
print(time. localtime())
```

【运行结果】如图 2-62 所示。

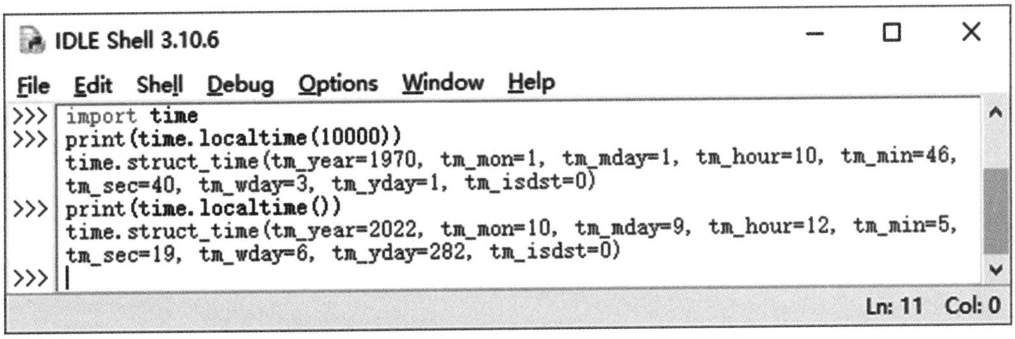

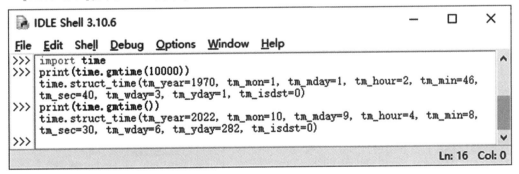

图 2-62　微实例 2-47 运行结果

（3）gmtime（）函数：用于将一个时间戳转换为 UTC 时区（0 时区）的 struct_time。UTC 是世界协调时，即世界标准时间。

语法格式：

```
time. gmtime([secs])
```

参数 secs 指转换为 struct_time 类型的对象的秒数。无参数时默认为本地时间。

【微实例 2-48】

gmtime（）函数应用。

【程序代码 eg2-48】

```
import time
print(time. gmtime(10000))
print(time. gmtime())
```

【运行结果】如图 2-63 所示。

图 2-63　微实例 2-48 运行结果

知识扩展

gmtime（）函数和 localtime（）函数的区别是，gmtime（）函数获取的是 UTC 时间，localtime（）

函数获取的是本地时间，或者说是北京时间，"北京时间+8＝UTC 时间"。通过图 2-62 与图 2-63 可以看出，当 secs＝10000 时，time.gmtime(10000)获得的 tm_hour＝2，time.localtime(10000)获得的 tm_hour＝10，两者的差值是 8。

（4）asctime()函数：用于接收一个时间元组作为参数，并返回一个可读的形式为"星期 月 日 小时:分钟:秒 年"的 24 个字符的字符串。

语法格式：

time.asctime([t]))

参数 t 是完整的 9 位元组元素或 struct_time 类型的对象。

【微实例 2-49】

asctime()函数应用。

【程序代码 eg2-49】

```
import time
t=(2018,9,8,16,34,30,5,251,0)
time.asctime(t)
time.asctime(time.localtime())
```

【运行结果】如图 2-64 所示。

（5）ctime()函数：用于接收一个时间戳作为参数，并返回一个可读的形式为"星期 月 日 小时:分钟:秒 年"的 24 个字符的字符串。

语法格式：

time.ctime([secs])

参数 secs 指转换为 struct_time 类型的对象的秒数。如果无参数，则会默认将 time()函数作为参数。

【微实例 2-50】

ctime()函数应用。

【程序代码 eg2-50】

```
import time
time.ctime()
time.ctime(10000)
```

【运行结果】如图 2-65 所示。

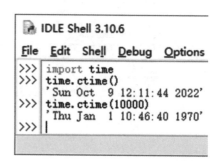

图 2-64　微实例 2-49 运行结果　　　　图 2-65　微实例 2-50 运行结果

知识扩展

asctime( )函数和 ctime( )函数的输出结果都是返回一个可读形式的字符串，只是接收的参数不同，asctime( )函数接收的参数是时间元组，ctime( )函数接收的参数是时间戳。

（6）mktime( )函数：用于接收一个时间元组作为参数，返回用秒数表示时间的浮点数。

语法格式：

time. mktime(t)

参数 t 是完整的 9 位元组元素或 struct_time 类型的对象。

【微实例 2-51】

mktime( )函数应用。

【程序代码 eg2-51】

```
import time
t=(2018,9,8,16,34,30,5,251,0)
time. mktime(t)
time. mktime(time. gmtime())
```

【运行结果】如图 2-66 所示。

知识扩展

mktime( )函数是 gmtime( )、localtime( )函数的逆操作。

（7）sleep( )函数：用于推迟调用线程的运行。此函数不返回任何值。

语法格式：

time. sleep(t)

参数 t 表示要暂停执行的秒数。

【微实例 2-52】

sleep( )函数应用。

【程序代码 eg2-52】

```
import time
print(time. ctime(1000))
time. sleep(2)
print(time. ctime(1000))
```

【运行结果】如图 2-67 所示。

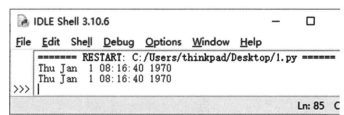

图 2-66　微实例 2-51 运行结果　　　　图 2-67　微实例 2-52 运行结果

观察运行过程：输出第一行结果，间隔2秒，输出第二行结果。

知识扩展

sleep( )函数常用于让程序休眠一会。

2. 转换时间格式的函数

（1）strftime( )函数：把一个代表时间的元组或 struct_time 类型的对象转化为格式化的时间字符串。如果参数 t 未指定，则将传入 localtime( )。

语法格式：

time. strftime(format[,t])

参数 format 指格式化字符串，format 格式化日期符号如表2-18 所示。

表 2-18　format 格式化日期符号

符号	说明	符号	说明
%y	两位数的年份表示（00~99）	%j	年中的一天（001~366）
%Y	四位数的年份表示（0000~9999）	%p	本地 A. M. 或 P. M. 的等价符
%m	月份（01~12）	%U	一年中的星期数（00~53），星期天为星期的开始
%d	月中的一天（0~31）	%W	一年中的星期数（00~53），星期一为星期的开始
%H	24 小时制小时数（0~23）	%w	星期（0~6），星期天为星期的开始
%I	12 小时制小时数（01~12）	%X	本地相应的时间表示
%M	分钟数（00~59）	%x	本地相应的日期表示
%S	秒（00~59）	%Z	当前时区的名称
%a	本地简化的星期名称	%b	本地简化的月份名称
%A	本地完整的星期名称	%B	本地完整的月份名称
%c	本地相应的日期表示和时间表示		

【微实例 2-53】

strftime( )函数应用。

【程序代码 eg2-53】

```
import time
t=time. gmtime()
time. strftime("%Y %m %d %H:%M:%S",t)
```

【运行结果】如图 2-68 所示。

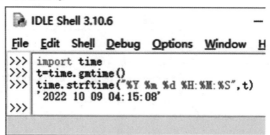

图 2-68　微实例 2-53 运行结果

（2）strptime( ) 函数：把 format 格式的时间字符串转化为 struct_time 类型的对象。

语法格式：

strptime(string [,format])

参数 string 是时间字符串，参数 format 指格式化字符串。

【微实例 2-54】

strptime( ) 函数应用。

【程序代码 eg2-54】

```
import time
t="2022- 01- 01 12:10:15"
time. strptime(t,"% Y- % m- % d % H:% M:% S")
```

【运行结果】如图 2-69 所示。

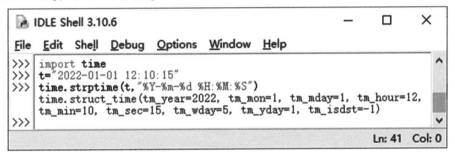

图 2-69　微实例 2-54 运行结果

知识扩展

strptime( ) 函数实际上是 strftime( ) 函数的逆操作。

案例实现

本案例具体实现过程可以参考以下操作。

（1）导入 random 库、time 库。

（2）通过 time( ) 获得程序开始时的时间戳并赋值给一个变量。

（3）通过 random. randint(100，1000) 生成一个 100~1 000 之间的随机整数，并赋值给一个变量。

（4）同理，再生成两个 100~1 000 之间的随机整数，分别赋值给两个变量。

（5）输出 3 个变量的值，实现案例中要求输出生成的 3 个随机数。

（6）通过内置数学运算函数 max(x1，x2，…) 和 min(x1，x2，…)，求得随机数中的最大值和最小值。

（7）输出最大值和最小值。

（8）通过 time( ) 获得程序结束时的时间戳并赋值给一个变量。

（9）输出两个时间戳的差值。

运行结果如图 2-70 所示。

二维码 2-7
案例八代码 AnLi-8

图 2-70　案例八运行结果

2.9　二级真题测试

二维码 2-8
二级真题测试

2.10　实　训

2.10.1　实训一　将整数拆分

从键盘上输入任意 3 位正整数 num，拆分出个位、十位、百位，并输出。

2.10.2　实训二　求三角形的面积

已知三角形的 3 条边，编程计算三角形的面积并输出。

第3章 程序的控制结构

程序的控制结构给出了程序的框架，决定了程序中各操作的执行顺序。任何复杂的程序都可以由基本控制结构组合而成，Python 程序有 3 种基本控制结构：顺序结构、选择结构、循环结构。本章通过具体案例的分析和解决过程，介绍应用 3 种选择结构即单分支 if 语句、双分支 if…else 语句和多分支 if…elif…else 语句，以及两种循环结构即 while 循环和 for 循环来解决具体应用问题。

学习目标

（1）了解 Python 的三大基本控制结构。

（2）掌握选择结构即单分支 if 语句、双分支 if…else 语句和多分支 if…elif…else 语句。

（3）熟练掌握循环结构即 while 循环和 for 循环的语法结构。

（4）掌握循环结构中的 range( ) 函数，以及 break、continue 语句。

思维导图

程序的控制结构

- 顺序结构
  - 程序流程图：常用的7种基本符号
  - 程序的基本结构：顺序结构、选择结构和循环结构

- 选择结构
  - 关系运算符和关系表达式：<、>、<=、>=、==、!=
  - 逻辑运算符与逻辑表达式：逻辑与(and)、逻辑或(or)和逻辑非(not)
  - 选择结构：单分支选择结构、双分支选择结构、多分支选择结构

- 循环结构
  - while循环：无限循环
  - for循环：遍历循环
  - 扩展的循环结构：while…else、for…else

- 其他语句
  - break语句：跳出其所在的一级的循环
  - continue语句：跳过当前循环的剩余语句，然后继续进行下一轮循环
  - 统计函数：max()、min()、sum()、prod()、std()、var()、mean()等

- 程序的异常处理
  - 常见的异常类：SyntaxError、NameError、ZeroDivisionError等
  - 异常处理：单个异常处理、多个异常处理、else子句

3.1 案例一 三角形面积的计算

案例描述

从键盘上输入三角形 3 条边的长度，求该三角形的面积。

案例分析

通过以下步骤可以实现上述问题。

（1）定义变量表示三角形的 3 条边。

（2）根据面积公式求出三角形的面积。

（3）输出结果。

3.1.1 程序流程图

计算机程序由若干条语句组成，并由控制结构控制语句的执行流程。在程序设计过程中，通常用流程图形象地表示程序的控制结构。程序流程图用一系列图形、流程线和文字说明描述程序的基本操作和控制流程，它是程序分析和过程描述的最基本方式。程序流程图中使用的基本符号包括 7 种，如图 3-1 所示。

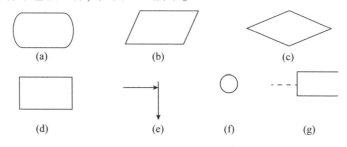

图 3-1 流程图的基本符号

（a）起止框；（b）输入/输出框；（c）判断框；（d）处理框；（e）流程线；（f）连接点；（g）注释框

其中，起止框表示程序逻辑的开始或结束；输入/输出框表示程序中的数据输入或结果输出；判断框表示一个判断条件，并根据判断结果选择不同的执行路径；处理框表示一组处理过程，对应于顺序执行的程序逻辑；流程线表示程序的控制流，以带箭头的直线表示程序的执行路径；连接点表示多个流程图的连接方式，常用于将多个较小的流程图组织成较大的流程图；注释框表示程序的注释。

3.1.2 程序的基本控制结构

Python 程序有 3 种基本控制结构：顺序结构、选择结构、循环结构。

（1）顺序结构。

顺序结构是一种最简单和最常用的程序结构，这种结构的程序是按语句出现的先后顺序依次执行的。顺序结构流程图如图 3-2（a）所示。此流程图的含义是，先执行 A 操作，然后执行 B 操作，它们是顺序执行的关系。

（2）选择结构。

若在程序执行过程中，需要根据用户的输入或中间结果来判断去执行某一任务，则这种结构称为选择结构。选择结构流程图如图 3-2(b) 所示。此流程图的含义是，判断条件表达式的值，若为真，则执行 A 操作；若为假，则执行 B 操作。

（3）循环结构。

循环结构可以减少源程序重复编写的工作量，用来描述重复执行某段算法的操作。循环结构流程图如图 3-2(c) 所示。此流程图的含义是，首先判断条件表达式的值，若为真，则执行 A 操作，然后重新判断条件表达式，若仍然为真，则循环执行 A 操作……直到条件表达式的值为假，退出循环。

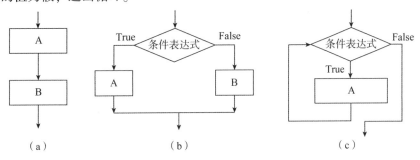

图 3-2　3 种基本控制结构

(a)顺序结构；(b)选择结构；(c)循环结构

知识扩展

结构化定理表明，任何一个复杂问题的程序设计都可以用顺序结构、选择结构和循环结构这 3 种基本控制结构组成，且它们都只有一个入口和一个出口；结构中无死循环，程序中的 3 种基本控制结构之间形成顺序执行关系。

【微实例 3-1】

输入一名学生的 3 门课成绩，求总分和平均分。

【分析】

定义变量 a、b、c，sum 和 ave 分别表示该名学生 3 门课成绩，总分和平均分，采用顺序结构设计，根据公式 sum＝a+b+c，ave＝sum/3 计算总分和平均分，输出结果。

求总分和平均分的流程图如图 3-3 所示。

【程序代码 eg3-1】

```
a＝eval(input("请输入第一门课的成绩:"))      #输入 3 门课的成绩
b＝eval(input("请输入第二门课的成绩:"))
c＝eval(input("请输入第三门课的成绩:"))
sum＝float(a+b+c)                          #计算总分 sum
ave＝sum/3                                 #计算平均分
print("总分:{:.2f}". format(sum))          #输出总分
print("平均分:{:.2f}". format(ave))        #输出平均分
```

【运行结果】如图 3-4 所示。

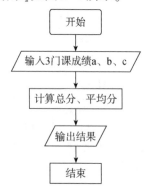

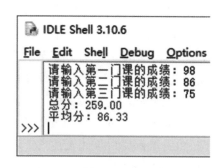

图 3-3　求总分和平均分的流程图　　　图 3-4　微实例 3-1 运行结果

案例实现

通过对案例一的分析，本案例采用顺序结构设计程序，具体实现过程可以参考以下操作。

(1) 定义 3 个变量 a、b、c 分别表示三角形的 3 条边。

(2) 定义一个变量 s 表示三角形 3 条边和的一半。

(3) 应用三角形面积公式 area = sqrt(s*(s-a)*(s-b)*(s-c)) 求出三角形面积。

(4) 输出结果。

求三角形面积可以通过流程图描述，如图 3-5 所示。

运行结果如图 3-6 所示。

二维码 3-1
案例一代码 AnLi-1

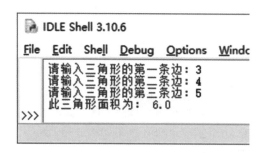

图 3-5　求三角形面积的流程图　　　图 3-6　案例一运行结果

3.2　案例二　学生成绩分析

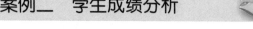

案例描述

编写程序，根据学生的百分制成绩，分析并输出对应的等级。(90 分及以上为优、80~89 分为良、70~79 分为中、60~69 分为及格、低于 60 分为不及格。)

案例分析

通过以下步骤可以实现上述问题。

(1)定义变量表示学生的百分制成绩。

(2)设计条件结构，根据题意判断分数所属等级。

(3)输出结果。

3.2.1 关系运算符和关系表达式

1. 关系运算符

设计选择结构进行条件判断，最常用的方法就是通过关系表达式的值来确定下一步的流程顺序，构成关系表达式的关系运算符就是对两个运算对象进行比较的运算符。Python 的关系运算符有 6 种，如表 3-1 所示。（其中 a、b 的初值分别为 2、8。）

表 3-1 关系运算符

运算符	名称	示例	输出结果	优先级
>	大于	a>b	False	优先级相同（较高）
>=	大于等于	a>=b	False	
<	小于	a<b	True	
<=	小于等于	a<=b	True	
==	等于	a==b	False	优先级相同（较低）
!=	不等于	a!=b	True	

知识扩展

(1)关系运算符的优先级分为两级，其中<、>、<=、>=为同级运算符，==、!=为同级运算符，且前 4 种关系运算符的优先级高于后两种。

(2)关系运算符的优先级低于算术运算符，但高于赋值运算符。

(3)关系运算符是双目运算符，结合性是"自左向右"。

(4)注意区分关系运算符==与赋值运算符=。

2. 关系表达式

关系表达式就是用关系运算符将两个表达式连接起来的有意义的式子。

语法格式：

表达式1 关系运算符 表达式2

首先计算"表达式 1"和"表达式 2"的值，然后进行两值比较。若计算出的值是数值类型数据，则直接按值的大小比较；若计算出的值是字符或字符串，则按字符串对应的 Unicode 编码进行比较。比较的结果为逻辑值，当关系表达式成立时，其值为 True，否则为 False。

例如：设有"a=10，b=15，c=-5"，分析并输出下面 3 条语句的结果。

①print(a+b<c)

②print(b>a>c)

③print(a-b==c)

【分析】

①因为关系运算符的优先级低于算术运算符，因此先计算 a+b，其结果再与 c 进行比较，输出结果为 False。

②因为关系运算符是双目运算符，结合性是"自左向右"，因此输出结果为 True。

③先计算 a−b，其结果再与 c 进行比较，输出结果为 True。

3.2.2　逻辑运算符与逻辑表达式

1. 逻辑运算符

关系运算符只能描述单一的条件，如果需要同时描述多个条件，就要借助逻辑运算符。逻辑运算符可以将几个条件进行组合，构成逻辑表达式来描述多个条件。Python 提供的逻辑运算符有 3 种：逻辑与(and)、逻辑或(or)和逻辑非(not)。前两种是双目运算符，后一种是单目运算符，它们的操作数可以是任何值为逻辑真或逻辑假的表达式，也可以是任何值为非 0 的表达式作为逻辑真，或者任何值为 0 的表达式作为逻辑假，如表 3-2 所示。

表 3-2　逻辑运算符

运算符	说明	示例	对象数	结合性
and	逻辑与	a and b	双目	自左向右
or	逻辑或	a or b	双目	自左向右
not	逻辑非	not a	单目	自右向左

2. 逻辑表达式

逻辑表达式是指用逻辑运算符将其他合法的 Python 表达式连接起来的式子。逻辑表达式的运算结果和关系表达式的运算结果一样，都是布尔值 True 或 False。

语法格式：

[表达式1]　逻辑运算符　表达式2

首先从左到右依次计算表达式的值，若是 0 值，则为逻辑假，若是非 0 值，则为逻辑真；然后根据逻辑运算的运算规则依次进行逻辑运算，一旦能够确定逻辑表达式的值，就立即结束运算，不再进行后面表达式的计算。下面介绍 3 种逻辑运算符的运算规则。

（1）"逻辑与"运算。

"逻辑与"运算的运算规则：只有两个表达式的值均为逻辑真，这两个表达式的"逻辑与"才为真。只要有一个表达式的值为逻辑假，这两个表达式的"逻辑与"必为假。假设 p1、p2 为任意两个操作数，则"逻辑与"运算的这种特征可以用真值表表示，如表 3-3 所示。

表 3-3　"逻辑与"运算的真值表

p1	p2	p1 and p2
True	True	True
True	False	False
False	True	False
False	False	False

例如：用 Python 描述条件"某高校计算机专业研究生招生条件为总分（Total）超过 600 分且数学成绩（math）不低于 120 分且英语成绩（English）不低于 60 分"的逻辑表达式。

【分析】

同时满足 3 个条件要使用"逻辑与"运算符，用 Python 描述：

Total>600 and math>=120 and English>=60

例如：用 Python 描述条件"判断 3 条边能否构成三角形"的逻辑表达式。

【分析】

满足 3 条边能构成三角形的条件是"3 条边均为正数且任意两边之和大于第三边"，可以使用"逻辑与"运算符，用 Python 描述：

a>0 and b>0 and c>0 and a+b>c and a+c>b and b+c>a

（2）"逻辑或"运算。

"逻辑或"运算的运算规则：只要两个表达式的值中有一个为逻辑真，那么这两个表达式的"逻辑或"就为真，即只有两个表达式的值都为逻辑假，这两个表达式的"逻辑或"才为假。假设 p1、p2 为任意两个操作数，则"逻辑或"运算的这种特征可以用真值表表示，如表 3-4 所示。

表 3-4　"逻辑或"运算的真值表

p1	p2	p1 or p2
True	True	True
True	False	True
False	True	True
False	False	False

例如：用 Python 描述条件"如果一门课的成绩包含理论课（grade1）和实验课（grade2）两部分的成绩，根据规定，这门课重修的条件是理论课或实验课中有一项不及格"的逻辑表达式，及格条件为大于等于 60 分。

【分析】

根据题目知道及格的条件是两门课成绩都大于等于 60 分，而重修的条件是其中任意一门课的成绩低于 60 分，要使用"逻辑或"运算符，用 Python 描述：

grade1<60 or grade2<60

例如：用 Python 描述判断闰年的逻辑表达式。

【分析】

闰年分为普通闰年和世纪闰年，普通闰年的条件是"能被 4 整除但不能被 100 整除（如 2004 年就是普通闰年）"；而世纪闰年的条件是"能被 400 整除（如 2000 年是世纪闰年，1900 年不是世纪闰年）"。普通闰年要使用"逻辑与"运算符，而两种闰年之间要使用"逻辑或"运算符，用 Python 描述：

((year%4==0)and(year%100!=0))or(year%400==0)

（3）"逻辑非"运算。

"逻辑非"运算的运算规则：如果表达式的值为逻辑假，那么这个表达式的"逻辑非"

就为真；反之，如果表达式的值为逻辑真，那么这个表达式的"逻辑非"为假。假设 p 为任意操作数，则"逻辑非"运算的这种特征可以用真值表表示，如表 3-5 所示。

表 3-5 "逻辑非"运算的真值表

p	not p
True	False
False	True

例如：求出下列逻辑表达式的值。

① not ' a'
② not 20
③ not 0
④ not "你好"

【分析】

逻辑运算的操作数可以是任何表达式，如数字、字符、字符串等，且一切非 0 的表达式的值都为"逻辑真"，任何值为 0 的表达式的值都为"逻辑假"。因此，上述表达式的运行结果为① False ②False ③True ④False。

3. 逻辑运算的优先级和短路性

（1）逻辑运算的优先级。

在一个逻辑表达式中可以使用多个逻辑运算，因此逻辑表达式可以表示很复杂的判断条件。在一个逻辑表达式中可能有多个相同或不同的逻辑运算，也可能有除逻辑运算以外的运算构成逻辑运算的操作数，如算术表达式、关系表达式等，因此必须清楚每个运算符的优先级和结合性。Python 中常用的运算符的优先级和结合性如表 3-6 所示（优先级从高到低）。

表 3-6 Python 中常用的运算符的优先级和结合性

运算符	说明	结合性
（ ）	括号	最近的括号配对
+、-、not	单目运算，取正、负、逻辑非	自右向左
*、/、%	双目运算，乘、除、求余	自左向右
+、-	双目运算，加、减	自左向右
>、<、>=、<=	双目运算，比较大小	自左向右
==、!=	双目运算，判断是否相等	自左向右
and	双目运算，逻辑与	自左向右
or	双目运算，逻辑或	自左向右
if else	三目运算，条件运算	自右向左
=	双目运算，赋值	自右向左

例如：求出下列表达式的值。

① 14<3 and 4+3<5 or 6>1
② x=2;y=3;z=4; y*3//5+z-x%2<9

【分析】

表达式①中包含算数运算、关系运算和逻辑运算，按照运算规则和结合性，计算过程可以表示为

(14<3)and(4+3<5)or(6>1)

False and(4+3<5)or(6>1)

False and(7<5)or(6>1)

False and False or(6>1)

False or True

True

表达式②按照运算规则和结合性，计算过程可以表示为

y*3//5+z-x%2<9

9//5+z-x%2<9

1+z-x%2<9

5-0<9

True

（2）逻辑运算的短路性。

由逻辑运算的运算规则，可以观察到进行"逻辑与"运算时，只要表达式 1 的值为逻辑假，那么无论表达式 2 的值为逻辑真还是逻辑假，此"逻辑与"运算的结果都为假，因此在进行"逻辑与"运算时，如果表达式 1 的值为逻辑假，那么表达式 2 就会被"短路"。同理，对于"逻辑或"运算，当表达式 1 的值为逻辑真时，无论表达式 2 的值为逻辑真还是逻辑假，此"逻辑或"运算的结果都为真，因此在进行"逻辑或"运算时，如果表达式 1 的值为逻辑真，那么表达式 2 就会被"短路"。这种现象称为逻辑运算的短路性，利用这个特性可以减少很多无用的计算，避免一些不该产生的错误结果。

例如：求出下列表达式的值。

① x=3;x<8 and x>4

② x=3;x<8 or x>4

【分析】

表达式①为"逻辑与"运算，首先计算表达式 1"x<8"的值为 True，然后计算表达式 2 的值，表达式 2"x>4"的值为 False，True and False 的结果为 False。

表达式②为"逻辑或"运算，首先计算表达式 1"x<8"的值为 True，根据逻辑运算的短路性，可以确定"逻辑或"运算的结果为 True，不需要计算表达式 2 的值。

知识扩展

（1）对于"逻辑与"运算，如果表达式 1 的值为 False(0)，则返回表达式 1 的计算结果，否则返回表达式 2 的执行结果，示例如下：

```
>>> 5-5 and 7
0
>>> 5-4 and 7
7
```

（2）对于"逻辑或"运算，如果表达式 1 的值为 True(非 0)，则返回表达式 1 的计算结

果，否则返回表达式 2 的执行结果，示例如下：

```
>>> 5-5 or 7
7
>>> 5-4 or 7
1
```

3.2.3 单分支选择结构

选择结构是根据运行时的情况自动选择要执行的语句。在 Python 中用 if 语句可以构成选择结构。它根据给定的条件进行判断，以决定执行某个分支程序段。Python 的 if 语句有 3 种基本形式：单分支 if 语句、双分支 if…else 语句和多分支 if…elif…else 语句。

单分支 if 语句的语法格式：

```
if 条件表达式:
    语句
```

if 语句首先进行条件表达式的判断，若条件表达式的值为 True(非 0)，则执行其后的语句；若条件表达式的值为 False(0)，则不执行该语句。单分支选择结构流程图如图 3-7 所示。

【微实例 3-2】

要求从键盘上输入学生成绩，如果分数大于等于 60 分，则输出"恭喜，你及格了!"，如果分数小于 60 分，则输出"很可惜，你不及格，等着补考吧!"。

【分析】

定义变量 score 表示学生成绩，采用单分支 if 语句判断 score 的值，根据 score 值所在的范围，输出对应的结果。

输出学生成绩流程图如图 3-8 所示。

【程序代码 eg3-2】

```
score=eval(input("请输入学生成绩:"))        #创建变量 score 代表成绩,赋值为 98
if score >=60:                           #判断变量 score 的值是否大于等于 60
    print("恭喜,你及格了!")                #输出结果
if score < 60:                           #判断变量 score 的值是否小于 60
    print("很可惜,你不及格,等着补考吧!")    #输出结果
```

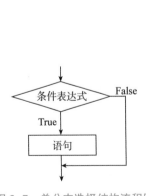

图 3-7　单分支选择结构流程图　　　　图 3-8　输出学生成绩流程图

【运行结果】如图 3-9 所示。

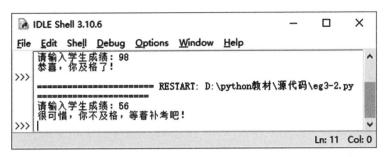

图 3-9　微实例 3-2 运行结果

【微实例 3-3】

输入 3 个整数 a、b、c，输出 3 个数中的最大数。

【分析】

定义 3 个整型变量 a、b、c 和一个保存最大数的整型变量 max，首先假设 a 是最大数，将 a 赋值给 max，其次将 b、c 分别和 max 的值进行比较，最后将 a、b、c 中的最大值保存在 max 中，输出对应的结果。

输出 3 个数中的最大数流程图如图 3-10 所示。

【程序代码 eg3-3】

```python
a=int(input("请输入第一个数:"))
b=int(input("请输入第二个数:"))
c=int(input("请输入第三个数:"))
max=a
if max<b:
    max=b
if max<c:
    max=c
print("三个数中的最大数是{}". format(max))
```

【运行结果】如图 3-11 所示。

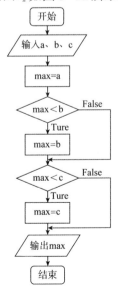

图 3-10　输出 3 个数中的最大数流程图

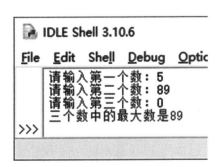

图 3-11　微实例 3-3 运行结果

3.2.4 双分支选择结构

通过 if 语句可以实现对满足判断条件时要做的事情的控制。但是在实际应用过程中，还需要告诉程序在不满足判断条件时需要做哪些事情，此时就需要采用 if…else 语句。

双分支 if…else 语句的语法格式：

```
if 条件表达式:
    语句 1
else:
    语句 2
```

若条件表达式的值为 True(非 0)，则执行语句 1，否则执行语句 2。

双分支选择结构流程图如图 3-12 所示。

【微实例 3-4】

要求从键盘上输入学生成绩，若分数大于等于 60 分，则输出"恭喜，你及格了!"，否则输出"很可惜，你不及格!"。

【分析】

定义变量 score 表示学生成绩，采用双分支 if…else 语句判断 score 的值，根据 score 值所在的范围，输出对应的结果。

输出学生成绩流程图如图 3-13 所示。

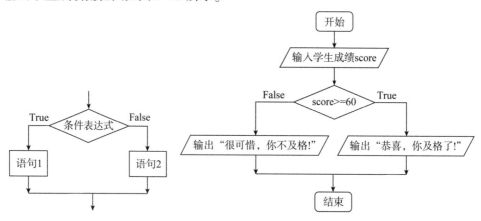

图 3-12　双分支选择结构流程图　　　　图 3-13　输出学生成绩流程图

【程序代码 eg3-4】

```
score=eval(input("请输入学生成绩:"))    #创建变量 score 代表成绩
if score >=60:                          #判断变量 score 的值是否大于等于 60
    print("恭喜,你及格了!")             #输出结果
else:                                    #否则 score 的值小于 60
    print("很可惜,你不及格!")           #输出结果
```

【运行结果】如图 3-14 所示。

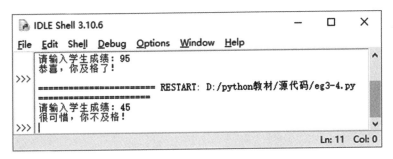

图 3-14　微实例 3-4 运行结果

【微实例 3-5】

输入 3 个数据，作为三角形的 3 条边，判断这 3 个数据能否构成三角形，如果能构成三角形，则输出三角形面积；否则输出相应信息。

【分析】

定义变量 a、b、c 表示三角形的 3 条边，根据构成三角形的条件"任意两边之和大于第三边"，判断能否构成三角形，输出对应的结果。

判断能否构成三角形流程图如图 3-15 所示。

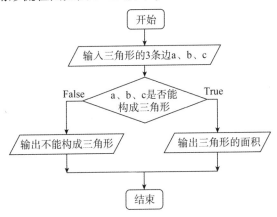

图 3-15　判断能否构成三角形流程图

【程序代码 eg3-5】

```
import math                                        #导入 math 库
a=int(input("请输入三角形的第一条边:"))            #输入第一条边并将其转换为整型
b=int(input("请输入三角形的第二条边:"))            #输入第二条边并将其转换为整型
c=int(input("请输入三角形的第三条边:"))            #输入第三条边并将其转换为整型
if a>0 and b>0 and c>0 and a+b>c and a+c>b and b+c>a:    #如果满足构成三角形的条件
    s=1/2*(a+b+c)                                  #计算 s
    area=math. sqrt(s*(s- a)*(s- b)*(s- c))        #调用 sqrt()函数计算三角形面积
    print("此三角形面积为:",area)                  #输出三角形面积
else:                                              #如不满足条件
    print("输入的三条边不能构成三角形");            #输出提示信息
```

【运行结果】如图 3-16 所示。

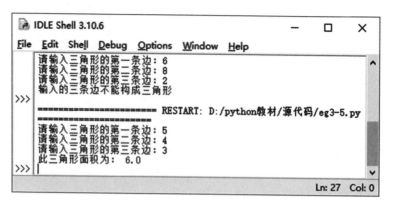

图 3-16 微实例 3-5 运行结果

3.2.5 多分支选择结构

在实际应用过程中，经常会遇到判断条件为多个值的情况，如学校依据不同的学生成绩划分成绩等级，判断已知坐标点 $A(x, y)$ 所在象限等，这时就要用多分支 if…elif…else 语句。该语句可以利用一系列条件表达式进行检查，并在某个条件表达式的值为真的情况下执行相应的代码。

多分支 if…elif…else 语句的语法格式：

```
if 条件表达式 1:
    语句 1
elif 条件表达式 2:
    语句 2
    ……
else:
    语句 N
```

依次判断条件表达式的值，如果出现某个条件表达式的值为 True(非 0)，则执行其对应的语句，然后跳到整个 if 语句之外继续执行程序。若所有的条件表达式的值均为 False (为 0)，则执行语句 N，然后继续执行后续程序。多分支选择结构流程图如图 3-17 所示。

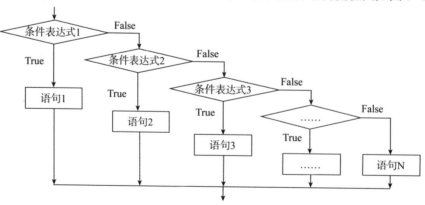

图 3-17 多分支选择结构流程图

知识扩展

虽然多分支 if…elif…else 语句的分支语句较多，但是每次有且只有一组语句被执行。

【微实例 3-6】

已知坐标点 A(x，y)，判断其所在象限。(若 x>0，y>0，则坐标点 A 在第一象限；若 x<0，y>0，则坐标点 A 在第二象限；若 x<0，y<0，则坐标点 A 在第三象限；若 x>0，y<0，则坐标点 A 在第四象限；否则 A 在坐标轴上。)

【分析】

定义变量 x、y 表示 A 点的坐标，根据题目所给条件，判断坐标点 A(x，y)所在象限，输出对应的结果。

判断坐标点 A 所在象限流程图如图 3-18 所示。

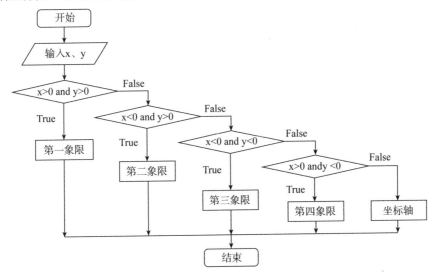

图 3-18 判断坐标点 A 所在象限流程图

【程序代码 eg3-6】

```
x,y=eval(input("请输入横坐标和纵坐标:"))
if x>0 and y>0:
    print("A 点在第一象限")
elif x<0 and y>0:
    print("A 点在第二象限")
elif x<0 and y<0:
    print("A 点在第三象限")
elif x>0 and y<0:
    print("A 点在第四象限")
else:
    print("A 点在坐标轴上")
```

【运行结果】如图 3-19 所示。

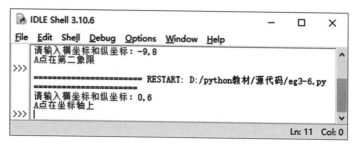

图 3-19　微实例 3-6 运行结果

案例实现

通过对案例的分析，本案例采用多分支选择结构设计程序，具体实现过程可以参考以下操作。

（1）定义一个变量 score 表示学生的百分制成绩。

（2）输入 score 的值。

（3）根据 score 的值所在范围对应求出学生成绩等级。

（4）输出结果。

求学生成绩等级可以通过流程图描述，如图 3-20 所示。

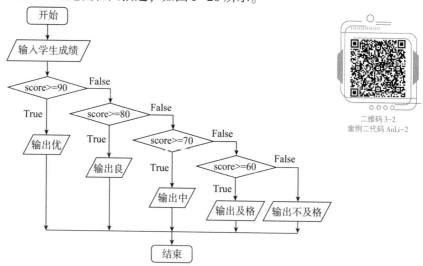

二维码 3-2
案例二代码 AnLi-2

图 3-20　求学生成绩等级流程图

运行结果如图 3-21 所示。

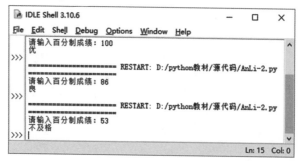

图 3-21　案例二运行结果

3.3 案例三　图书打折优惠计算

案例描述

网上书店为了促销，采用购书打折的销售办法，每位顾客一次购书：在 100 元以上 200 元以下者，按九折优惠；在 200 元及 200 元以上 300 元以下者，按八五折优惠；在 300 元及 300 元以上者，按八折优惠。编写程序，输入购书款数，计算输出优惠价。

案例分析

设购书款数为 x 元，优惠价为 y 元，则分段函数表示如下：

$$y = \begin{cases} x & (x \leqslant 100) \\ 0.9x & (100 < x < 200) \\ 0.85x & (200 \leqslant x < 300) \\ 0.8x & (300 \leqslant x) \end{cases}$$

3.3.1　if 语句的嵌套

在 if 语句中又包含一个或多个 if 语句称为 if 语句的嵌套。它的具体做法是把一个 if…else 结构放到另一个 if…else 结构中。内嵌 if 可以是简单的 if 语句，也可以是 if…else 语句，还可以是 if…elif…else 语句。

if 语句嵌套的语法格式：

```
if 条件表达式 1：
    if 选择结构：
elif 条件表达式 2：
    if 选择结构：
    ……
else：
    if 选择结构：
```

知识扩展

在使用选择结构的嵌套时，要注意 if 嵌套语句的逐层缩进，保持同级缩进相同。if 和 else 的配对关系为 else 总是和距离它最近的未配对的 if 进行匹配。

【微实例 3-7】

输入任意一个年份，判断该年份是否是闰年。

【分析】

首先要知道判断闰年的基本规则："四年一闰；百年不闰，四百年再闰"。按照规则把闰年分为普通闰年和世纪闰年，普通闰年能被 4 整除但不能被 100 整除（如 2004 年就是普

通闰年），如果设当前年份是 year，则普通闰年表示为：（（year%4==0）and（year%100！=
0））；世纪闰年能被 400 整除（如 2000 年是世纪闰年，1900 年不是世纪闰年），世纪闰年
表示为：（year%400==0）。

判断闰年流程图如图 3-22 所示。

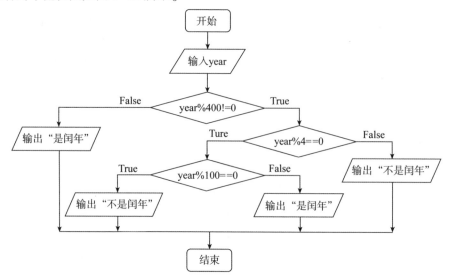

图 3-22　判断闰年流程图

【程序代码 eg3-7】

```
year=int(input("请输入年份:"))
if year%400!=0:
    if year%4==0:
        if year%100==0:
            print("不是闰年")
        else:
            print("是闰年")
    else:
        print("不是闰年")
else:
    print("是闰年")
```

【运行结果】如图 3-23 所示。

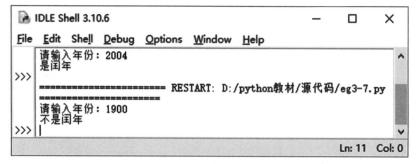

图 3-23　微实例 3-7 运行结果

3.3.2　条件表达式

Python 提供了一种特别的运算，称为条件表达式，它是用一行语句表达对称的双分支选择结构。条件表达式可以理解成一个三目运算，由 if…else 和 3 个表达式构成。逻辑表达式 2 通常是 if 语句的判断条件，表达式 1 和表达式 3 是 if 和 else 的两个执行结果。条件表达式的语法格式：

表达式 1 if 逻辑表达式 2 else 表达式 3

条件表达式的执行顺序是先执行 if 语句，判断逻辑表达式 2 的真假，若为真则执行表达式 1，否则执行表达式 3。条件表达式的使用非常灵活，通常可以用于有选择地赋值给某个变量。下面看几个应用条件表达式的例子。

【微实例 3-8】

用条件表达式编程输出任意两个数中的最大数。

【分析】

定义任意两个数 a、b 和最大数 max，设计条件表达式由逻辑表达式 a>b 表示，条件表达式的结果由逻辑表达式的真假决定，当 a>b 时条件表达式的值为 a，否则为 b。

【程序代码 eg3-8】

```
a=eval(input("请输入第一个数:"))
b=eval(input("请输入第二个数:"))
max=a if a>b else b
print("最大数是{}". format(max))
```

【运行结果】如图 3-24 所示。

【微实例 3-9】

用条件表达式判断输入的任意一个数是奇数还是偶数。

【分析】

定义一个整型变量 num，设计条件表达式由逻辑表达式 num%2==0 表示，条件表达式的结果由逻辑表达式的真假决定，当 num%2==0 为真时该变量为偶数，否则为奇数。

【程序代码 eg3-9】

```
num=int(input("请输入任意一个数:"))
print("num is even" if num%2==0 else "num is odd")
```

【运行结果】如图 3-25 所示。

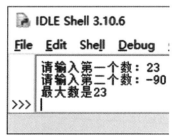

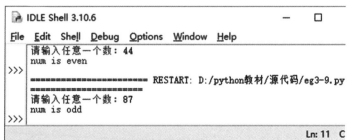

图 3-24　微实例 3-8 运行结果　　　　　　图 3-25　微实例 3-9 运行结果

知识扩展

在条件表达式中，表达式 1 和表达式 3 仍然可以是条件表达式，且条件运算符是右结合。例如，分析下列表达式的运行结果：

```
a=1;b=2;c=3;d=4
a if a>b else c if c>d else d
```

【分析】

条件表达式 a if a>b else c if c>d else d 按照右结合的运算原则，首先计算表达式 c if c>d else d 的值，判断条件 c>d 是否为真，若为真，则返回值取 c，否则返回值取 d，然后判断条件 a>b 是否为真，若为真，则返回值取 a，否则取 c>d 时条件运算的值。它相当于 a if a>b else(c if c>d else d)，输出结果为 4。

案例实现

根据分析得到的分段函数，本案例采用 if 嵌套结构设计程序，具体实现过程可以参考以下操作。

（1）定义变量 x 表示购书款数。

（2）首先判断 x 的值是否小于 200，如果小于 200 再用嵌套的 if 条件判断 x 的值是否小于等于 100，根据 x 值所在范围，输出对应的结果；如果 x 的值大于等于 200 再用嵌套的 if 条件判断 x 的值是否小于 300。

（3）根据 x 值所在范围，输出对应的结果。

输出购书款流程图如图 3-26 所示。

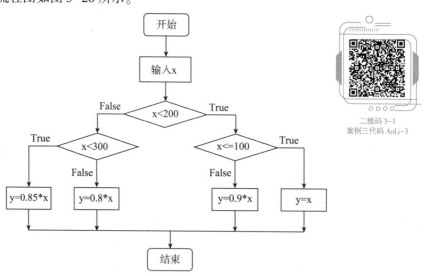

二维码 3-3
案例三代码 AnLi-3

图 3-26　输出购书款流程图

运行结果如图 3-27 所示。

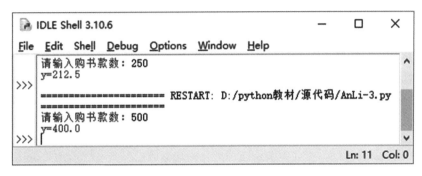

图 3-27　案例三运行结果

3.4　案例四　猜数字游戏

案例描述

编写程序设计猜数字游戏,在程序中随机生成一个 0~100 之间的整数,让学生通过键盘输入所猜数字,所给提示:如果输入的数字大于预设数字,则显示"遗憾!太大了";如果输入的数字小于预设数字,则显示"遗憾!太小了";经过多次输入,直到猜中该数字,显示"预测┊┊次,你猜中了!"(┊┊为猜测次数)。

案例分析

通过以下步骤可以实现上述问题。

(1)定义一个常量存储预设数字,定义一个变量存储学生所猜数字。

(2)设计循环结构,根据所给提示完成猜数字。

(3)输出结果。

3.4.1　循环结构概述

在结构化程序设计方法中,循环结构是最复杂的结构。循环结构与顺序结构、选择结构相结合,可以解决所有的计算机编程问题。

例如:编写程序,要求输出 5 行"*",每行输出 20 个。

用之前学过的知识,可以解决这个问题,使用 print 输出语句,只要写出 5 条 print("* * * * * * * * * * * * * * * * * * * *")语句即可。但是如果题目发生变化,要求输出 100 行,甚至 10 000 行呢,这种方法显然不理想。Python 提供了循环结构程序设计,可以轻松解决这样的问题,代码如下:

```
for i in range(5):
    print("* * * * * * * * * * * * * * * * * * * *")
```

如果要求输出 100 行或 10 000 行,只需将数字 5 进行修改即可。循环结构是程序中一种很重要的结构。其特点是,在给定条件成立时,反复执行某程序段,直到条件不成立为止。给定的条件称为循环条件,反复执行的程序段称为循环体。

根据循环执行次数的确定性,循环可以分为确定次数循环和非确定次数循环。确定次数循环指循环体对循环次数有明确的定义，这类循环在 Python 中被称为"遍历循环"，其中，循环次数采用遍历结构中的元素个数来体现，具体采用 for 语句实现。非确定次数循环指程序不确定循环体可能的执行次数，而通过条件判断是否继续执行循环体，这类根据判断条件来决定是否执行程序的循环，在 Python 中被称为"无限循环"，采用 while 语句实现。

相同或不同的循环结构之间可以相互嵌套，也可以与选择结构嵌套使用，用来编写更为复杂的程序。为了优化程序以获得更高的效率和更快的运行速度，在编写循环结构时，应尽量减少循环体内部不必要的计算，将与循环变量无关的代码尽可能放到循环体外。对于多重循环，尽可能减少内循环的计算。

3.4.2 while 循环

while 语句是一种"当型"循环结构，只有当条件满足时才执行循环体。while 循环语句的语法格式：

```
while 表达式:              #循环条件
    语句/语句块
```

当程序执行到 while 语句时，若循环条件的值为 True(非 0)，则执行之后的语句或语句块，语句或语句块执行结束后再次判断 while 语句中的循环条件，如此往复，直到循环条件的值为 False(0)，终止循环。然后，执行 while 循环结构之后的语句。

while 循环语句流程图如图 3-28 所示。

知识扩展

(1)while 循环语句是"先判断，后执行"。若刚进入循环时循环条件就不满足，则循环体一次也不执行。

(2)while 循环结构中一定要有一条语句能够实现修改判断条件的功能，使判断条件有为 False(0)的时候，否则将出现"死循环"。例如，下面的程序段：

```
i=1
while i>0:
    print("* * * * * * * * * * * * * * * * * * * ")
```

该语句中 while 判断条件永远为 True，因此程序会一直执行，造成死循环。

(3)要注意语句序列的缩进对齐，while 语句只执行其后缩进的同一层次的语句。

【微实例 3-10】
编写程序，输出 1~10 这 10 个数字。
【分析】
定义循环变量 count 的初值为 1，循环结束的条件为 count<=10，循环体语句包括两条语句：一条是用 print 语句实现的输出句，另一条是能够实现修改判断条件的语句 count = count+1。
【程序代码 eg3-10】

```
count=1
while count<=10:
    print("The count is:{}". format(count))
        count=count+1
```

【运行结果】如图 3-29 所示。

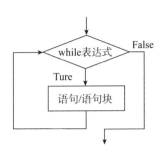

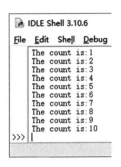

图 3-28　while 循环语句流程图　　　图 3-29　微实例 3-10 运行结果

【微实例 3-11】

编写程序，实现求 1+2+3+…+99+100 的值并显示结果。

【分析】

定义循环变量 i 的初值为 1，累加和变量 sum 的初值为 0，采用 while 循环语句，循环条件为 i<=100，共循环 100 次，通过 i+=1 表达式，分别将 i=1，i=2，i=3，…，i=100 加入累加和变量 sum，最后输出 sum 的值。

求 1~100 的和的流程图如图 3-30 所示。

【程序代码 eg3-11】

```
i=1                              #创建变量 i,赋值为 1
sum=0                            #创建变量 sum,赋值为 0
while i<=100:                    #循环,当 i>100 时结束
    sum+=i                       #求和,将结果放入 sum
    i+=1                         #变量 i 加 1
print("sum=1+2+3+…+100=",sum)    #输出 sum 的值
```

【运行结果】如图 3-31 所示。

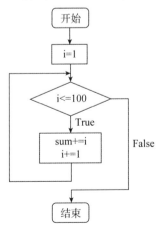

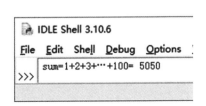

图 3-30　求 1~100 的和的流程图　　　图 3-31　微实例 3-11 运行结果

【微实例 3-12】

编写程序，实现求两个正整数的最大公约数并输出结果。

【分析】

计算两个正整数的最大公约数可以用辗转相除法。辗转相除法的具体描述如下。

(1)判断条件 x<y，若为真，则交换 x 和 y 的值(为了保证大数对小数进行求余操作)。

(2)判断 x 除以 y 的余数 r 是否为 0。若 r 为 0，则 y 是 x、y 的最大公约数，继续执行后续操作；否则进行辗转操作，将 y 的值赋给 x(y→x)，将 r 的值赋给 y(r→y)，重复执行第(2)步。

(3)输出(或返回)最大公约数 y。

求最大公约数的流程图如图 3-32 所示。

【程序代码 eg3-12】

```
x=int(input("请输入第一个数:"))
y=int(input("请输入第二个数:"))
if x<y:
    x,y=y,x
while x%y!=0:
    r=x%y
    x=y
    y=r
print("最大公约数是:{}". format(y))
```

【运行结果】如图 3-33 所示。

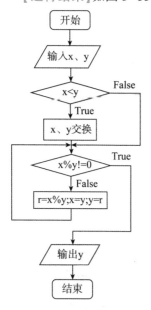

图 3-32　求最大公约数
　　的流程图

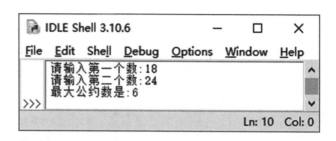

图 3-33　微实例 3-12 运行结果

3.4.3　扩展 while 循环

在 while 循环语句中，还可以使用 while…else 结构，在循环条件为 False 时执行 else 语句块。扩展 while 循环语句的语法格式：

```
while 循环条件：
    语句块 1
else：
    语句块 2
```

首先执行 while 循环，如果 while 循环正常执行完，然后执行 else 语句中的语句块 2，否则不执行 else 语句中的语句块 2，使用示例如下。

【微实例 3-13】

编写程序，打印所有小于等于 4 的数。

【程序代码 eg3-13】

```
i=1
while i<=4:
    print(i)
    i+=1
else:
    print("程序正常结束")
```

【运行结果】如图 3-34 所示。

若 while 循环不能正常执行完，则不执行 else 语句中的语句块 2。修改上述代码如下：

```
i=1
while i<=4:
    if i%3==0:
        break
    print(i)
    i+=1
else:
    print("程序正常结束")
```

上述代码在 while 循环语句块中加入一个判断条件，如果输出的数字是 3 的倍数，那么执行 break 语句，跳出当前的 while 循环，即 while 循环未执行完，则 else 语句不执行，如图 3-35 所示。

图 3-34　微实例 3-13 运行结果　　　　图 3-35　修改微实例 3-13 后的运行结果

 案例实现

通过对案例的分析，本案例采用 while 循环结构设计程序，具体实现过程可以参考以下操作。

（1）定义一个变量 number 存储 1~100 之间的任意整数。

（2）定义一个变量 guess 存储学生猜测的整数；定义变量 count 存储猜测次数，初值为 1。

（3）设计循环结构，将 guess 与 number 进行比较，若 guess>number，则提示"遗憾！太大了"，执行第（2）步重新输入；若 guess<number，则提示"遗憾！太小了"，执行第（2）步重新输入；否则 guess＝number，输出"预测｛｝次，你猜中了！"（｛｝为猜测次数）。

二维码 3-4
案例四代码 AnLi-4

猜数字游戏可以通过流程图描述，如图 3-36 所示。运行结果如图 3-37 所示。

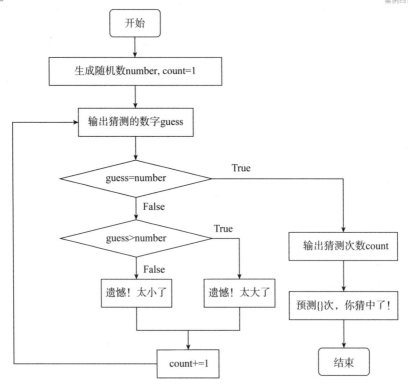

图 3-36　猜数字游戏的流程图

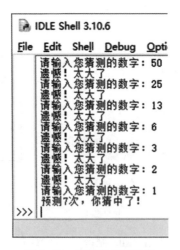

图 3-37　案例四运行结果

3.5　案例五　模拟投掷硬币实验

案例描述

模拟投掷硬币 10 000 次，统计输出正面向上的次数和反面向上的次数。

案例分析

随机投掷硬币 10 000 次，可以应用 Python 提供的 randint（0，1）函数进行统计，randint（0，1）可以等概率并且随机地返回 0 与 1 两个数，因此可以将返回的数值 0 记为硬币的反面，1 记为硬币的正面。

3.5.1　for 循环

Python 通过保留字 for 实现"遍历循环"，一般适用于已知循环次数的场合，尤其适用于枚举、遍历序列或迭代对象中的元素。Python 中的 for 循环语句功能更加强大，编程时一般优先考虑使用 for 循环。for 循环语句的语法格式：

```
for 循环变量 i in 遍历结构:
    语句块
```

for 循环结构执行时，可以理解为从遍历结构中逐一提取元素，放在循环变量 i 中，对于所提取的每个元素执行一次语句块。for 循环语句流程图如图 3-38 所示。

for 循环语句中的遍历结构可以是字符串、range（）函数、组合数据类型或文件等，常用的使用方法如下。

1. 遍历字符串

语法格式：

```
for c in s:
    语句块
```

可以使用 for 循环遍历字符串，并逐个输出字符串中的字符，示例如下：

```
for c in "python":
print("输出当前字母:",c)
```

【运行结果】

```
输出当前字母:p
输出当前字母:y
输出当前字母:t
输出当前字母:h
输出当前字母:o
输出当前字母:n
```

2. for 循环与 range( ) 函数

for 循环常与 range( ) 函数搭配使用，Python 中的 range( ) 函数实际上创建了一个 range 对象。range 对象是一个整数序列，也是一个可迭代对象，即可以逐个进行访问。range( ) 函数的语法格式：

```
range(start,end,step):
    语句块
```

range( ) 函数包含 3 个参数，每个参数说明如下。

（1）start：表示列表起始位置。该参数可以省略，此时列表默认从 0 开始。

例如，range(5) 等价于 range(0，5)，表示列表[0，1，2，3，4]。

（2）end：表示列表结束位置，但不包括 end。

例如，range(3，6) 表示列表[3，4，5]。

（3）step：表示列表中元素的增幅，范围是[start，stop]区间内的间隔为 step 的整数，该参数可以省略，若省略 step，则 step 为 1。步长可正可负，当步长为正时，整数的范围是从小到大，否则就是从大到小。

例如，range(0，101，2) 表示列表[0，2，4，6，…，100]，是 100 以内的偶数列。

例如，range(0，-5，-1) 表示列表[0，-1，-2，-3，-4]。

【微实例 3-14】

编写程序，求 100 以内的偶数和，即 2+4+6+…+98+100 的值并显示结果。

【分析】

采用 for 循环语句，定义累加和变量 sum 的初值为 0，100 以内的偶数列用 range(0，101，2) 表示，循环体语句为 sum+=i，最后输出 sum 的值。

【程序代码 eg3-14】

```
sum=0
for i in range(0,101,2):
    sum+=i
print("100 以内的偶数和:{}". format(sum))
```

【运行结果】如图 3-39 所示。

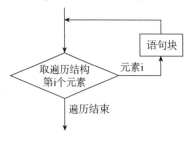

图 3-38　for 循环语句流程图

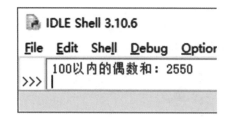

图 3-39　微实例 3-14 运行结果

【微实例 3-15】

输出 100～999 之间的阿姆斯特朗数。（阿姆斯特朗数又称水仙花数，是指一个 3 位的正整数，其每位数字的立方和恰好等于这个正整数自身。例如，$153 = 1^3 + 5^3 + 3^3$。）

【分析】

定义循环变量 i 的初值为 100，定义变量 a、b、c 分别表示循环变量 i 的百位、十位、个位的数字，遍历序列 100~999 之间的数据用函数 range(100，1000)表示，根据条件 i==a**3+b**3+c**3，判断 i 是否是水仙花数，直到条件不成立，退出循环输出 i 的值。

输出水仙花数流程图如图 3-40 所示。

【程序代码 eg3-15】

```
for i in range(100,1000):
    a=i//100              # a 存放 i 的百位上的数字
    b=i//10%10            # b 存放 i 的十位上的数字
    c=i%10               # c 存放 i 的个位上的数字
    if(i==a**3+b**3+c**3):
        print(i,end=",")
```

【运行结果】如图 3-41 所示。

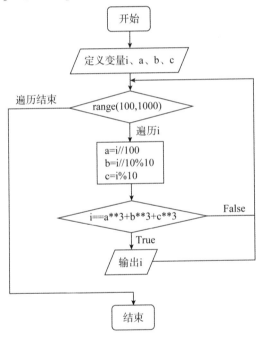

图 3-40 输出水仙花数流程图

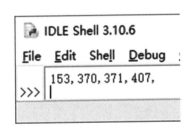

图 3-41 微实例 3-15 运行结果

3.5.2 扩展 for 循环

在 for 循环语句中，还可以使用 for…else 结构，在循环条件为 False 时执行 else 语句块。扩展 for 循环语句的语法格式：

```
for 循环变量 i in 遍历结构:
    语句块 1
else:
    语句块 2
```

首先执行 for 循环，若全部元素遍历后结束循环，则执行 else 后的语句块 2；若因执行了 break 语句而结束循环，则不会执行 else 后的语句块 2，使用示例如下：

```
for i in range(1,10):
    if i%3==0:
        break
else:
    print(i)
```

遍历 for 循环，i 的值从 1~9，打印输出，但当 i 的值取 3 时，执行 break 语句，跳出当前 for 循环，则 else 语句不执行，因此本程序无输出结果。

3.5.3 循环的嵌套

在循环体语句中又包含另一个完整的循环结构的形式，称为循环的嵌套。

(1) 嵌在循环体内的循环称为内循环。

(2) 嵌有内循环的循环称为外循环。

(3) 内嵌的循环中还可以嵌套循环，这就是多重循环。

两种循环语句 while 语句和 for 语句可以互相嵌套，自由组合。外层循环体中可以包含一个或多个内层循环结构。以 for 循环的嵌套结构为例，其语法格式：

```
for 循环变量 i in 遍历结构:
    for 循环变量 j in 遍历结构:
        语句块 1
    语句块 2
```

知识扩展

(1) 循环的嵌套中各循环结构必须完整包含，相互之间不允许有交叉现象。

(2) 对于双层循环，若要输出行列式的图形，则外层循环控制行数，内存循环控制列数。

【微实例 3-16】

编写程序，完成打印由符号"＊"组成的 5 行 10 列的矩形。

【分析】

应用前面学过的单层循环可以完成本程序，即循环输出 5 次 print（"＊＊＊＊＊＊＊＊＊＊"）语句。

现在用循环的嵌套来完成，根据题目分析设计外层循环控制打印行数，内层循环控制每行打印的"＊"的个数。

输出规则图形流程图如图 3-42 所示。

【程序代码 eg3-16】

```
i=1
while i<=5:                          #外层循环控制行数为 5 行
    j=1
    while j<=10:                     #内层循环控制列数为 10 列
        print('*',end='')           #一次循环输出一个"*"
        j+=1
    print()                         #每行输出结束进行换行
i+=1
```

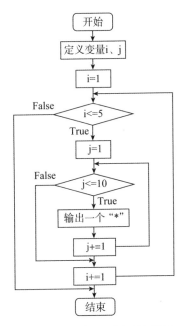

图 3-42　输出规则图形流程图

【运行结果】如图 3-43 所示。

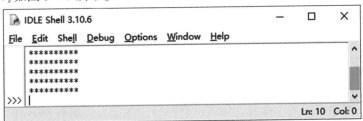

图 3-43　微实例 3-16 运行结果

【微实例 3-17】

编写程序，完成打印九九乘法表。

1 * 1 = 1
1 * 2 = 2　2 * 2 = 4
1 * 3 = 3　2 * 3 = 6　3 * 3 = 9
1 * 4 = 4　2 * 4 = 8　3 * 4 = 12　4 * 4 = 16
1 * 5 = 5　2 * 5 = 10　3 * 5 = 15　4 * 5 = 20　5 * 5 = 25
1 * 6 = 6　2 * 6 = 12　3 * 6 = 18　4 * 6 = 24　5 * 6 = 30　6 * 6 = 36
1 * 7 = 7　2 * 7 = 14　3 * 7 = 21　4 * 7 = 28　5 * 7 = 35　6 * 7 = 42　7 * 7 = 49
1 * 8 = 8　2 * 8 = 16　3 * 8 = 24　4 * 8 = 32　5 * 8 = 40　6 * 8 = 48　7 * 8 = 56　8 * 8 = 64
1 * 9 = 9　2 * 9 = 18　3 * 9 = 27　4 * 9 = 36　5 * 9 = 45　6 * 9 = 54　7 * 9 = 63　8 * 9 = 72　9 * 9 = 81

【分析】

九九乘法表共 9 行 9 列，可以观察到乘法表是有一定的规律，第 1 行有 1 列，第 2 行有 2 列，…，第 9 行有 9 列。因此，可以设计嵌套循环完成，定义外层循环变量为 i，序列范围由 range(1，10)表示，定义内层循环变量为 j，序列范围由 range(1，i+1)表示，每次循环输出语句由"第 1 个乘数×第 2 个乘数＝乘积"构成，其中第 1 个乘数就是列数变量

j，第 2 个乘数就是行数变量 i，乘积就是 i*j 的值。

【程序代码 eg3-17】

```
for i in range(1,10):
    for j in range(1,i+1):
        print("% d*% d=% - 3d"% (j,i,i*j),end=' ')
print()
```

【运行结果】如图 3-44 所示。

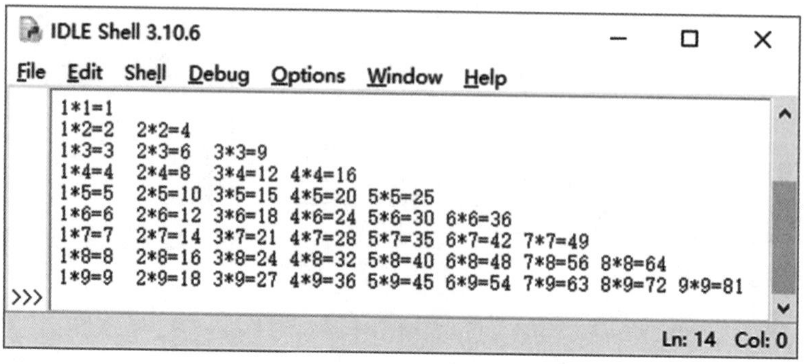

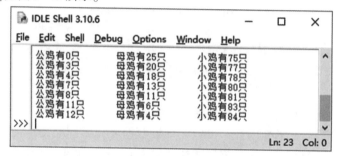

图 3-44　微实例 3-17 运行结果

【微实例 3-18】

《算经》中有一道很有趣的数学题：鸡翁一值钱五，鸡母一值钱三，鸡雏三值钱一。百钱买百鸡，问鸡翁、鸡母、鸡雏各几何？编写程序，解决百钱买百鸡问题。

【分析】

根据题目设 100 只鸡中公鸡（鸡翁）、母鸡（鸡母）、小鸡（鸡雏）的数量分别为 cock、hen、chick，分析可以知道 100 钱如果都买公鸡最多可买 20 只，如果都买母鸡最多可买 33 只，如果都买小鸡最多可买 100 只。应用三重循环完成题目，最外层 cock 从 0~20，中层 hen 从 0~33，最内层 chick 从 0~100。通过判断条件 cock*5+hen*3+chick//3 == 100 and cock+hen+chick == 100 输出满足条件的公鸡、母鸡、小鸡只数。

【程序代码 eg3-18】

```
for cock in range(21):                  #公鸡
    for hen in range(34):               #母鸡
        for chick in range(101):        #小鸡
            if cock*5+hen*3+chick//3 == 100 and cock+hen+chick == 100:
                print("公鸡有%d 只 \t 母鸡有%d 只 \t 小鸡有%d 只"%(cock,hen,chick))
```

【运行结果】如图 3-45 所示。

图 3-45　微实例 3-18 运行结果

▣ **案例实现**

通过对案例的分析，本案例采用 for 循环结构设计程序，具体实现过程可以参考以下操作。

（1）定义两个变量 heads、tails 分别表示正面和反面出现的次数；定义循环次数 i 的初值为 1。

（2）生成一个 0~1 的随机整数 a，若 a＝0，则 tails 加 1，且循环次数计 1；否则 heads 加 1，且循环次数计 1；循环执行第（2）步 10 000 次。

（3）输出 heads、tails 的值。

模拟投掷硬币可以通过流程图描述，如图 3-46 所示。运行结果如图 3-47 所示。

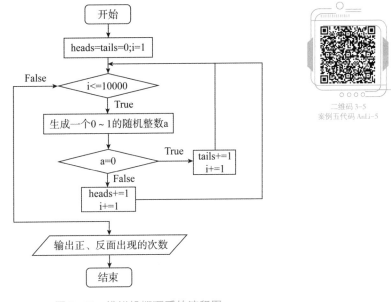

二维码 3-5
案例五代码 AnLi-5

图 3-46 模拟投掷硬币的流程图

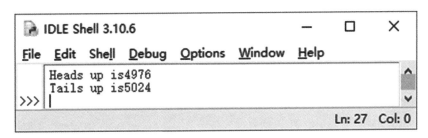

图 3-47 案例五运行结果

3.6 案例六 素数问题

▣ **案例描述**

素数也称质数，是只有 1 和自身两个因数的自然数。谈及素数，有很多著名的猜想，例如，孪生素数猜想："存在无穷多的形如 p，$p+2$ 的素数对"。1966 年，陈景润用复杂的筛法证明了存在无穷多对孪生素数，现在寻找孪生素数成了一种趣味竞赛，目前最大的孪生素数对是 33 218 925. $2^{169\,690}+1$, 33 218 925. $2^{169\,690}-1$。又如, 哥德巴赫猜想: "每个大于 2 的正偶数可以写成两个素数的和"。这个猜想是 1742 年由哥德巴赫在写给欧拉的信中给出, 目前已经验证了所有小于 4×10^{14} 的偶数均满足这一猜想。

本案例要求输出 100 以内的全部素数, 并且要求每行显示 5 个数。

案例分析

如何判断一个数是素数是解决本案例的关键点, 根据定义, 可以采用暴力穷举法, 判断一个数 n 是否是素数, 只需依次用 2~n-1 的数作为除数, 判断它是否能整除 n, 若发现其中有某个数能整除 n, 则可断定 n 必不为素数, 否则 n 就是素数。暴力穷举法的缺点是遍历序列大, 效率低, 因此我们可以进行第一次优化, 将遍历序列减少一半, 由遍历序列 [2, n-1] 改为 [2, n/2]。但是我们发现, n 的因子是成对出现的, 即 n=i*j, 当我们遍历到 i 的时候, 其实是找到了一个因子对 "i 和 j", 那么再遍历 j 的时候, 再次访问了因子对 "i 和 j", 这就造成了时间上的浪费。从数轴上来看, 这些因子对是 "成对" 的, 而这个对称点显然是 sqrt(n)。那么可以对上面判断素数的方法进行第二次优化, 即将遍历序列改为 [2, sqrt(n)]。

在判断素数的过程中, 若发现其中有某个 [2, sqrt(n)] 之间的数能整除 n, 则后面的数就可以不用继续判断了, 也就是当判断条件为真时就要跳出循环, 可以使用 break 语句。

本案例要求输出 100 以内的全部素数, 因此设计双层循环结构, 内层循环判断该数字是否是素数, 外层循环的循环序列为 range(2, 101)。

3.6.1 break 语句

正常情况下, 循环结构都要执行到判断条件为假或迭代取不到值时, 循环才结束, 但有时需要提前终止循环或提前结束本轮循环, 这就需要使用 break 语句。break 语句用于跳出离它最近一级的循环, 能够用于 for 循环和 while 循环中, 通常与 if 语句结合使用, 放在 if 语句代码块中。Python 中 break 语句的语法格式:

```
break
```

break 语句是限定转向语句, 它使流程跳出所在的结构, 把流程转向所在结构之后, 通常用在循环语句和 if 语句中, 示例如下:

```
for c in "python":
    if c=='o' :
        break
    print("输出字母:",c)
```

for 循环遍历输出 "python" 字符串中的每个字符, 当遇到字母 "o" 的时候结束循环, 因此输出结果如下:

```
输出字母:p
输出字母:y
输出字母:t
输出字母:h
```

在多重循环结构中，break 语句只能用于跳出其所在的一级的循环，示例如下：

```
for i in range(10):
    for j in range(10):
        if i*j>=50:
            break
print("i=",i,"j=",j)
```

上述代码为双重循环，外层 i 从 0~9，内层 j 从 0~9，当满足条件 i*j>=50 时，执行 break 语句，通过计算可以知道，当第一次满足 i*j>=50 时，i=6 且 j=9。由于 break 语句只能用于跳出其所在的内层循环，因此循环继续执行，直到 i=9 且 j=6，结束循环，输出结果：i=9 j=6。

【微实例 3-19】

计算满足条件的最大整数 n，使得 1+2+3+…+n<= 10 000。

【分析】

定义变量 n 表示累加数，初值为 1；S 表示累加和，初值为 0，采用循环结构设计，将 1~n 依次累加到 S 中，判断条件当 S>10 000 时，执行 break 语句，跳出循环，输出 n-1 即是满足条件的结果。

【程序代码 eg3-19】

```
n=1                                      #创建变量 n,赋值为 1
S=0                                      #创建变量 S,赋值为 0
while True:                              #循环
    S+=n                                 #求和,将结果放入 S
    if S>10000:                          #当 S>10 000 时
        break                            #跳出循环
    n+=1                                 #变量 n 加 1
print("最大整数 n 为",n-1,",使得 1+2+3+…+n<=10000。")    #输出 n-1 的值
```

【运行结果】如图 3-48 所示。

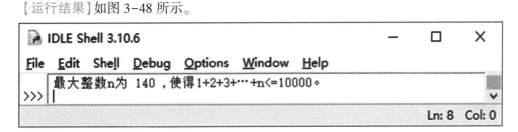

IDLE Shell 3.10.6

File　Edit　Shell　Debug　Options　Window　Help

最大整数 n 为 140 ，使得 1+2+3+…+n<=10000。

Ln: 8　Col: 0

图 3-48　微实例 3-19 运行结果

3.6.2　continue 语句

在 Python 中，break 语句跳出整个循环，而 continue 语句跳出本次循环。continue 语句用来告诉 Python 跳过当前循环的剩余语句，然后继续进行下一轮循环。continue 语句同样用在 while 循环和 for 循环中。Python 中 continue 语句的语法格式：

continue

continue 语句的作用是提前结束本次循环，接着执行下一次循环。continue 语句只用在

for、while 等循环体中，示例如下：

```
for c in "python!":
    if c=='o' :
        continue
    print("输出字母:",c)
```

for 循环遍历输出"python!"字符串中的每个字符，当遇到字母"o"的时候，执行 continue 语句结束本次循环，后面的输出语句不执行，即不输出字母"o"，而是进行下一次循环判断，继续输出其他字母，因此输出结果如下：

```
输出字母:p
输出字母:y
输出字母:t
输出字母:h
输出字母:n
输出字母:!
```

【微实例 3-20】

对微案例 3-11 进行改造，通过增加 continue 语句，使只计算奇数的和。

【分析】

定义循环变量 i 的初值为 1，累加和变量 sum 的初值为 0，采用 while 循环语句，循环条件为 i<=100，共循环 100 次，通过 i+=1 表达式，分别将 i=1，i=2，i=3，…，i=100 加入累加和变量 sum，最后输出 sum 的值。

【程序代码 eg3-20】

```
sum=0
i=1
while True:
    i+=1
    if i > 100:
        break
    if i%2==0:
        continue
    sum+=i
print(sum)
```

【运行结果】如图 3-49 所示。

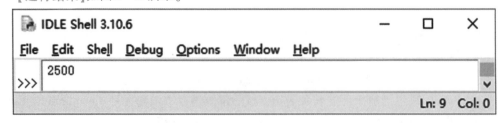

图 3-49 微实例 3-20 运行结果

知识扩展

continue 语句和 break 语句的主要区别在于 continue 语句只结束本次循环，而不终止整个循环，break 语句则是结束整个循环，不再判断循环条件是否成立。

3.6.3　程序的异常及处理

在编写程序时，难免会出现一些错误。这些错误可能会导致一些非预期的结果或终止程序运行，只有排除错误后才能再次编译或解释执行。当执行程序遇到错误时，就会终止程序运行并报告错误类型，这称为程序引发异常。如果不对该异常对象进行处理和捕捉，那么程序就会用所谓的回溯（一种错误信息）来终止执行，这些信息包括错误的名称（如 NameError）、原因和错误发生的行号。下面介绍 Python 中常见的异常类及如何检测和捕捉异常。

1. Python 中常见的异常类

Python 中所有的异常类都是 BaseException 类的子类，该类定义在 exceptions 模块中，此模块在 Python 的内建命名空间中，在程序中不必导入就可以直接使用。Python 中常见的异常类的名称及描述如表 3-7 所示。

表 3-7　Python 中常见的异常类的名称及描述

序号	异常类的名称	描述
1	ArithmeticError	所有数值计算错误的基类
2	AttributeError	对象没有这个属性
3	BaseException	所有异常的基类
4	EOFError	用户输入文件末尾标志 EOF
5	FloatingPointError	浮点计算错误
6	ImportError	导入模块失败
7	IndentatinError	缩进错误
8	IOError	输入/输出操作失败
9	IndexError	索引超出序列的范围
10	MemoryError	内存溢出错误
11	NameError	未声明/初始化对象
12	OverflowError	数值运算超出最大限制
13	SyntaxError	Python 的语法错误
14	TypeError	不同类型间的无效操作
15	UnboundLocalError	访问一个未初始化的本地变量
16	UnicodeError	Unicode 相关的错误
17	UnicodeEncodeError	Unicode 编码时的错误
18	ZeroDivisionError	除（或取模）零（所有数据类型）
19	ModuleNotFoundError	导入不存在的模块

语法错误是没有按照程序设计语言的语法规则书写程序导致的，如漏写了空格、在

Python 3. x 中将 print( ) 函数误写成 print 语句等。运行时错误是运行程序时发生的错误，如除数为 0、打开一个不存在的文件等。逻辑错误是程序逻辑上发生的错误，如引用了错误的变量、算法不正确等，编译器和解释器无法直接发现这类错误。以下列举几种常见的异常。

（1）SyntaxError。

当代码不符合 Python 语法规则时，Python 解释器在解析时就会报 SyntaxError 语法错误，并指出第一条错误的语句。例如：

```
i=1;s=0
while i<10
    s+=i
    i+=1
    print(s)
```

while 语句后面缺少"："，因此运行程序时，会弹出错误提示对话框，如图 3-50 所示。系统给出提示，并终止程序的执行。

图 3-50　语法错误

（2）NameError。

当程序使用了未定义的变量时，就会引发 NameError 异常。例如：

```
x=12
y=3*x+z
print(y)
```

运行程序，系统给出提示，并终止程序的运行，如图 3-51 所示。

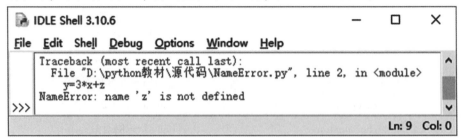

图 3-51　NameError 异常

（3）ZeroDivisionError。

当除数为 0 的时候，会引发 ZeroDivisionError 异常。例如：

```
a=12
b=0
print(a/b)
```

Python 用异常对象表示异常情况，当遇到错误时，如果异常对象没有被捕捉或处理，那么程序就会出现相应错误信息，如图 3-52 所示。

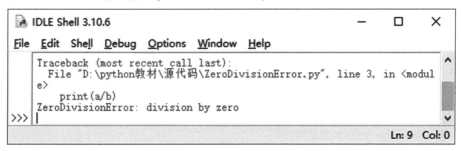

图 3-52　ZeroDivisionError 异常

（4）ModuleNotFoundError。

当程序导入一个不存在的模块时，会引发 ModuleNotFoundError 异常。

```
import randon
for i in range(5):
    a=random. randint(1,100)
    print(a)
```

运行程序，错误信息如图 3-53 所示。

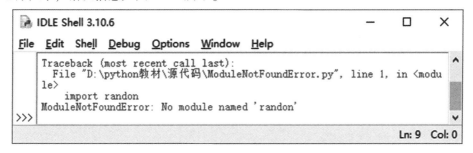

图 3-53　ModuleNotFoundError 异常

2. 异常处理

Python 通过 try、except 等保留字提供了简单且自然的异常处理方法。

（1）单个异常处理。

try…except 语句定义了监控异常的一段代码，可以用来处理单个异常。try…except 语句的语法格式：

```
try:
    被检测的语句块
except 异常类名:
    异常处理语句块
```

当 try 语句块中的某条语句出现错误时，程序就不再继续执行 try 后面的语句，转而执行 except 后面的异常处理语句块。

【微实例 3-21】

两个数相除产生的异常处理。

```
x=int(input("Enter the first number:"))
y=int(input("Enter the second number:"))
z=x/y
print(z)
```

运行程序，当输入字符"a"时，会引发如下异常提示，如图 3-54 所示。

```
IDLE Shell 3.10.6                                           —    □    ×
File  Edit  Shell  Debug  Options  Window  Help
Enter the first number: a
Traceback (most recent call last):
  File "D:/python教材/源代码/eg3-21.py", line 1, in <module>
    x=int(input("Enter the first number:"))
ValueError: invalid literal for int() with base 10: 'a'
>>>|
                                                          Ln: 10  Col: 0
```

图 3-54 异常提示

【分析】

由于输入一个 int( ) 函数不支持的字符参数"a"，程序产生 ValueError 异常，因此这时可以用 try…except 语句捕捉异常并给出错误处理信息。

```
try:
    x=int(input("Enter the first number:"))
    y=int(input("Enter the second number:"))
    z=x/y
    print(z)
except ValueError:
    print("Please input a digit!")
```

当运行输入不合法的字符参数"a"时，弹出提示语句，如图 3-55 所示。

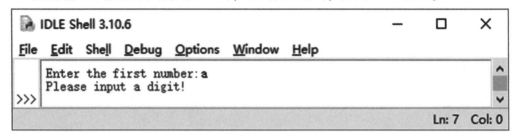

```
IDLE Shell 3.10.6                                           —    □    ×
File  Edit  Shell  Debug  Options  Window  Help
Enter the first number: a
Please input a digit!
>>>
                                                          Ln: 7  Col: 0
```

图 3-55 ValueError 异常运行结果

两数相除如果输入的除数 y 为 0 时，程序也会产生异常情况，用 try…except 语句捕捉异常如下：

```
try:
    x=int(input("Enter the first number:"))
    y=int(input("Enter the second number:"))
    z=x/y
    print(z)
except ZeroDivisionError:
    print("the second number cannot be zero!")
```

当运行输入除数"0"时，弹出提示语句，如图 3-56 所示。

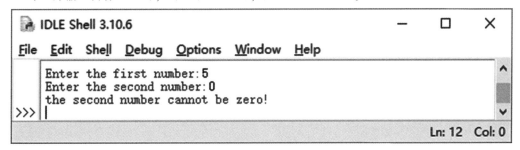

图 3-56　异常处理

（2）多个异常处理。

可以用多个 except 子句来捕捉多个异常。将微实例 3-21 的代码修改如下：

```
try:
    x=int(input("Enter the first number:"))
    y=int(input("Enter the second number:"))
    z=x/y
    print(z)
except ValueError:
    print("Please input a digit!")
except ZeroDivisionError:
    print("the second number cannot be zero!")
```

上面代码中使用了两个 except 子句来捕捉两种不同的异常。也可以用一个 except 子句来捕捉多种类型的异常，示例代码如下：

```
try:
    x=int(input("Enter the first number:"))
    y=int(input("Enter the second number:"))
    z=x/y
    print(z)
except(ValueError,ZeroDivisionError):
    print("Invalid input!")
```

（3）else 子句。

与 if 语句或循环语句一样，一个 try…except 语句块中也可以有一条 else 子句，若在 try 语句块中没有异常引发，则执行 else 子句。将微实例 3-21 的代码进一步修改如下：

```
try:
    x=int(input("Enter the first number:"))
    y=int(input("Enter the second number:"))
    z=x/y
    print(z)
except(ValueError,ZeroDivisionError):
    print("Invalid input!")
else:
    print("end!")
```

当运行输入正确的数值时，会执行 else 子句，弹出提示语句，如图 3-57 所示。

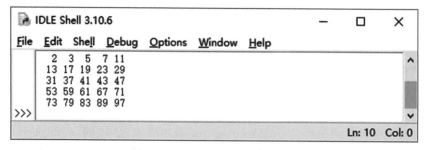

图 3-57　异常处理

案例实现

通过对案例的分析，本案例采用双重循环结构设计程序，具体实现过程可以参考以下操作。

（1）定义两个变量 count=0，num=2。

（2）循环遍历序列 range(2，101)。

（3）变量初始化为 first=2，last=math. sqrt(i)。

（4）标识当前 num 是否为素数，初始化为真 isPrime=True。

（5）若 first <=last 则执行：判断是否存在其他能够整除的数，若 num%divisor==0，则 isPrime=False，返回执行第(2)步；否则 isPrime=True，素数的个数 count 加 1，按照格式打印，并且在 count=5 时进行换行。继续执行第(2)步。

二维码 3-6
案例六代码 AnLi-6

运行结果如图 3-58 所示。

图 3-58　案例六运行结果

3.7 案例七 折纸去月球

案例描述

地球到月球的平均距离是 384 400 千米，从中国首次成功发射卫星，到第一个探测器成功登陆月球，再到空间站的建立和载人航天事业的蓬勃发展，中国在科技领域取得了举世瞩目的成就。现在我们都想去月球旅游，但是坐火箭去月球一次就带几个人，我们等不及。有人说，可以折纸到月球，现在请同学们算一下，一张纸需折叠多少次，厚度是多少，才能到达月球呢？

案例分析

根据上文已知一张纸的厚度是 0.088 毫米，对折一次后，厚度为 0.088×2，对折两次后，厚度为 0.088×2^2，对折三次后，厚度为 0.088×2^3……对折 N 次后，厚度为 0.088×2^N。因此，应用循环结构可以计算出对折 N 次后纸张的厚度，然后将地月距离与纸张的厚度进行比较，如果纸张厚度大于地月平均距离，则输出此时的对折次数及纸张的厚度。

思政元素

春秋时期，著名哲学家老子的《道德经》记载"合抱之木，生于毫末；九层之台，起于累土；千里之行，始于足下"。一张纸的厚度为 0.088 毫米，但就是这微乎其微的厚度经过多次的折叠就可以达到约 40 万千米的距离。同样地，任何时候起点低没关系，怕的是不努力和不坚持。无论起点有多低，只要不断成长，假以时日，终有所成。

案例实现

本案例要求计算折叠多少次后，能够达到地月的距离，采用循环结构设计程序，可以采用 for 循环或 while 循环。因不确定折叠多少次，所以采用 while 循环，具体实现过程可以参考以下操作。

（1）定义两个变量，折叠次数 count 和纸张厚度 thick。

（2）变量初始化为 count = 0；thick = 0.088。

（3）循环将纸对折，执行：

①若 thick > 38 440 390 000 000，即超过地月之间的平均距离，则终止循环，使用 break 语句退出循环，输出对折次数及纸张厚度，否则执行第②步；

②计算每次折纸的厚度 thick*=2，并将对折次数加 1，即 count += 1，应用条件判断语句显示输出每折叠 5 次的纸张厚度，即 count%5 == 0 就输出一次，否则执行 continue 语句继续进行下一次循环。

运行结果如图 3-59 所示。

二维码 3-7
案例七代码 AnLi-7

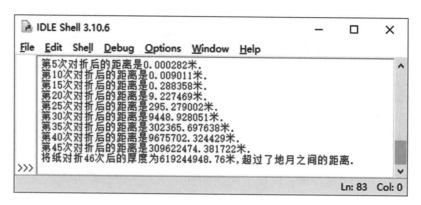

图 3-59　案例七运行结果

3.8　二级真题测试

二维码 3-8
二级真题测试

3.9　实　训

3.9.1　实训一　设计实现猜单词游戏

编程设计实现猜单词游戏，要求完成下列任务。
(1)计算机随机产生一个单词。
(2)单词要打乱字母顺序。
(3)使用循环结构控制猜测次数，如果猜对则直接退出游戏，否则需要判断是否退出。

3.9.2　实训二　设计实现一个计算器练习软件

编程设计实现一个计算器练习软件，要求完成下列任务。
(1)实现两数相加运算。
(2)实现两数相减运算。
(3)实现两数相乘运算。
(4)实现两数相除运算。

第4章

海龟绘图

Python 程序设计引入了一个简单的绘图工具,称为海龟绘图,即 Turtle Graphics 工具。这个工具可以根据命令朝不同的方向移动,并且能绘制出轨迹。本章将介绍如何通过海龟绘图编写简短的、简单的程序来创建漂亮的、复杂的视觉效果。

学习目标

(1)理解窗口和画布的概念,并能熟练设置窗口和画布的属性。

(2)理解和熟练应用画笔的属性设计。

(3)理解和熟练应用画笔的运动命令和控制命令。

(4)理解和熟练应用全局控制命令。

思维导图

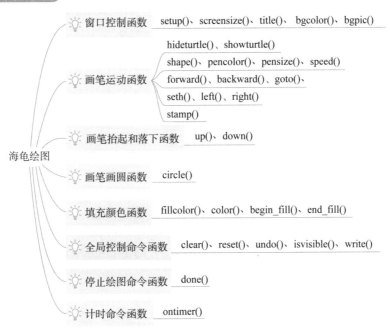

海龟绘图
- 窗口控制函数　setup()、screensize()、title()、 bgcolor()、bgpic()
- 画笔运动函数
  - hideturtle()、showturtle()
  - shape()、pencolor()、pensize()、speed()
  - forward()、backward()、goto()、
  - seth()、left()、right()
  - stamp()
- 画笔抬起和落下函数　up()、down()
- 画笔画圆函数　circle()
- 填充颜色函数　fillcolor()、color()、begin_fill()、end_fill()
- 全局控制命令函数　clear()、reset()、undo()、isvisible()、write()
- 停止绘图命令函数　done()
- 计时命令函数　ontimer()

4.1 案例一 小海龟爬行 Z 字符

案例描述

使用 turtle 库中的函数完成小海龟爬行 Z 字符任务。

要求：窗口名称为"Z 字符"，画布宽度为 600 px（像素），高度为 300 px，背景颜色为红色，画笔宽度为 15 px，画笔速度为 2 px，画笔颜色为绿色，画出一个 Z 字符后隐藏画笔图标。

案例分析

通过上述案例描述，可知完成该任务需包含以下操作。

（1）import 导入模块。

（2）设置窗口标题。

（3）设置画布的宽度、高度、背景颜色属性。

（4）设置画笔的宽度、颜色、速度。

（5）画笔向前移动，旋转画笔方向，再向前移动，直至完成 Z 字符。

（6）隐藏画笔图标。

4.1.1 初识海龟绘图

海龟绘图，即 turtle 库的使用。turtle 库是 Python 中一个很流行的绘制图像的函数库。turtle 库提供了一个窗口，也称为窗体。如图 4-1 所示，turtle 窗口是一个横轴为 x、纵轴为 y 的坐标系，小海龟在原点 $(0，0)$ 位置开始，根据一组函数指令的控制，在这个平面坐标系中移动，从而在它爬行的路径上绘制出图形。

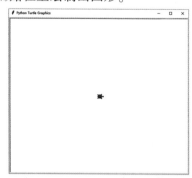

图 4-1 turtle 窗口

在 Python 中，海龟绘图的第一步是"召唤海龟"，即将 turtle 库导入。

4.1.2 窗口的控制

窗口就是 turtle 提供的用于绘图的区域，我们可以设置它的大小、初始位置、背景颜色等属性。

（1）设置窗口尺寸和初始大小：使用 setup() 函数，设置主窗体的大小和位置。

语法格式：

turtle. setup(width,height,startx,starty)

setup( )函数各参数说明如下。

width：窗口宽度，若值是整数，则表示 px 值；若值是小数，则表示窗口宽度与屏幕的比例。

height：窗口高度，若值是整数，则表示 px 值；若值是小数，则表示窗口高度与屏幕的比例。

startx：窗口左侧与屏幕左侧的距离（单位为 px），默认窗口位于屏幕水平中央。

starty：窗口顶部与屏幕顶部的距离（单位为 px），默认窗口位于屏幕垂直中央。

【微实例 4-1】

创建一个绘图窗口。

【程序代码 eg4-1】

import turtle
turtle. setup(width=300,height=300,startx=None,starty=None)

【运行结果】如图 4-2 所示。

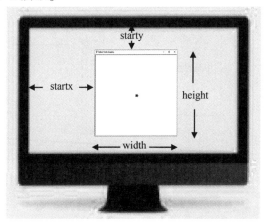

图 4-2　微实例 4-1 运行结果

若不设置窗口大小，则系统默认将窗口设置成宽、高分别为 400、300 的值。

（2）设置画布大小和背景颜色：使用 screensize( )函数，设置画布的大小和背景颜色。

语法格式：

turtle. screensize(canvwidth=None,canvheight=None,bg=None)

screensize( )函数各参数说明如下。

canvwidth：画布宽度，单位为 px；None 表示默认值 400。

canvheight：画布高度，单位为 px；None 表示默认值 300。

bg：画布背景颜色，默认为白色。

【微实例 4-2】

设置画布属性。

【程序代码 eg4-2】

import turtle
turtle. screensize(800,600,"green")　　　#画布宽 800,高 600,背景颜色绿色

【运行结果】如图 4-3 所示。

图 4-3 微实例 4-2 运行结果

知识扩展

画布和窗口不是同一个概念，窗口是一个活动的 Windows 窗口，画布是窗口中间包含的部分，如图 4-4 所示。

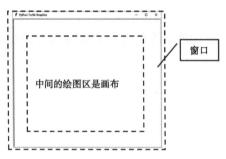

图 4-4 窗口包含画布

如果画布大于窗口，则会出现滚动条，反之画布填充窗口，如图 4-5 所示。

例.
import turtle
turtle.setup(200,200)
turtle.screensize(300,300)

例:
import turtle
turtle.setup(300,300)
turtle.screensize(200,200)

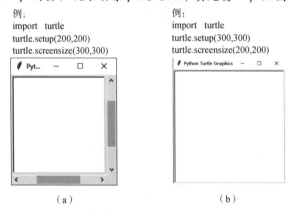

（a）   （b）

图 4-5 画布大于或小于窗口的不同显示
(a)画布大于窗口；(b)画布小于窗口

(3)设置窗口标题：使用 title( )函数，设置主窗口的标题。
语法格式：

```
turtle. title("字符串")        #字符串是要设置窗口显示的名称
```

【微实例 4-3】
创建一个窗口，并设置窗口标题为"第一个小海龟"。

【程序代码 eg4-3】

```
import turtle
turtle. setup(300,300)                    #窗口宽 300,高 300
turtle. title("第一个小海龟")             #窗口标题为" 第一个小海龟"
```

【运行结果】如图 4-6 所示。

图 4-6　微实例 4-3 运行结果

（4）设置窗口背景颜色：使用 bgcolor( )函数，设置主窗口的背景颜色。

语法格式：

```
turtle. bgcolor("color")                  # color 为颜色名称字符串,如"red" "green"
turtle. bgcolor(r,g,b)                     # r,g,b 为 RGB 三元组,如 0,0,255
```

也可以通过 screensize( )函数在设置画布大小时，同时设置背景颜色。

（5）设置窗口背景图片：使用 bgpic( )函数，设置主窗口的背景图片。

语法格式：

```
turtle. bgpic("图片名称 . gif")    # 仅支持 gif 格式图片
```

【微实例 4-4】

创建一个窗体，并设置窗口背景图片。

【程序代码 eg4-4】

```
import turtle
turtle. setup(600,700)                    #窗口宽 600,高 700
turtle. bgpic("1. gif")                    #窗口背景图片是"1. gif"
```

【运行结果】如图 4-7 所示。

图 4-7　微实例 4-4 运行结果

4.1.3 画笔的运动

在设置好画布之后，就要画图案了。在 turtle 库中，画笔是画出小海龟行动轨迹和图形样式的工具，通过画笔的属性设置可以在窗口绘制出不同的图形。

（1）画笔的隐藏、显示和形状设置。

①画笔的隐藏设置：使用 hideturtle( ) 函数，隐藏小海龟图标。

②画笔的显示设置：使用 showturtle( ) 函数，显示小海龟图标。

③画笔的形状设置：使用 shape(name = None) 函数，返回画笔的形状。画笔默认是一个指向右的箭头，若想显示其他画笔形状则需设置 name。

【微实例 4-5】

设置画笔形状为小海龟。

【程序代码 eg4-5】

```
import turtle
turtle. shape(name = "turtle")
```

【运行结果】如图 4-8 所示。

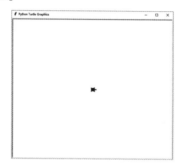

图 4-8　微实例 4-5 运行结果

（2）画笔的颜色、宽度、移动速度设置。

①画笔的颜色设置：使用 pencolor("color") 函数，若没有参数传入，则返回当前画笔颜色；若有参数传入，则设置画笔颜色，可以是字符串(如"red""green")，也可以是 RGB 数值。

例如：

```
turtle. pencolor("purple")
turtle. pencolor((0. 63,0. 13,0. 94))    #RGB 三元组值,表示紫色
```

②画笔的宽度设置：使用 pensize(width) 函数，设置画笔的宽度。width 参数是数值，单位是 px。

③画笔的移动速度设置：使用 speed(speed) 函数，设置画笔移动速度，画笔移动速度为[0，10]之间的整数，数字越大，移动速度越快，但 0 是最快。

【微实例 4-6】

设置画笔颜色、宽度和移动速度属性，在画布上画出一条红色直线，长度是 200 px。

【程序代码 eg4-6】

```
import turtle
turtle. pencolor("red")          #画笔颜色是红色
turtle. pensize(100)             #画笔宽度是 100 px
turtle. speed(2)                 #画笔移动速度是 2 px
turtle. forward(200)             #画笔向前移动 200 px
```

【运行结果】如图 4-9 所示。

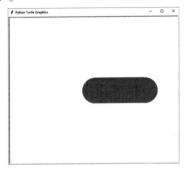

图 4-9　微实例 4-6 运行结果

（3）画笔的运动函数设置。

在设置画笔的运动之前首先认识小海龟的空间坐标体系，如图 4-10 所示。

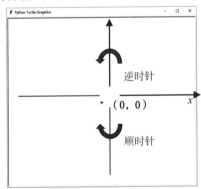

图 4-10　小海龟的空间坐标体系

①画笔前进函数的设置：forward（）函数，也可以简写成 fd（），两者实现一样的函数功能。

turtle 绘画时，画笔的第一个落笔点默认是在画布中心（0，0），画笔向右（x 轴正方向）。若不改变画笔的方向，则画笔会向右前进。

语法格式：

turtle. forward(distance)　　#向当前画笔方向移动 distance px(像素)长度

观察图 4-9，画笔移动了 200 px，即从画布中心向右移动 200 px，画出一条红色的直线。

②画笔向相反方向移动的函数设置：backward（）函数，也可以简写成 bk（），两者实现一样的函数功能。

语法格式：

| turtle. backward(distance) | #向当前画笔的相反方向移动 distance px(像素)长度 |

例如:

| turtle. backward(200) | #初始画笔在(0,0),表示画笔向后(向左)移动 200 px |

③画笔的移动还可以通过 goto(x,y) 函数实现。

语法格式:

| turtle. goto(x,y) | #向右移 x 个 px,向上移 y 个 px; x,y 可以为负数 |

例如:

| turtle. goto(200,0) | #等价于 turtle. forward(200) |

(4)画笔的角度设置。

画笔移动时可以先将画笔的角度改变,再向前(forward)或向后(backward)移动。

改变画笔角度有两种基准,一种是绝对角度,另一种是海龟角度。

①绝对角度:以画布中心为基准。

seth(angle):只改变小海龟的行进方向(角度按逆时针),但不行进,angle 为绝对度数。

例如:

| turtle. seth(45) | #x 轴正方向逆时针旋转 45 度 |

②海龟角度:以小海龟为基准。

left(angle):逆时针旋转 angle 度。

right(angle):顺时针旋转 angle 度。

例如:

| turtle. left(45) | #画笔方向逆时针旋转 45 度 |
| turtle. right(45) | #画笔方向顺时针旋转 45 度 |

知识扩展

我们通过一个例子来观察绝对角度和海龟角度的区别,如图 4-11 和图 4-12 所示。

绝对角度应用:
```
import turtle
for i in range(3):
    turtle.seth(i*120)
    turtle.fd(200)
```
运行结果:

海龟角度应用:
```
import turtle
for i in range(3):
    turtle.right(i*120)
turtle.fd(200)
```
运行结果:

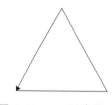

图 4-11 seth( )应用

图 4-12 right( )应用

seth(angle)旋转一个角度,执行 fd( )后,小海龟的方向恢复到 x 轴的正方向。在图

4-11 中，i＝0，angle 为 0，向前画 200 px 直线；i＝1，angle 为 120，逆时针旋转这个角度，沿此方向向前画 200 px 直线后，小海龟的方向恢复到 x 轴的正方向；i＝2，angle 为 240，逆时针旋转这个角度，沿此方向向前画 200 px 直线后，小海龟的方向恢复到 x 轴的正方向。

使用 right(angle)后，就不是如此。在图 4-12 中，i＝0，angle 为 0，沿 x 正方向画 200 px 直线；i＝1，angle 为 120，沿此角度画 200 px 直线后，小海龟的方向不发生改变，仍为转变角度后的方向；i＝2，angle 为 240，沿此角度画 200 px 直线。

left( ) 函数与 right( ) 函数的用法一致。

（5）复制图形设置：使用 stamp( ) 函数，复制当前图形。

stamp( ) 函数是在当前位置复制一份此时箭头的形状，无参数，返回一个 stamp_id(int 型)。

【微实例 4-7】

应用 forward( )、stamp( ) 和 right( ) 函数绘制方形螺旋线。

【程序代码 eg4-7】

```
import turtle
for i in range(15):
    turtle. forward(100+10*i)        #每次向前运动(100+10*i)px
    turtle. stamp()                  #复制带箭头的直线
    turtle. right(90)                #带箭头的直线每向前运动后,画笔向右旋转90度改变方向
```

【运行结果】如图 4-13 所示。

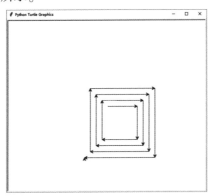

图 4-13　微实例 4-7 运行结果

根据运行结果可知，stamp( )复制了第一条带箭头的直线，以后画的 14 条直线都是带箭头的。若没有此条语句复制图形，则结果就是一个螺旋形状，没有箭头。

🔲 案例实现

本案例具体实现过程可以参考以下操作。

（1）import turtle 导入 turtle 库。

（2）应用 title( )设置窗口标题。

（3）应用 screensize( )设置画布的宽度、高度和背景颜色。

（4）应用 pensize( )、pencolor( )、speed( )设置画笔的宽度、颜色和移动速度。

（5）画笔首先从（0，0）位置向前移动，应用 forward（），画出 Z 字符的第一笔。画笔顺时针旋转 135 度，即应用 right（135）改变画笔方向，再应用 forward（）使画笔向左下角移动，完成 Z 字符的第二笔。再逆时针旋转 135 度，即应用 left（135）改变画笔方向，再应用 forward（）向前移动，完成 Z 字符的第三笔，Z 字符完成。

（6）应用 hideturtle（），隐藏画笔图标。

运行结果如图 4-14 所示。

二维码 4-1
案例一代码 AnLi-1

图 4-14 案例一运行结果

4.2 案例二 节气倒计时

案例描述

编写程序，利用 turtle 库设计倒计时显示二十四节气。

案例分析

通过以下步骤可以实现上述问题。

（1）设置绘图基本属性，如背景颜色、画笔移动速度等。

（2）创建列表，存放显示二十四节气的信息。

（3）自定义函数实现倒计时显示数字、节气等信息。

（4）设计画笔颜色和填充色。

（5）分析五角星画几条线，以及每条线的旋转角度。

（6）调整画笔颜色，在五角星上添加字符串。

（7）设置一个计时器，调用自定义函数实现倒计时显示二十四节气。

4.2.1 画笔的抬起和落下

在绘画时，不是所有的图形都是一笔画成的，有些图形需要移动画笔的位置才能完成。turtle 库提供了画笔抬起和落下的函数功能，使画笔移动位置，在画布上又不留下痕迹，到达指定位置后，让画笔落下，则会画出痕迹。控制画笔抬起和落下的函数如下。

（1）up（）：画笔抬起，移动时不绘制图形。

（2）down（）：画笔落下，移动时绘制图形。

【微实例 4-8】

设置画笔属性，并应用 up( ) 和 down( ) 函数在画布上画出 3 条绿色平行直线。

【程序代码 eg4-8】

```
import turtle
turtle. pensize(15)                    #画笔宽度是 15 px
turtle. pencolor("green")              #画笔颜色是绿色
turtle. speed(2)                       #画笔移动速度是 2 px
turtle. forward(300)                   #画笔从(0,0)位置向前移动 300 px
turtle. up()                           #画笔抬起
turtle. goto(0,30)                     #画笔移动到(0,30)位置
turtle. down()                         #画笔落下
turtle. forward(300)                   #画笔落下从(0,30)位置向前移动 300 px
turtle. up()
turtle. goto(0,- 30)
turtle. down()
turtle. forward(300)
```

【运行结果】如图 4-15 所示。

图 4-15　微实例 4-8 运行结果

注意：up( ) 和 down( ) 函数在使用时一定是成对出现的，即画笔抬起后，移动到新的位置，一定要落下画笔，才能继续绘图。

4.2.2　画笔画圆

画笔画圆，使用 circle( ) 函数。

语法格式：

```
turtle. circle(radius,extent=None,steps=None)
```

(1)参数 radius 是半径，圆心坐标是(0，radius)，radius 可正可负。

【微实例 4-9】

绘制一个半径为 100 px 的圆。

【程序代码 eg4-9】

```
import turtle
turtle. circle(100)
```

【运行结果】如图 4-16 所示。

通过运行结果可以看出，画笔从(0，0)位置开始，以半径 100 px 逆时针向上画圆，圆心在(0，100)，画笔的终点与起点一致，画出一个闭合的圆。

知识扩展

若半径是负数，则顺时针向下画圆。

【微实例 4-10】

绘制一个半径为 100 px 的圆(顺时针向下画)。

【程序代码 eg4-10】

```
import turtle
turtle. circle(-100)
```

【运行结果】如图 4-17 所示。

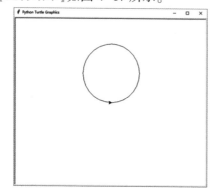

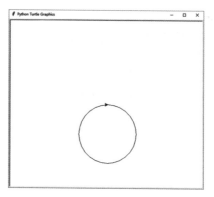

图 4-16　微实例 4-9 运行结果　　　　图 4-17　微实例 4-10 运行结果

通过运行结果可以看出，画笔从(0，0)位置开始，以半径 100 px 顺时针向下画圆，圆心在(0，-100)，画笔的终点与起点一致，画出一个闭合的圆。

(2)参数 extent 是圆心角的大小。extent 也可正可负。当 extent 为正时，画笔前进画圆弧，当 extent 为负时，画笔倒退画圆弧(方向没有倒退)。

【微实例 4-11】

绘制一个半径为 200 px，圆心角为 90 度的弧。

【程序代码 eg4-11】

```
import turtle
turtle. circle(200,90)
```

【运行结果】如图 4-18 所示。

通过运行结果可以看出，画笔从(0，0)位置开始，以半径 200 px 逆时针向上画 90 度的弧，圆心在(0，200)。

知识扩展

①若半径是正数，圆心角是负数，则画笔顺时针向上画弧。

【微实例 4-12】

绘制一个半径为 200 px，圆心角为 90 度的弧(画笔顺时针向上画弧)。

【程序代码 eg4-12】

```
import turtle
turtle. circle(200,-90)
```

【运行结果】如图 4-19 所示。

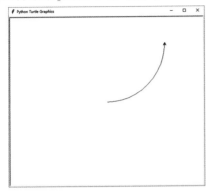
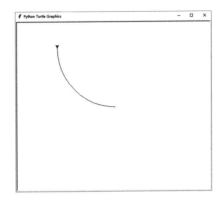

图 4-18　微实例 4-11 运行结果　　　　图 4-19　微实例 4-12 运行结果

通过运行结果可以看出，画笔从(0，0)位置开始，以半径 200 px 顺时针向上画 90 度的弧，圆心在(0，200)。

②若半径是负数，圆心角是正数，则画笔顺时针向下画弧。

【微实例 4-13】

绘制一个半径为 200 px，圆心角为 90 度的弧(画笔顺时针向下画弧)。

【程序代码 eg4-13】

```
import turtle
turtle. circle(- 200,90)
```

【运行结果】如图 4-20 所示。

通过运行结果可以看出，画笔从(0，0)位置开始，以半径 200 px 顺时针向下画 90 度的弧，圆心在(0，-200)。

③若半径是负数，圆心角是负数，则画笔逆时针向下画弧。

【微实例 4-14】

绘制一个半径为 200 px，圆心角为 90 度的弧(画笔逆时针向下画弧)。

【程序代码 eg4-14】

```
import turtle
turtle. circle(- 200,- 90)
```

【运行结果】如图 4-21 所示。

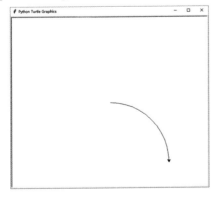
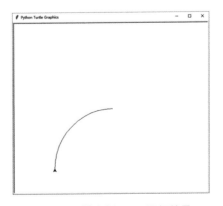

图 4-20　微实例 4-13 运行结果　　　　图 4-21　微实例 4-14 运行结果

通过运行结果可以看出，画笔从(0，0)位置开始，以半径200 px 逆时针向下画 90 度的弧，圆心在(0，−200)。

（3）参数 steps，表示所画形状由 steps 条线组成，即起点到终点由 steps 条线组成。

【微实例 4-15】

绘制一个半径为 100 px 的五边形。

【程序代码 eg4-15】

```
import turtle
turtle. circle(100,360,5)
```

【运行结果】如图 4-22 所示。

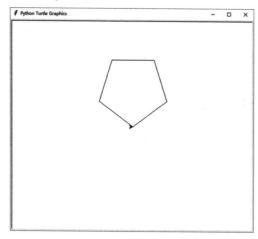

图 4-22　微实例 4-15 运行结果

通过运行结果可以看出，画笔从(0，0)位置开始，以半径 100 px 逆时针向上画圆，因为 steps＝5，所以相当于画出一个内切正五边形。

4.2.3　填充颜色

使用 turtle 库画图，不仅可以画线条，还可以对画出的封闭线条进行填充。常用的填充函数有以下几个。

（1）fillcolor( )：设定填充色。参数是颜色名称字符串或 RGB 数值。

（2）color(color1，color2)：同时设置 pencolor＝color1，fillcolor＝color2。

（3）begin_fill( )：开始填充。该函数在绘制带有填充色彩之前调用，表示开始填充。

（4）end_fill( )：结束填充。该函数在绘制带有填充色彩之后调用，表示结束填充。

（5）dot(size，color)：绘制具有特定大小和某种颜色的圆点。参数 size 是大于等于 1 的整数，参数 color 是颜色字符串或 RGB 数值。

【微实例 4-16】

绘制太阳花。

【程序代码 eg4-16】

```
from turtle import *                    #导入 turtle 库
turtle. color("red","yellow")           #设置画笔颜色为红色,填充色为黄色
turtle. begin_ fill()                   #开始填充
```

```
turtle. speed(0)                              #画笔速度设置为最快
#绘制太阳花
while True:
        turtle. forward(300)                  #绘制太阳花路线前进 300 px
        turtle. left(170)                     #小海龟方向逆时针旋转 170 度
        if abs(pos())<1:                      #小海龟几乎回到出发点,结束循环
                break
turtle. end_fill()                            #结束填充
#绘制绿色的太阳花心
turtle. up()                                  #抬起画笔
turtle. goto(150,12)                          #小海龟向右移动 150 px,向上移动 12 px
turtle. down()
turtle. dot(30,"green")                       #绘制一个直径为 30 绿色的圆点
hideturtle()                                  #隐藏小海龟图标
```

【运行结果】如图 4-23 所示。

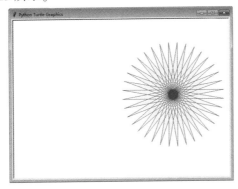

图 4-23　微实例 4-16 运行结果

4.2.4　全局控制命令

turtle 库中的全局控制命令函数有以下几个。

(1)clear( )：清空 turtle 窗口，但是 turtle 的位置和状态不会改变。

(2)reset( )：清空 turtle 窗口，重置 turtle 状态为起始状态。

(3)undo( )：撤销上一个 turtle 动作。

(4)isvisible( )：返回当前 turtle 是否可见。

(5)write(s[, font = (" font - name" , font_size," font_type")])：写文本，s 为文本内容，font 是字体的参数，分别为字体名称、大小和类型。font 为可选项，font 的参数也是可选项。

【微实例 4-17】

设置画笔属性绘制直线，通过 clear( )、reset( )、undo( )等函数实现清除所绘直线，最后在画布上添加文字"Turtle"。

【程序代码 eg4-17】

```
import turtle
turtle. pensize(15)                           #画笔宽度是 15 px
```

```
turtle. pencolor("green")                        #画笔颜色是绿色
turtle. speed(2)                                 #画笔移动速度是 2 px
turtle. forward(300)                             #画笔从(0,0)位置向前移动 300 px
turtle. clear()                                  #清空窗口,画笔位置和状态不变
turtle. forward(- 300)                           #画笔从当前位置向左移动 300 px
turtle. reset()                                  #清空窗口,画笔回到(0,0)位置,恢复起始状态
turtle. forward(300)                             #画笔从(0,0)位置向前移动 300 px
turtle. undo()                                   #撤销上一个 turtle 动作,即画笔回到(0,0)
turtle. write("Turtle",font=("宋体",60,"italic"))  #输出字符串,60 号宋体倾斜
```

【运行结果】如图 4-24 所示。

图 4-24 微实例 4-17 运行结果

4.2.5 停止绘图命令

done( )函数的作用是暂停程序,停止画笔绘制,但绘图窗口不关闭,直到用户关闭 Python Turtle 图形化窗口为止。该函数必须是小海龟图形程序中的最后一条语句。

4.2.6 计时命令

ontimer( )函数,用于安装计时器,该计时器在 t 毫秒后调用 fun 函数。
语法格式:

```
turtle. ontimer(fun,t=0)
```

fun 是一个没有参数的函数;t 是一个大于等于 0 的数字,表示为毫秒数。
ontimer( )函数调用一次只能触发一次。

【微实例 4-18】

通过设置 ontimer( )函数,实现运行程序,1 000 毫秒后小海龟开始绘制五角星。

【程序代码 eg4-18】

```
import turtle
def fun():                          #自定义 fun()函数
    for i in range(5):              #绘制五角星
        turtle. forward(200)        #小海龟向前移动 100 px
        turtle. right(144)          #小海龟向右旋转 144 度
turtle. ontimer(fun,1000)           #调用自定义函数 fun(),1 000 毫秒后小海龟开始画图
```

【运行结果】如图 4-25 所示。

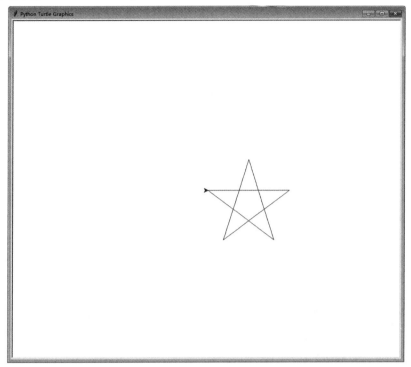

图 4-25　微实例 4-18 运行结果

案例实现

本案例具体实现过程可以参考以下操作。

（1）import turtle 导入 turtle 库。

（2）应用 title( ) 设置窗口标题。

（3）应用 setup( ) 设置窗口尺寸。

（4）应用 bgcolor( )、speed( ) 设置背景颜色和画笔速度。

（5）创建 3 个列表，分别存放二十四节气中文名称、英文名称和古诗词。

（6）定义一个变量 n 作为全局变量实现计数功能，每计时一次，n 加 1。

（7）自定义函数 fun( )，该函数实现倒计时显示数字、节气等内容。

（8）应用 dot( )，实现绘制一个圆形的背景。

（9）应用 up( )、seth( )、goto( )、down( )、forward( ) 移动画笔到合理位置。

（10）添加文字；应用 write( ) 将列表中的列表项显示在屏幕上，实现倒计时。

（11）应用 home( ) 使画笔能回到起始位置。

（12）绘制五角星。

【分析】

画出五角星图形需要画 5 条线，所以设置循环 5 次，每次循环执行画笔向前移动，再调整画笔角度。因为五角星的每个顶角是 36 度，所以每画出一条直线后，画笔向右旋转 144 度。

（13）应用 pencolor( ) 改变画笔颜色，应用 begin_fill( ) 开始五角星颜色填充，应用 fill-color( ) 改变填充色。

（14）应用 up( )、goto( )、down( ) 移动画笔到绘制的五角星的起始位置。

（15）应用 seth( ) 改变画笔方向。

（16）通过 for 循环，应用 right( ) 调整画笔方向和 forward( ) 设置画笔移动，完成五角星的绘制。

（17）应用 end_fill( )，结束五角星颜色填充。

（18）同理通过调整画笔位置添加文字，使其显示在五角星上方。

（19）通过 for 循环，使其循环 24 次，每循环一次通过 ontime( )，实现调用自定义函数 fun( )。

二维码 4-2
案例二代码 AnLi-2

（19）应用 hideturtle( ) 隐藏画笔。

（20）应用 done( ) 暂停程序。

运行结果如图 4-26 所示（该运行结果是一个动态的画面，动态显示 25 个图）。

图 4-26　案例二运行结果

4.3　二级真题测试

二维码 4-3
二级真题测试

4.4　实　训

4.4.1　实训一　绘制螺旋圆

编程实现绘制一个螺旋圆，如图 4-27 所示。

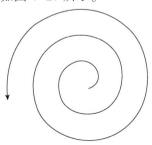

图 4-27　螺旋圆

4.4.2　实训二　绘制图形花

编程实现绘制图形花，如图 4-28 所示。

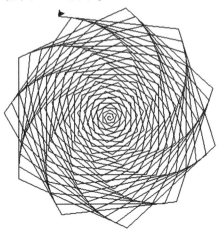

图 4-28　图形花

第5章
函数和模块

数学中的函数表示一种映射或对应关系，软件开发中的函数是指把输入经过一定的变换和处理，最后得到预定的输出。从外部来看，函数就像一个黑盒子，我们不需要了解其内部原理，只需要了解其接口或使用方法即可。

在软件开发过程中，经常有很多操作是完全相同的，或者是非常相似的，从软件设计和代码复用的角度来看，可以直接将该代码块复制到多个相应的位置然后进行简单修改，虽然复制过程中可以进行修改，但也增加了程序整体代码量，同时增加了代码阅读、理解和维护的难度，更重要的是为代码测试和纠错带来了很大的困难。因此，程序设计中应尽量减少使用直接复制代码块的方式来实现复用。解决这个问题的有效方法是设计函数和类。将可能需要反复执行的代码封装为函数，并在需要执行该段代码功能的地方进行调用，这不仅可以实现代码的复用，而且可以保证代码的一致性，只需要修改该函数代码就能在所有调用位置得到体现。同时，可以把大任务拆分成多个函数，这能够将复杂问题简单化，有利于系统实现。

 学习目标

(1)掌握函数的定义和调用方法。
(2)理解函数的参数传递过程以及变量的作用范围。
(3)理解函数递归的定义和使用方法。
(4)了解 lambda 表达式。

思维导图

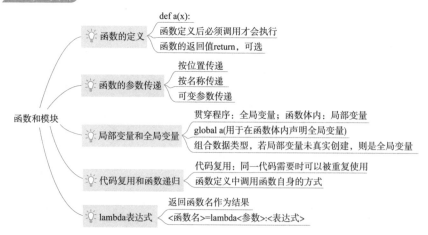

5.1　案例一　求四边形的面积

案例描述

已知四边形的各边长度，计算该四边形的面积。

案例分析

通过以下步骤可以实现上述问题。

(1) 利用函数，通过计算三角形的面积，得出四边形的面积。首先，给四边形画一条对角线，形成两个三角形。其次，通过公式计算两个三角形的面积。最后，累加两个三角形的面积从而求出四边形的面积。

(2) 已知三角形 3 条边的边长 a、b 和 c，可用数学公式来计算出半周长 p，$p = \dfrac{(a + b + c)}{2}$，然后求出四边形的面积 S，$S = \sqrt{p(p - a)(p - b)(p - c)}$。

案例一主函数的流程图如图 5-1 所示。

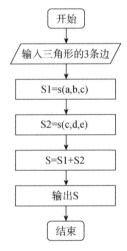

图 5-1　案例一主函数的流程图

5.1.1　函数的概念和特点

函数的概念与数学中使用的函数概念类似。程序设计语言中的函数具有数学函数的很多特点，它可以代表执行单独的操作、采用零个或多个参数作为输入、返回值作为输出，但也添加了一些独特的功能使它们能用于编程。其主要特点有以下几个。

(1) 分而治之的策略：函数将程序划分成小块，适用于采用分而治之的方法来解决问题。

(2) 抽象：函数为程序的某些部分提供了更高层次、更抽象的接口。通过封装细节，函数为编程人员提供了高层次的程序元素视图，而其中的细节可以留待后续工作时再补充。

（3）重用：函数创建后，就可以重用它。如果编写函数来做计算，那么在程序中任何需要这个功能的地方只需要调用函数即可。

（4）共享：若函数是有效的，则可以将它分发给其他人使用。这些人可以进一步测试函数，完善其功能，通过改善函数，为该领域内的每个人提供服务，将有用的函数收集到模块中进行共享。共享模块是 Python 的一部分，是可以分享到许多不同领域内的模块。

（5）安全性：小段的代码可以仔细审核，证明它的正确性。函数提供了构建安全组件的功能，这有助于建设较大规模和较安全的代码。

（6）简化/可读性：因为函数提供了封装性，所以它可以用来简化程序，使程序更具可读性。程序中任何用多行代码来解决一个问题的地方，都可用函数来替换这些行。如果可以对多个地方进行替换，那么将得到更为简单的代码。

当然，在实际开发中，需要对函数进行良好的设计和优化才能充分发挥其优势。在编写函数时，有很多原则需要参考和遵守。例如，不要在同一个函数中执行太多的功能，尽量只让其完成一个高度相关且大小合适的功能，以提高模块的内聚性。另外，尽量减少不同函数之间的隐式耦合，如减少全局变量的使用，使函数之间仅通过调用和参数传递来显式体现其相互关系。

函数是对程序逻辑进行结构化或过程化的一种编程方法，就是将完成一定功能的代码段组合在一起。使用函数可以简化程序设计，使程序的结构更加清晰，还可以提高编程效率和程序的可读性、重用性。Python 提供了许多内置函数，用户可以直接使用。下面介绍函数的定义、使用和引用函数的方法。

5.1.2　函数的定义

在 Python 中，定义函数的语法格式：

```
def 函数名([参数列表]):
''' 注释'''
    函数体
```

在 Python 中，定义一个函数通常要使用以下语句：

```
def functionName(par1,par2,...):
    indented block of Statements
return expression
```

Python 中函数定义的方式相当于赋值语句。在自定义函数时，需要遵循以下规则。

（1）函数代码块以 def 关键字开头，指示正在定义函数，后接函数名（函数名必须遵循变量命名规则）和圆括号。

（2）圆括号里用于定义参数，即形式参数，简称形参。对于有多个参数的，参数之间用逗号隔开，即参数列表。

（3）圆括号后边必须加冒号。

（4）冒号后是函数体，函数体包含要执行某些操作的代码，采用缩进方式。

（5）函数的返回值用 return 语句，其指出在函数结束时要返回的值。

def 是复合语句，函数中包含其他 Python 语句和表达式。语句块是构成函数对象进行计算的部分。函数中使用到的特殊关键字是 return。return 表示从函数调用输出返回值。在执行 return 语句后函数结束。一个函数体中可以有多条 return 语句。在这种情况下，一旦执行第一条 return 语句，该函数将立即终止。没有 return 语句，不返回值的函数通常称为过程。在这种情况下，如果有返回值，则函数执行完毕返回结果为 None。None 是一个特别的 Python 值，它代表没有值，这也是一种无限值。

5.1.3　函数的调用

函数一经定义就可以在程序中使用，函数的调用方式非常简单，一般情况下只需将函数看作一个"黑盒子"，具体调用中只需给出函数名和参数，就可以实现函数的调用，而且同一个函数可以被多次调用。函数调用的语法格式：

函数名(实际参数列表)

在实际使用中，如果定义的函数有参数，则调用时必须提供实际参数，而且提供的参数的个数、位置和类型必须与定义时相对应。如果定义的函数没有参数，则调用时也必须使用空的圆括号。

函数调用采用的方式主要有以下几种。

（1）可以直接作为语句出现。

（2）可以在表达式中出现（要求函数有返回值）。

（3）可以作为另一个函数的参数出现。

在具体程序设计中，函数一般应遵循以下使用规则。

（1）实现一个功能：函数应该对单个可识别操作进行封装。函数应该只实现一个功能，一个函数体中实现太多功能的函数最好分解成多个函数。

（2）可读：函数应具有可读性。函数应具有长度、命名、结构和良好的编程风格，这些都是构成函数可读性的条件。

（3）函数不宜过长：一个函数体内只实现一个功能。函数应该是容易阅读和理解的，如果函数太长，那么将难以阅读和理解，此时需要将其分解成多个函数。

（4）可重用：函数应该在上下文中可重用，而不仅仅用在最初出现的程序中。如果可能，该函数应自成体系，不依赖于主程序。如果它有依赖关系，应明确有哪些依赖，以便更容易使用它。

（5）完整：函数应该是完整的，因为它需要在所有可能发生的情况下工作。若函数要完成某个功能，则应该确保在所有情况下，函数都能正确地执行。

（6）重构：对现有的代码进行修改，对代码结构进行改进，但代码功能保持不变。函数可以在这个过程中发挥突出作用，因为函数能将长的、难以掌握的代码，分解成更短的、更易于管理的程序段。这种情况下编写的代码，可以将它们重构为函数。

【微实例 5-1】
用函数来计算斐波那契数列中小于参数 n 的所有值。

【分析】

斐波那契数列，又称黄金分割数列，指的是这样一个数列：0、1、1、2、3、5、8、13、21、34…，在数学上，斐波那契数列以递归的方法定义：$F(0)=0$，$F(1)=1$，$F(n)=F(n-1)+F(n-2)$（$n \geq 2$，$n \in \mathbf{N}^*$）。

定义一个函数名为 fib，带一个参数 n，使用该函数打印斐波那契数列中所有小于 n 的值，函数没有返回值。

【程序代码 eg5-1】

```
def fib(n):
    a,b=1,1
    while a<n:
        print(a,end=' ')
        a,b=b,a+b
print( )
```

该函数的调用方式如下：

```
fib(1000)
```

【运行结果】如图 5-2 所示。

```
IDLE Shell 3.10.6                              —    □    ×

File  Edit  Shell  Debug  Options  Window  Help

    Python 3.10.6 (tags/v3.10.6:9c7b4bd, Aug  1 2022, 21:53:49) [MSC v.1932 64 bit (
    AMD64)] on win32
    Type "help", "copyright", "credits" or "license()" for more information.
>>>
    ===== RESTART: C:/Users/10848/AppData/Local/Programs/Python/Python310/1.py =====
    1 1 2 3 5 8 13 21 34 55 89 144 233 377 610 987
>>> |

                                                      Ln: 6  Col: 0
```

图 5-2　微实例 5-1 运行结果

案例实现

本案例具体实现过程可以参考以下操作。

（1）输入三角形各边的长。

（2）根据求三角形的面积公式，分别求三角形 S1、S2 的面积。

（3）计算四边形的面积 S=S1+S2，并输出。形成的程序代码如下：

```
import math
a=float(input(' 输入三角形边长 a:'))
b=float(input(' 输入三角形边长 b:'))
c=float(input(' 输入三角形边长 c:'))
d=float(input(' 输入三角形边长 d:'))
e=float(input(' 输入三角形边长 e:'))
p1=(a+b+c)/2
S1=math. sqrt((p1*(p1-a)*(p1-b)*(p1-c)))
p2=(c+d+e)/2
```

```
S2=math. sqrt((p2*(p2-c)*(p2-d)*(p2-e)))
S=S1+S2
print(' 四边形的面积 %0.2f' S)
```

代码中有两组相同的计算三角形面积的代码"S1=math. sqrt((p1*(p1-a)*(p1-b)*(p1-c)))"和"s2=math. sqrt((p2*(p2-c)*(p2-d)*(p2-e)))"。如果对这个功能进行自定义，并在程序中多次调用这个功能，那么就要用到函数。如果用函数的方式实现求解三角形面积的功能，那么我们可以自定义一个函数 s ( )，该函数能根据三角形的 3 条边长计算出其面积的值。在函数中定义 3 个参数，分别用 a、b、c 表示三角形的 3 条边长；用 return 语句将三角形的面积值返回。

二维码 5-1
案例一代码 AnLi-1

运行结果如图 5-3 所示。

```
IDLE Shell 3.10.6                                    —    □    ×
File  Edit  Shell  Debug  Options  Window  Help
   Python 3.10.6 (tags/v3.10.6:9c7b4bd, Aug  1 2022, 21:53:49) [MSC v.1932 64 bit (
   AMD64)] on win32
   Type "help", "copyright", "credits" or "license()" for more information.
>>>
   ===== RESTART: C:/Users/10848/AppData/Local/Programs/Python/Python310/1.py =====
   输入三角形边长a :3
   输入三角形边长b :4
   输入三角形边长c :5
   输入三角形边长d :6
   输入三角形边长e :7
   四边形的面积为 20.70
>>>
                                                              Ln: 11  Col: 0
```

图 5-3　案例一运行结果

5.2　案例二　计算输出字符串中大、小写字母的个数

案例描述

编写程序，接收字符串参数，返回一个元组，其中第 1 个元素为大写字母的个数，第 2 个元素为小写字母的个数。

案例分析

通过以下步骤可以实现上述问题。

(1)将主函数中的实参传递给子函数的形参。

(2)根据条件累加出大写或小写字母的个数。

(3)输出结果。

案例二程序流程图如图 5-4 所示。

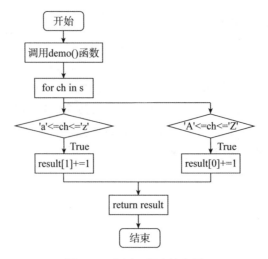

图 5-4 案例二程序流程图

5.2.1 函数的参数

Python 的函数定义简单且灵活，尤其是参数。除函数的必选参数外，还有默认参数、可变参数和关键字参数等，它们使函数定义出来的接口，不但能处理复杂的参数，还可以简化调用的代码。

函数定义时圆括号内是使用逗号分隔的形参列表，一个函数可以没有参数，但是定义和调用时必须要有一对圆括号，表示这是一个函数并且不接收参数。函数调用时向其传递实参，根据不同的参数类型，将实参的值或引用传递给形参。

在定义函数时，对参数个数并没有限制，若有多个形参，则需要使用逗号进行分隔。

【微实例 5-2】

定义一个函数用来接收两个参数，并输出其中的最大值。

【分析】

这里只是为了演示，忽略了一些细节，若输入的参数不支持比较运算，则会出错，需要用异常处理结构来解决这个问题。对于绝大多数情况，在函数内部直接修改形参的值不会影响实参。

【程序代码 eg5-2】

```
def printMax(a,b):
    if a > b:
        print(a,' is the max ')
    else:
        print(b,' is the max ')
x=int(input("请输入第一个数值:"))
y=int(input("请输入第二个数值:"))
print(printMax(x,y))
```

【运行结果】如图 5-5 所示。

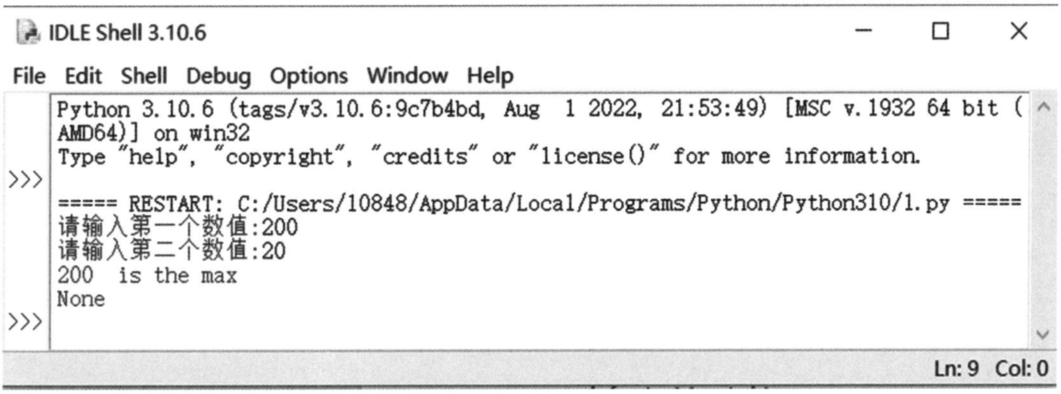

图 5-5　微实例 5-2 运行结果

【微实例 5-3】

修改字典元素的值。

【分析】

如果传递给函数的是 Python 可变序列，并且在函数内部使用索引或序列自身支持的方式为可变序列添加、删除元素或修改元素值，那么修改后的结果是可以反映到函数之外的，即实参也得到了相应的修改。

【程序代码 eg5-3】

```
a={' name' :' Dong' ,' age' :37,' sex' :' Male' }
print(a);
def modify(d):
    d[' age' ]=38
print(modify(a));
print(a);
```

【运行结果】如图 5-6 所示。

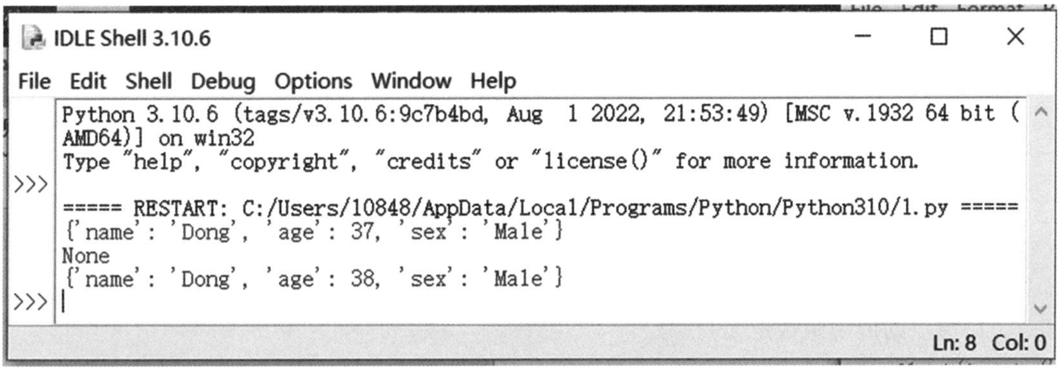

图 5-6　微实例 5-3 运行结果

1. 默认参数

Python 函数能采用默认值和名称进行参数传递。默认参数值是当用户没有提供值时，分配给函数的参数值。

在定义函数时，Python 支持默认参数，即在定义函数时为形参设置默认值。在调用带有默认参数的函数时，可以不用为设置了默认值的形参进行传值，此时函数将会直接使用函数定义时设置的默认值，也可以通过显式赋值来替换其默认值。也就是说，在调用函数时是否为默认参数传递实参是可选的，具有较大的灵活性。带有默认参数的函数定义语法格式：

```
def 函数名(...,形参名＝默认值):
    函数体
```

可以使用"函数名 defaults"随时查看函数所有默认参数的当前值，其返回值为一个元组，其中的元素依次表示每个默认参数的当前值。

【微实例 5-4】

调用赋值型函数时参数传递的值变化。

【分析】

一般在调用函数时为其传递参数，这时形参的值由调用函数时实参的值确定。但如果函数的默认参数不是调用时传递的，而是通过其他方式对其赋值，那么默认参数的值可能会在函数定义时确定，而不是在函数调用时确定。

【程序代码 eg5-4】

（1）形参的值由调用函数时实参的值确定：

```
i=5
def demo(v):
    print(v)
i=6
demo(i)
```

【运行结果】如图 5-7 所示。

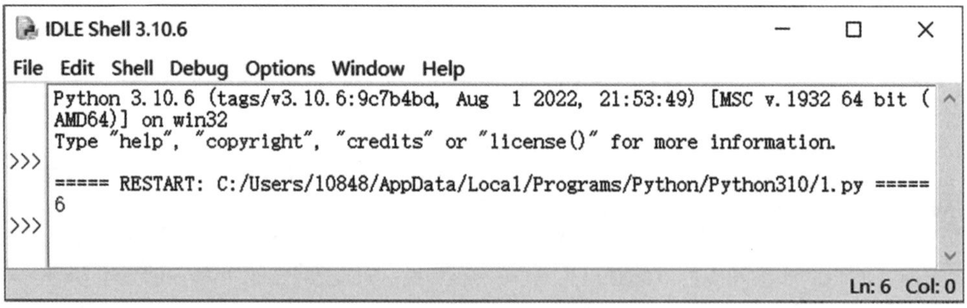

```
IDLE Shell 3.10.6                                    —    □    ×

File  Edit  Shell  Debug  Options  Window  Help

Python 3.10.6 (tags/v3.10.6:9c7b4bd, Aug  1 2022, 21:53:49) [MSC v.1932 64 bit (
AMD64)] on win32
Type "help", "copyright", "credits" or "license()" for more information.
>>>
===== RESTART: C:/Users/10848/AppData/Local/Programs/Python/Python310/1.py =====
6
>>>
                                                                    Ln: 6  Col: 0
```

图 5-7　微实例 5-4(1)运行结果

（2）形参的值由函数定义时确定：

```
i=5
def demo(v=i):
    print(v)
i=6
demo()
```

【运行结果】如图 5-8 所示。

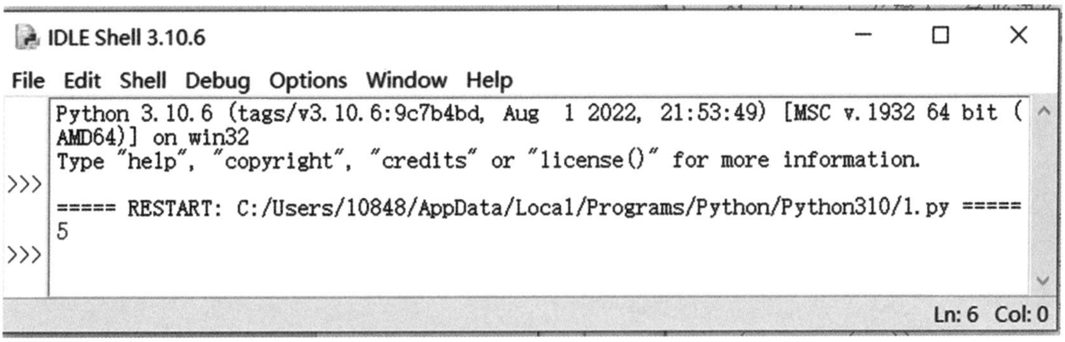

```
IDLE Shell 3.10.6                                              —   □   ×

File  Edit  Shell  Debug  Options  Window  Help
    Python 3.10.6 (tags/v3.10.6:9c7b4bd, Aug  1 2022, 21:53:49) [MSC v.1932 64 bit (  ^
    AMD64)] on win32
    Type "help", "copyright", "credits" or "license()" for more information.
>>>
    ===== RESTART: C:/Users/10848/AppData/Local/Programs/Python/Python310/1.py =====
    5
>>>
                                                                          v
                                                              Ln: 6  Col: 0
```

图 5-8　微实例 5-4(2) 运行结果

【微实例 5-5】

列表、字典可变类型的默认参数。

【分析】

多次调用函数并且不为默认参数传递值时，默认参数只在第一次调用时进行解释，对于列表、字典这样可变类型的默认参数，这一点可能会导致很严重的逻辑错误，而这种错误或许会耗费大量精力来定位和纠正。

【程序代码 eg5-5】

(1)多次调用函数并且不为默认，参数传递值时，保留上一次调用的结果。

```python
def demo(newitem,old_1ist=[]):
    old_1ist. append(newitem)
    return old_1ist
print(demo(' 5' ,[1,2,3,4]))
print(demo(' aaa ' ,[' a ',' b ' ]))
print(demo(' a '))
print(demo(' b '))
```

【运行结果】如图 5-9 所示。

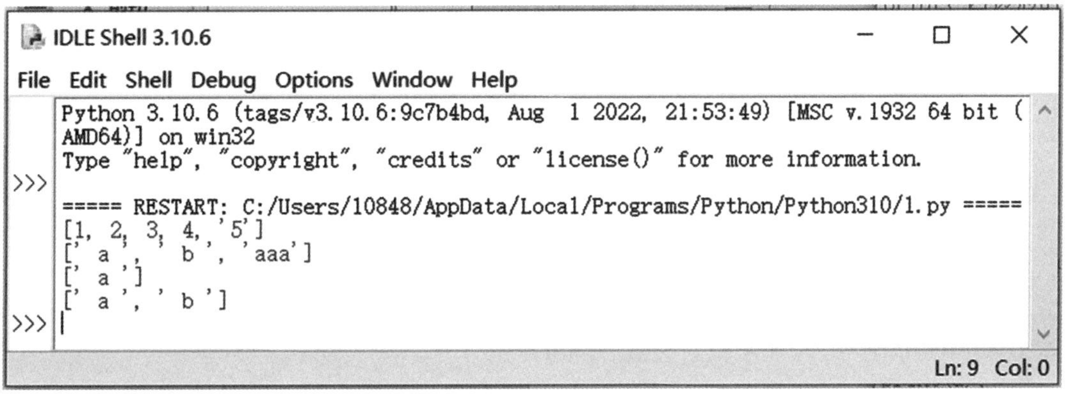

```
IDLE Shell 3.10.6                                              —   □   ×

File  Edit  Shell  Debug  Options  Window  Help
    Python 3.10.6 (tags/v3.10.6:9c7b4bd, Aug  1 2022, 21:53:49) [MSC v.1932 64 bit (  ^
    AMD64)] on win32
    Type "help", "copyright", "credits" or "license()" for more information.
>>>
    ===== RESTART: C:/Users/10848/AppData/Local/Programs/Python/Python310/1.py =====
    [1, 2, 3, 4, '5']
    [' a ',' b ', 'aaa']
    [' a ']
    [' a ', ' b ']
>>> |
                                                              Ln: 9  Col: 0
```

图 5-9　微实例 5-5(1) 运行结果

上面的函数使用列表作为默认参数，由于其具有可记忆性，连续多次调用该函数而不给该默认参数传值，再次调用时将保留上一次调用的结果，从而导致很难发现的错误。下面的代码就不存在这个问题。

（2）利用 if 语句修改逻辑错误。

```
def demo(newitem,old_1ist=None):
    if old_1ist is None:
        old_1ist=[]
    old_1ist. append(newitem)
    return old_1ist
print(demo(' 5' ,[1,2,3,4]))
print(demo(' aaa' ,[' a ',' b ']))
print(demo(' a '))
print(demo(' b '))
```

【运行结果】如图 5-10 所示。

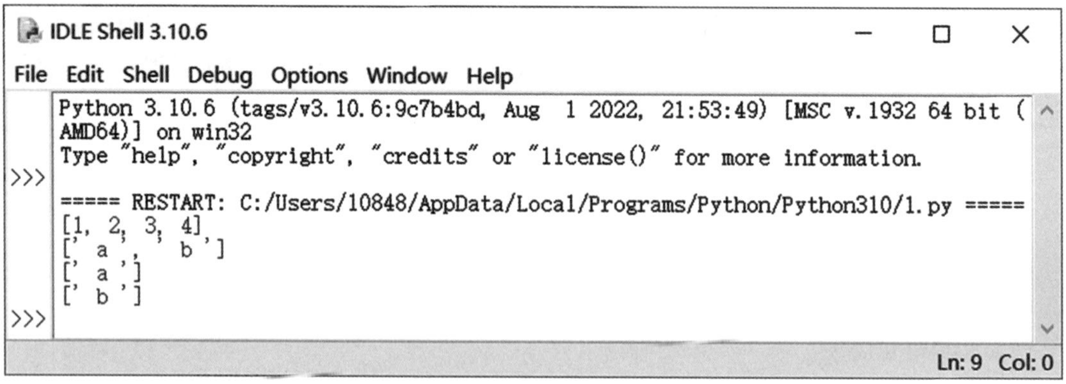

```
IDLE Shell 3.10.6                                        —    □    ×
File  Edit  Shell  Debug  Options  Window  Help
Python 3.10.6 (tags/v3.10.6:9c7b4bd, Aug  1 2022, 21:53:49) [MSC v.1932 64 bit (
AMD64)] on win32
Type "help", "copyright", "credits" or "license()" for more information.
>>>
===== RESTART: C:/Users/10848/AppData/Local/Programs/Python/Python310/1.py =====
[1, 2, 3, 4]
[' a ',      b ]
[' a ']
[' b ']
>>>
                                                              Ln: 9  Col: 0
```

图 5-10　微实例 5-5（2）运行结果

【微实例 5-6】

计算x^n。

【分析】

Python 中可以定义 power(x, n)函数来计算x^n。

【程序代码 eg5-6】

```
def power(x,n):
    s=1
    while n >0:
        n=n-1
        s=s*x
    print('result is' ,s)
    return s
power(8,2)
```

函数定义完成后，该函数可计算任何符合条件的幂函数，调用该函数计算8^2，即 power(8，2)，运行结果如图 5-11 所示。

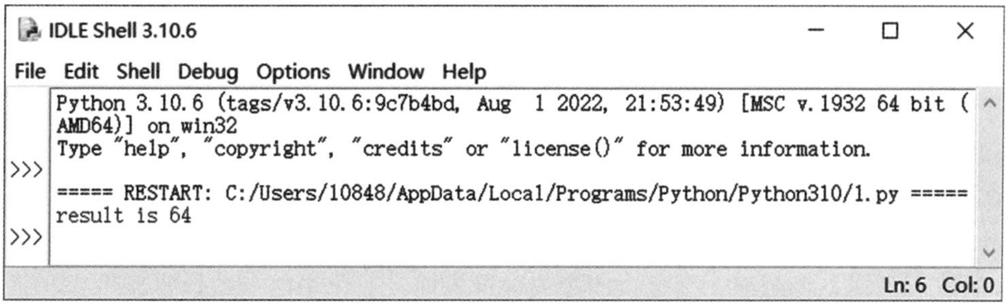

图 5-11 微实例 5-6 运行结果

若调用该函数，只写一个参数 power(8)，则系统会给出输入错误提示，如图 5-12 所示。

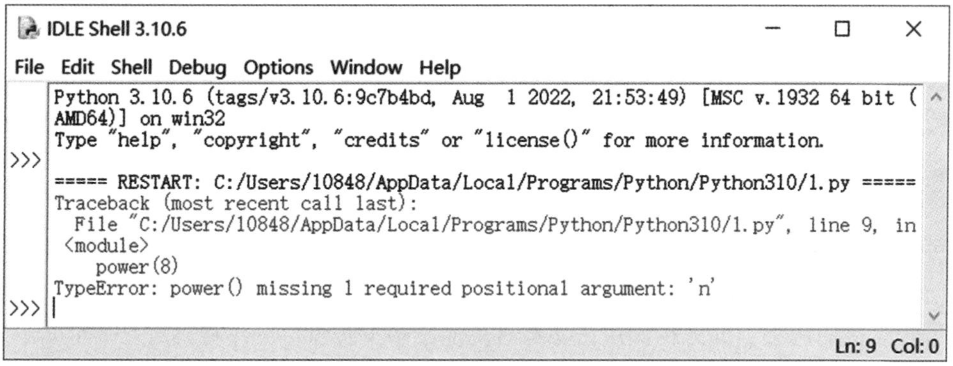

图 5-12 缺少参数的错误提示

如果我们把第二个参数定义成常量 2，那么函数就变成下面这种形式：

```
def power(x,n=2):
    s=1
    while n >0:
        n=n-1
        s=s*x
    print('result is' ,s)
    return s
power(8)
```

在这种情况下，再次调用 power(8)，函数会自动将 n 的值赋为 2，此时 2 为该函数的默认参数，相当于调用 power(8, 2)，运行结果如图 5-13 所示。

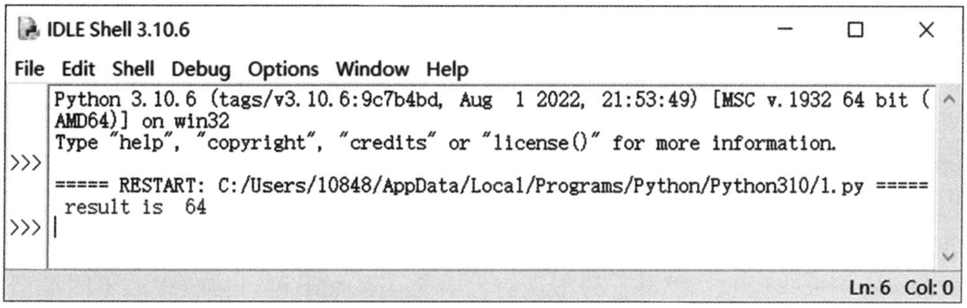

图 5-13 函数带默认参数时的运行结果

通过上面的例子可以看出，函数的默认参数可以简化函数的调用，降低调用函数的难度。只需定义一个函数，即可实现对该函数的多次调用。

在设置默认参数时，通常需要注意以下几点。

（1）一个函数的默认参数，仅在该函数定义的时候被赋值一次。

（2）默认参数的位置必须在必选参数的后面，否则 Python 解释器会报语法错误，错误为 SyntaxError：non-default argument follows default argument。

（3）在设置默认参数时，变化大的参数位置靠前，变化小的参数位置靠后，变化小的参数可作为默认参数。

（4）默认参数一定要用不可变对象，如果是可变对象，则程序运行时会有逻辑错误。

2. 可变参数

在 Python 函数中，可以定义可变参数。可变参数在定义函数时主要有两种形式：*parameter 和**parameter。前者用来接收任意多个实参并将其放入一个元组，后者用来接收类似于关键字参数的多个实参并将其放入字典。可变参数的含义就是传入的参数个数是不固定的，可以是任意个。

【微实例 5-7】

可变参数为元组类型。

【分析】

可变参数的用法，即无论调用该函数时传递了多少实参，一律将其放入一个元组。

【程序代码 eg5-7】

```
def demo(*p):
    print(p)
demo(1,2,3)
```

【运行结果】如图 5-14 所示。

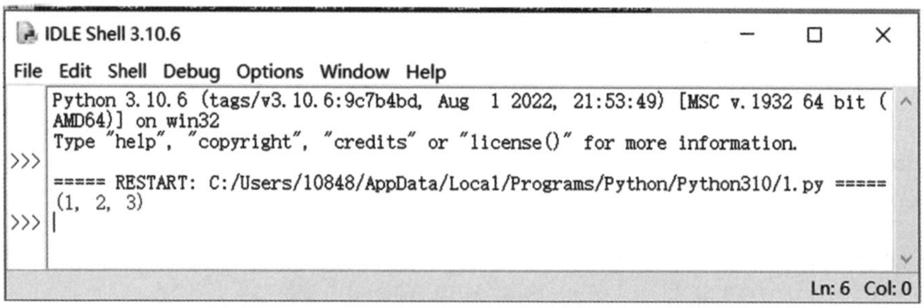

图 5-14　微实例 5-7 运行结果

【微实例 5-8】

可变参数为字典类型。

【分析】

Python 定义函数时可以同时使用位置参数、关键字参数、默认值参数和可变参数，但是除非真的很有必要，否则不要这样用，因为这会使代码非常混乱从而严重降低可读性，并导致程序查错非常困难。另外，一般而言，一个函数如果可以接收很多不同类型的参数，那么很可能是函数设计得不好，如函数功能过多，需要对其进行必要的拆分和重新设计，以满足模块高内聚的要求。

【程序代码 eg5-8】

```
def demo(**p):
    for item in p. items():
        print(item)
demo(x=1,y=2,z=3)
```

【运行结果】如图 5-15 所示

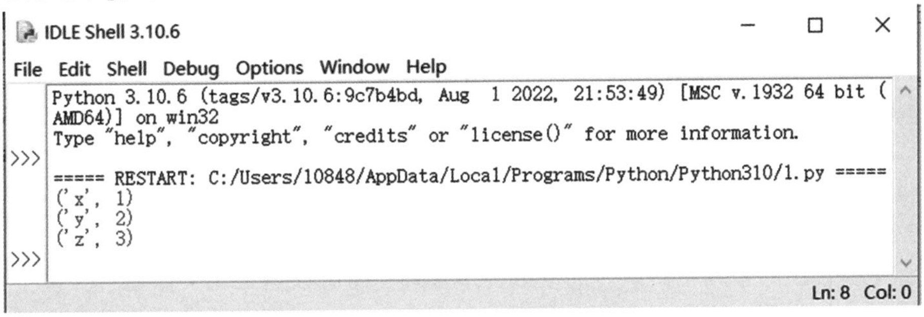

图 5-15　微实例 5-8 运行结果

【微实例 5-9】

计算 a+b+c+…。

【分析】

　　首先做一组数字 a、b、c …的累加，当计算出 a+b+c+…的值时，要定义的函数参数个数就是不确定的。那么可以把 a、b、c …作为一个 list(列表) 或 tuple(元组) 输入进行计算。在自定义 lj(numbers) 函数中，参数 numbers 接收到的是一个元组，因此函数的代码完全不变，但是在调用该函数时，可以传入任意个参数。

【程序代码 eg5-9】

```
def lj(numbers):
    s=0
    for n in numbers:
        s=s+n
    print('result is' ,s)
    return s
lj([1,3,4])
lj([1,2,5,7])
lj([])
```

【运行结果】如图 5-16 所示。

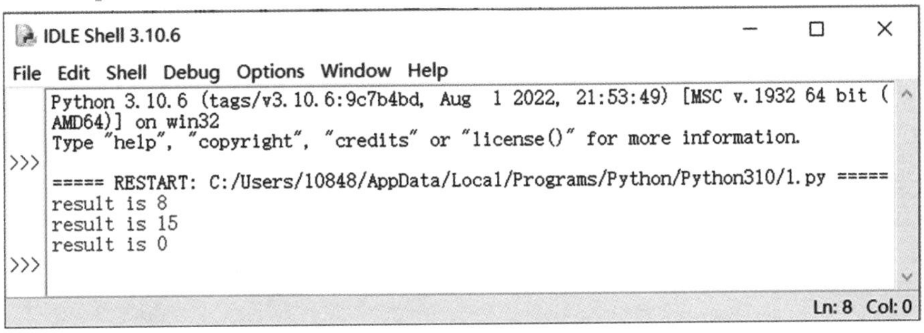

图 5-16　微实例 5-9 运行结果

3. 关键字参数

Python 允许在调用函数时将参数名称用作关键字。函数调用中使用参数名称作为关键字，在含有多个参数和多个默认值时非常有用。编程人员不用遵循标准匹配顺序，直接指定需要改变的实参，其余的采用默认值即可。在函数调用时也可以使用赋值语句，将value 作为形参的实参值，这种方式可以忽略形参和实参的标准匹配顺序，直接指出形参和实参的对应匹配关系。

Python 函数中允许传入 0 个或任意个含参数名称的关键字参数，这些关键字参数在函数内部自动组装为一个 dict(字典)。其作用是扩展函数的功能，能接收到必选参数，也可以接收到其他参数。

【微实例 5-10】

关键字参数函数调用。

【分析】

关键字参数主要指调用函数时的参数传递方式，与函数定义无关。通过关键字参数可以按参数名称传递值，实参顺序可以和形参顺序不一致，但不影响参数值的传递结果，避免了用户需要牢记参数位置和顺序的麻烦，使得数的调用和参数传递更加灵活方便。

【程序代码 eg5-10】

```python
def dis(x,y):
    print(x)
    print(y)
dis(x="hello",y="world")
dis(y="world",x="hello")
```

【运行结果】如图 5-17 所示。

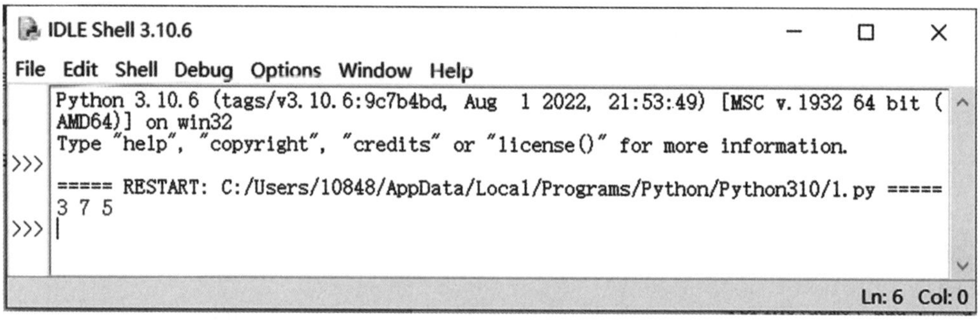

图 5-17　微实例 5-10 运行结果

【微实例 5-11】

定义一个函数，输出学生信息。

【分析】

定义一个 student(name, age, **other)函数，该函数除必选参数 name 和 age 外，还可以接收关键字参数 other。在调用该函数时，可以只传入必选参数。

【程序代码 eg5-11】

```python
def student(name,age,**other):
    print(' name:' ,name,' age:' ,age,' other:' ,other)
student(' XiaoMing' ,20)
```

【运行结果】如图 5-18 所示。

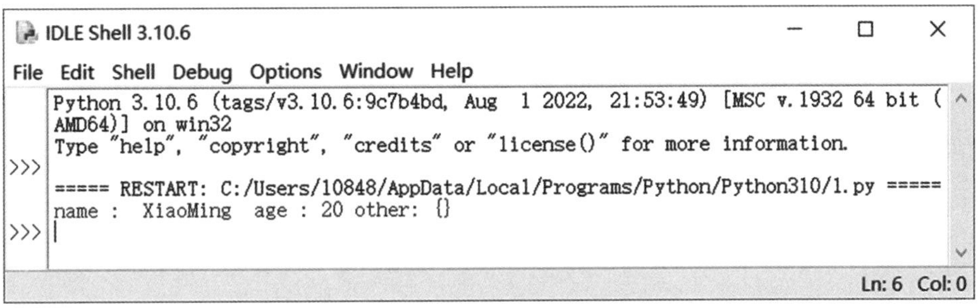

图 5-18　微实例 5-11 运行结果

4. 参数组合

在 Python 中定义函数时，必选参数、默认参数、可变参数和关键字参数都可以一起使用，需要注意的是，参数定义的顺序必须是必选参数、默认参数、可变参数和关键字参数。

5.2.2　变量的作用域与命名空间

1. 全局变量和局部变量

Python 中的变量并不是在任何位置都可以访问，访问的权限取决于变量声明的位置。变量声明的位置不同，可以访问的范围也不同。变量可被访问的范围称为变量的作用域。根据变量的作用域，变量可分为局部变量和全局变量。

在 Python 函数中定义的变量(包括形参)称为局部变量，其作用域为函数内部，在函数体外，即使使用相同名称的变量，也是另一个变量。与之相对的，在函数体外定义的变量称为全局变量，全局变量在定义后的代码中都有效，包括在全局变量之后定义的函数体内。若局部变量和全局变量重名，则在定义局部变量的函数中，只有局部变量是有效的。

2. 作用域和命名空间

在函数内定义的普通变量只在该函数内起作用，当函数运行结束后，在其内部定义的局部变量将被自动删除从而不可访问。在函数内定义的全局变量、当函数结束以后仍然存在并且可以访问。如果想要在函数内修改一个定义在函数外的变量值，那么这个变量就不能是局部变量，其作用域必须为全局的。可以在函数内通过 global 关键字来声明或定义全局变量，这分为以下两种情况。

(1)一个变量已在函数外定义，如果在函数内需要修改这个变量的值，并将这个赋值结果反映到函数之外，那么可以在函数内用 global 关键字明确声明要使用已定义的同名全局变量。

(2)在函数内直接使用 global 关键字将一个变量声明为全局变量，如果在函数外没有定义该全局变量，那么在调用这个函数之后，会自动增加新的全局变量。

函数是第一个受到不同作用域影响的对象。当执行函数时，变量名会创建自己的命名空间。那么在函数体内对该变量赋值时，就会进入函数的命名空间。此时，函数的变量就在函数的局部作用域内，由于函数体内的变量位于活动的命名空间中，因此局部作用域指明该变量只能在函数体内被引用。也就是说，函数的作用域内所定义的变量，不能被外部函数访问。因为当函数调用结束时，它的命名空间将隐藏起来。每个程序和函数都有自己的命名空间，用来定义变量的作用域。只有在当前作用域内的变量，才能在执行过程中引用。

【微实例 5-12】

局部变量和全局变量的用法。

【分析】

如果在函数内只引用某个变量的值而没有为其赋新值，则该变量为(隐式的)全局变量；如果在函数内任意位置有为变量赋值的操作，则该变量被认为是(隐式的)局部变量，除非在函数内显式地用关键字 global 进行声明。

【程序代码 eg5-12】

```
def demo():
    global x
    x=3
    y=4
    print(x,y)
x=5
demo()
```

【运行结果】如图 5-19 所示。

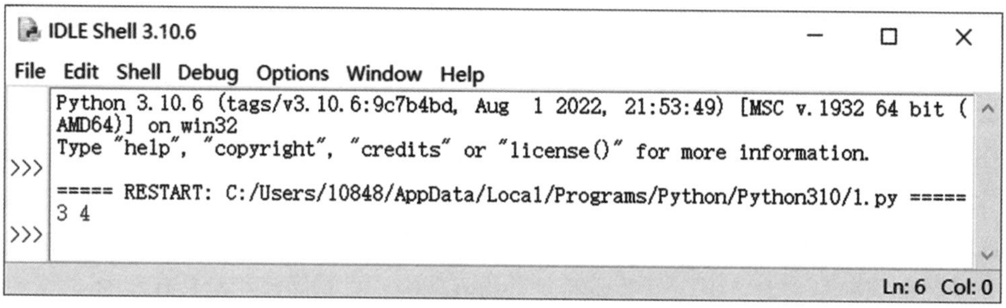

图 5-19　微实例 5-12 运行结果

如果局部变量与全局变量具有相同的名称，那么该局部变量会在自己的作用域内隐藏同名的全局变量，如果需要在同一个程序的不同模块之间共享全局变量，那么可以编写一个专门的模块来实现这一目的。例如，假设在模块 A. py 中有如下变量定义：

```
global_variable=0
```

而在模块 B. py 中使用以下语句修改该全局变量的值：

```
import A
A. global_variable=1
```

在模块 C. py 中使用以下语句来访问全局变量的值：

```
import A
print(A. global_variable)
```

一般而言，局部变量的引用速度比全局变量快，应优先考虑使用；应尽量避免过多使用全局变量，因为全局变量会增加不同函数之间的隐式耦合度，降低代码可读性，并使代码测试和纠错变得很困难。

局部变量的空间是在栈上分配的，而栈空间是由操作系统维护的，每当调用一个函数时，操作系统会为其分配一个栈帧，函数调用结束后立刻释放这个栈帧。因此，函数调用结束后，该函数内所有的局部变量都不再存在。

【微实例 5-13】

局部变量和全局变量作用域。

【分析】

在下列程序中，第 1 行定义的变量 a 为全局变量，在整个程序中都有效。第 3 行定义的变量 a 是在函数 setNumber( )中进行定义的，其和第 1 行中的全局变量 a 重名，在 set-Number( )函数体内是看不见第 1 行中的全局变量 a 的。因此，在 setNumber( )函数中，第 6 行修改变量 a 的值，只是修改了局部变量的值，并不影响全局变量 a 的值，第 10 行输出 a 的值，仍是全局变量 a 的值。第 4 行定义的变量 b 是局部变量，只在 setNumber( )函数体内有效，所以在第 11 行要输出 b 的值，程序会出错。

【程序代码 eg5-13】

```python
a=20
def setNumber():
    a=55
    b=12
    print(a)
    a=a+1
    print(a)
    print(b)
setNumber()
print(a)
print(b)
```

【运行结果】如图 5-20 所示。

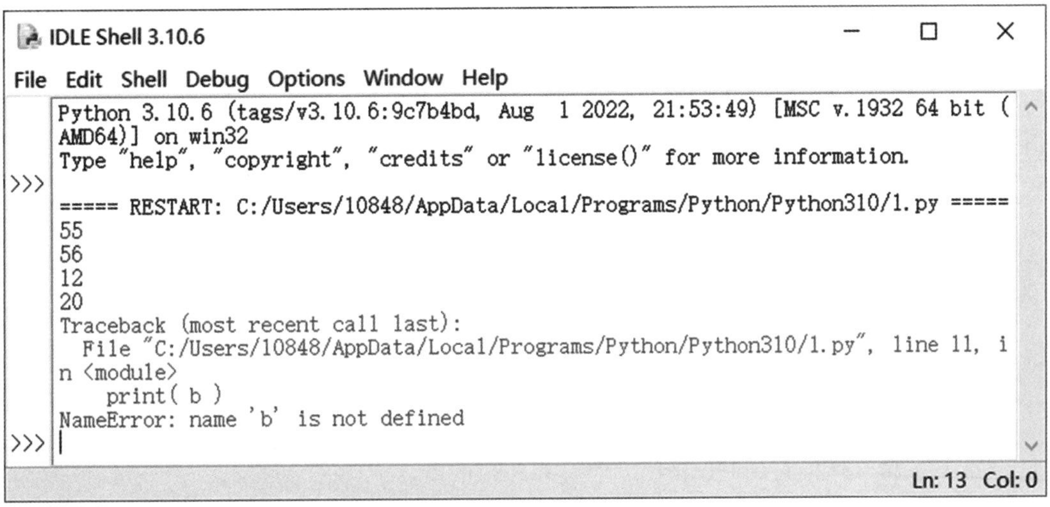

图 5-20　微实例 5-13 运行结果

二维码 5-2
案例二代码 AnLi-2

案例实现

通过案例分析，本案例采用函数设计程序，具体实现过程可以参考以下操作。

(1)定义一个主函数 demo( )。

(2)将主函数中的实参(字符串)传递给同名子函数的形参。

(3)定义返回值为数组，根据条件累加出大写或小写字母的个数。

(4)输出结果。

运行结果如图 5-21 所示。

```
IDLE Shell 3.10.6                                    —   □   ×

File  Edit  Shell  Debug  Options  Window  Help

Python 3.10.6 (tags/v3.10.6:9c7b4bd, Aug  1 2022, 21:53:49) [MSC v.1932 64 bit (
AMD64)] on win32
Type "help", "copyright", "credits" or "license()" for more information.

===== RESTART: C:/Users/10848/AppData/Local/Programs/Python/Python310/1.py =====
[1, 8]

                                                        Ln: 6  Col: 0
```

图 5-21 案例二运行结果

知识扩展

案例二实现代码中使用关系运算符判断一个字符是否为大写字母或小写字母，只是为了演示一种用法，在实际开发中还是建议使用字符串对象自身提供的 isupper( )和 islower( )函数，这样速度会更快一些。

5.3 案例三 求 fac(n)=n! 的值

案例描述

已知 n!=n*(n-1)!，求 fac(n)=n! 的值。

案例分析

当 n=4 时，调用这个函数的过程如下：

(1)fac(4)=4*fac(3)，n=4，调用函数过程 fac(3)。

(2)fac(3)=3*fac(2)，n=3，调用函数过程 fac(2)。

(3)fac(2)=2*fac(1)，n=2，调用函数过程 fac(1)。

(4)fac(1)=1，n=1，求得 fac(1)的值。

(5)fac(2)=2*1=2 回归，n=2，求得 fac(2)的值。

(6)fac(3)=3*2=6 回归，n=3，求得 fac(3)的值。

(7)fac(4)=4*6=24 回归，n=4，求得 fac(4)的值。

上面第(1)~(4)步称为递推,第(4)~(7)步称为回归。

从这个案例中可以看出,递归求解有以下两个条件。

(1)给出递归终止的条件和相应的状态。本案例中递归终止的条件是 n=1,状态是 fac(1)=1。

(2)给出递归的表述形式,并且要向着终止条件变化,在有限步骤内达到终止条件。在本案例中,当 n>1 时,给出递归的表述形式为 fac(n)=fac(n-1)*n。函数值 fac(n)用函数 fac(n-1)来表示。参数的值向减少的方向变化,在第 n 步出现终止条件 n=l。

该案例的程序流程图如图 5-22 所示。

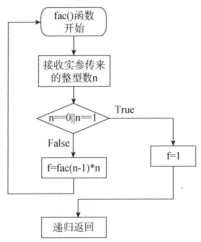

图 5-22　案例三程序流程图

在 Python 中,除了函数的嵌套调用,还存在着另一种函数调用形式:函数的递归调用。递归算法的实质是把问题分解成规模较小的同类问题的子问题,然后递归调用方法来表示问题的解。根据不同的调用方式,递归调用分为直接递归调用和间接递归调用。

直接递归调用:在函数定义的语句中,存在着调用本函数的语句。

间接递归调用:在不同的函数定义中,存在着互相调用的函数语句。

递归调用形式如图 5-23 所示。

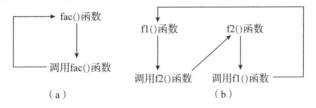

图 5-23　函数的递归调用

(a)直接递归调用;(b)间接递归调用

在 Python 中,为了防止陷入无限递归调用的状态,避免发生一些严重错误,对函数能设计成递归函数,在数学上必须具备以下两个条件。

(1)问题的后一部分与原始问题类似。

(2)问题的后一部分是原始问题的简化。

在案例三中求 n!,它满足以下两个条件。

(1)(n-1)! 与 n! 是类似的。

（2）(n-1)! 是 n! 计算的简化。

为了防止陷入无限递归调用的状态，一般要用 if 语句来控制递归过程到某一条件满足时结束。例如计算 n!，当简化到计算 1! 或 0! 时，递归结束，因为 1!=1，0!=1。因此，使用递归算法需要注意以下几点。

（1）递归就是在过程或函数里调用自身，称为递归模式。

（2）在使用递归策略时，必须有一个明确的递归结束条件，称为递归出口。

（3）每次递归调用之后越来越接近这个递归。

求 n! 的递归过程如图 5-24 所示。

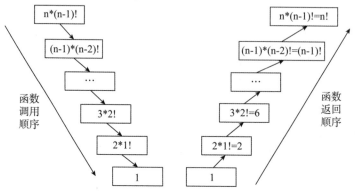

图 5-24　求 n! 的递归过程

用递归编写程序更直观、更清晰，可读性更好，更逼近数学公式的表示，能更自然地描述问题的逻辑，尤其适合非数值计算领域。但是从程序运行效率来看，递归函数在每次递归调用时都需要进行参数传递、现场保护等操作，增加了函数调用的时空开销，导致递归程序的时空效率偏低。

5.3.1　函数的递归调用

递归过程是指函数直接或间接调用自身完成某任务的过程。递归分为两类：直接递归和间接递归。直接递归就是在函数中直接调用函数自身；间接递归就是间接地调用一个函数，如第 1 个函数调用另一个函数，而该函数又调用了第 1 个函数。

函数是可以嵌套调用的，即某函数中的语句可以是对另一个函数的调用。但一定要注意，函数可以嵌套调用，但决不可以嵌套定义，即一个函数中不可以定义另一个函数，如图 5-25 所示。该写法是错误的。

```
def max(int x, int y)
    {
        …
        def add(int a, int b)
        {
            …
        }
        …
    }
```

图 5-25　函数的嵌套调用错误示意图

【微实例 5-14】

利用函数嵌套的方法实现计算算术表达式"x＝a+b*b"的值。

【分析】

用我们前面学过的知识，计算该算术表达式的值是十分容易的。首先定义 3 个变量 a、b、x，然后输入 a 和 b 的值，通过该算术表达式，即可输出 x 的值。

本例不同之处是利用函数嵌套的功能来实现计算该算术表达式的值。即首先定义一个函数 mul( )，实现 b*b，然后定义一个函数 add( )，实现 a 加上 mul( ) 函数的值，最后将 add( ) 函数的返回值赋值给 x。

本例中定义 add( ) 和 mul( ) 两个独立的函数，在 add( ) 函数的函数体内又包括了对 mul( ) 函数的调用，其嵌套调用过程如图 5-26 所示。

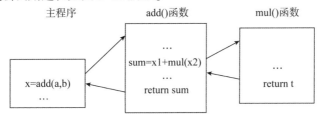

图 5-26　微实例 5-14 嵌套调用过程

函数调用过程按图中所示的方向和顺序进行，即主程序调用 add( ) 函数，add( ) 函数又调用 mul( ) 函数，每次调用后，最终返回到原调用点。

【程序代码 eg5-14】

```python
def add(x1,x2):
    sum＝x1+mul(x2)
    return sum
def mul(z):
    t＝z*z
    return t
a＝int(input('a＝'))
b＝int(input('b＝'))
x＝add(a,b)
print('x＝',x)
```

【运行结果】如图 5-27 所示。

```
IDLE Shell 3.10.6                                              —    □    ×

File  Edit  Shell  Debug  Options  Window  Help

      Python 3.10.6 (tags/v3.10.6:9c7b4bd, Aug  1 2022, 21:53:49) [MSC v.1932 64 bit (
      AMD64)] on win32
      Type "help", "copyright", "credits" or "license()" for more information.
>>>
      ===== RESTART: C:/Users/10848/AppData/Local/Programs/Python/Python310/1.py =====
      a=3
      b=5
      x= 28
>>>   |

                                                                     Ln: 8  Col: 0
```

图 5-27　微实例 5-14 运行结果

5.3.2 函数的嵌套

函数的嵌套就是在函数内再定义一个函数，定义在其他函数内的函数称为内部函数，内部函数所在的函数称为外部函数。

【微实例 5-15】

函数的嵌套。

【分析】

定义了一个函数 A(a)，在该函数内部，又定义了一个函数 B(b)。若调用函数 A(a)，将参数设为 5，即为 A(5)。

【程序代码 eg5-15】

```python
def A(a):
    print('This is A' )
    def B(b):
        print('This is B' )
        print('a+b=' ,a+b)
    B(3)
    print('over !' )
A(5)
```

【运行结果】如图 5-28 所示。

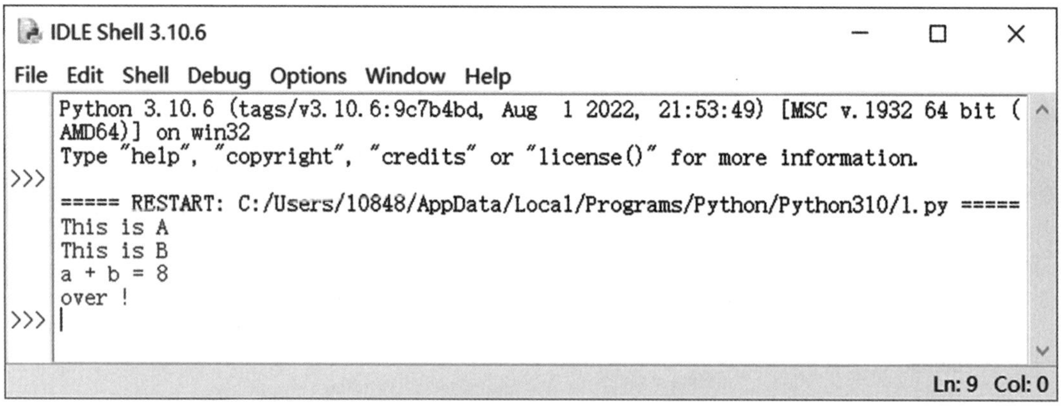

图 5-28　微实例 5-15 运行结果

5.3.3 模块

模块(Module)对应 Python 的源代码文件。在模块中可以定义变量、函数和类，多个相似的模块可以组成一个包，用户通过导入模块，可以使用模块中的变量、函数和类，从而重用其功能。因此，使用模块最大的好处就是大大提高了代码的可维护性。一个模块可以在其他地方被引用，用户在编写程序的时候，也可以引用其他模块。此外，使用模块还可以避免函数名和变量名冲突，相同名称的函数和变量完全可以分别存在不同的模块中。因此，在编写模块时，不必考虑名称会与其他模块冲突。但是，也要注意尽量不要与内置函数名称冲突。

1. 引入和创建模块

（1）引入模块。

在 Python 中，如果要引用一些内置函数，则需要使用关键字 import 来引入某个模块。import 语句的格式如下：

```
import module1[,module2[,...,moduleN]
```

例如：引入模块 math，就需要在文件最开始的地方用 import math 来引入。在调用 math 模块中的函数时，语法格式如下：

```
模块名. 函数名
```

因为当多个模块中含有相同名称的函数时，解释器无法知道到底要调用哪个函数，所以引入模块的时候，调用函数必须加上模块名。

如果需要用到模块中的某个函数，则只需要引入该函数即可，此时可以通过 from … import 语句实现，语法格式如下：

```
from modname import name1[,name2[,...,nameN ]]
```

通过这种引入方式，调用函数时只能给出函数名，不能给出模块名，但是当两个模块中含有相同名称函数的时候，后一次的引入会覆盖前一次的引入。也就是说，假如模块 A 中有函数 function( )，模块 B 中也有函数 function( )，如果引入 A 中的 function( )函数在先、引入 B 中的 function( )函数在后，那么当调用 function( )函数的时候，是去执行模块 B 中的 function( )函数。

如果想一次性引入 math 模块中所有的东西，还可以通过 from math import *来实现，但是不建议这么做。只在以下两种情况下建议这样使用：

①目标模块中的属性非常多，反复输入模块名很不方便；

②在交互式解释器中，这样可以减少使用键盘。

（2）创建模块。

在 Python 中，每个 Python 文件都可以作为一个模块，模块的名称就是文件的名称。例如，有这样一个文件 test. py，在 test. py 中定义了函数 display( )：

```
def display():
    print(" hello world ")
```

这样，在其他文件中就可以先输入 import test，然后通过 test. display( )函数来调用了，例如，在 testl. py 文件中的引入代码形式如下：

```
import display
```

当然也可以通过 from test import display 来引入。

那么，引入模块时 testl. py 文件中的代码如下：

```
# test. py
def display():
    print(" hello world ")
display()
```

在 testl. py 文件中引入模块 test：

```
#test1. py
import test
```

然后运行 test1. py，会输出"hello world"。也就是说，在用 import 引入模块时，会将引入的模块文件中的代码执行一次。但是需要注意，只在第一次引入时才会执行模块文件中的代码，因为只在第一次引入时进行加载，这样做不仅可以节约时间，还可以节约内存。

一个模块被另一个程序第一次引入时，其主程序将会运行。如果想在模块被引入时，模块中的某一程序块不执行，则可以用_name_属性来使该程序块仅在该模块自身运行时执行。

2. 模块包

包(Packages)是用来组织模块的一个目录。

为了让 Python 把这个目录当作包，目录中必须包含特殊文件_init_. py，这个文件可以是一个空文件，但也可以为包执行初始化语句或设置_all_变量。

使用语句 import PackageA. SubPackageA. ModuleA 可以从包中导入单独的模块，使用时必须用全路径名。

也可以使用它的变形语句 from PackageA. SubPackageA import ModuleA，使用时可以直接使用模块名而不用加上包前缀。

也可以直接导入模块中的函数或变量：

from PackageA. SubPackageA. ModuleA import functionA

使用 import 语句导入包的基本形式如下：

from package import item

其中，item 可以是 package 的子模块或子包，或者是其他定义在包中的一个函数、类或变量。首先检查 item 是否定义在包中，如果没找到，则认为 item 是一个模块并尝试加载它，失败时会抛出一个 ImportError 异常。

import item. subitem. subsubitem

最后一个 item 之前的 item 必须是包，最后一个 item 可以是一个模块或包，但不能是类、函数和变量。

from pacakge import *

如果包的_init_. py 定义了一个名为_all_的列表变量，那么它包含的模块名称的列表将作为被导入的模块列表；如果没有定义_all_，那么这条语句不会导入所有的 package 的子模块；它只保证包 package 被导入，然后导入定义在包中的所有名称。

二维码 5-3
案例三代码 AnLi-3

案例实现

本案例具体实现过程可以参考以下操作。

(1)当调用 fac(4) 函数时，将实参 4 传递给形参 n。

(2)判断形参是否等于 1，若此时形参不等于 1，则返回 4 * fac(3) 表达式。

(3)继续调用 fac(3) 函数时，将实参 3 传递给形参 n。

（4）判断形参是否等于1，若此时形参不等于1，则返回4＊3＊fac(2)表达式。

（5）继续调用fac(2)函数时，将实参2传递给形参n。

（6）判断形参是否等于1，若此时形参不等于1，则返回4＊3＊2＊fac(1)表达式。

（7）继续调用fac(1)函数时，将实参1传递给形参n。

（8）判断形参是否等于1，若此时形参等于1，则返回4＊3＊2＊1表达式。

运行结果如图5-29所示。

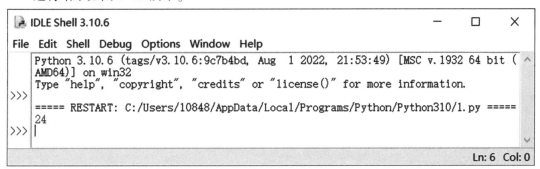

图5-29 案例三运行结果

5.4 案例四 求 lambda 表达式的应用

案例描述

求 lambda 表达式 x+y+z。

案例分析

通过以下步骤可以实现上述问题。

（1）lambda 表达式只可以包含一个表达式。

（2）在表达式中可以调用其他函数。

（3）表达式的计算结果相当于函数的返回值。

lambda 表达式常用来声明匿名函数，即没有函数名称的临时使用的函数。lambda 表达式只可以包含一个表达式，不允许包含其他复杂的语句，但在表达式中可以调用其他函数，并支持默认参数和关键字参数，该表达式的计算结果相当于函数的返回值。

知识扩展

在使用 lambda 表达式时，要注意变量作用域可能会带来的问题，例如，代码中变量 x 是在外部作用域中定义的，对 lambda 表达式而言不是局部变量，从而导致出现了错误。

二维码5-4
案例四代码 AnLi-4

案例实现

本案例具体实现过程可以参考以下操作。

（1）定义不同形式的函数实参。

（2）调用 lambda 表达式 x+y+z。

（3）返回函数值。

运行结果如图 5-30 所示。

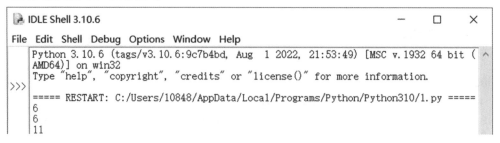

图 5-30　案例四运行结果

5.5　二级真题测试

二维码 5-5
二级真题测试

5.6　实　训

5.6.1　实训一　查找问题

在数组中进行查找是数组经常用到的一种操作。在给定的一个数组中，实现对某个数值 x 的查找，可以采用顺序查找和折半查找两种方式进行。

5.6.2　实训二　排序问题

对给定的数组元素进行排序，可利用选择排序、冒泡排序方法实现。

5.6.3　实训三　水仙花数问题

打印出所有的水仙花数。所谓水仙花数是指一个 3 位数，其各位数字的立方和等于该数本身。例如，153 是一个水仙花数，因为 $153 = 1^3 + 5^3 + 3^3$。代码中，函数 shui( ) 用于判断 n 是否是水仙花数，若是，则返回 1；否则返回 0。

5.6.4　实训四　年龄问题

已知有 5 位朋友：第 5 位朋友说自己比第 4 个人大 2 岁；第 4 个人说自己比第 3 个人大 2 岁；第 3 个人说自己比第 2 个人大 2 岁；第 2 个人说自己比第 1 个人大 2 岁；第 1 个人 10 岁。编程求第 5 个人（第 5 位朋友）的年龄。

第6章
组合数据类型

Python 中数据类型可以分为数值型和非数值型。数值型包括整型（int）、浮点型（float）、布尔型（bool）、复数（complex），主要用于科学计算，如平面场问题、波动问题、电感电容等问题；非数值型包括字符串（string）、列表（list）、元组（tuple）、字典（dict）、集合（set）。

在 Python 中，非数值型变量中的列表、元组、字典和集合是内置的组合数据类型，可以实现复杂的数据处理。其中，列表和元组属于有序序列，支持双向索引；字典和集合属于无序序列，不能通过索引访问。

学习目标

（1）了解 Python 的组合数据类型。

（2）了解列表、元组、字典和集合的概念。

（3）理解列表、元组、字典和集合的作用。

（4）掌握列表、元组、字典和集合的基本操作。

（5）熟练使用列表、元组、字典和集合解决相关问题。

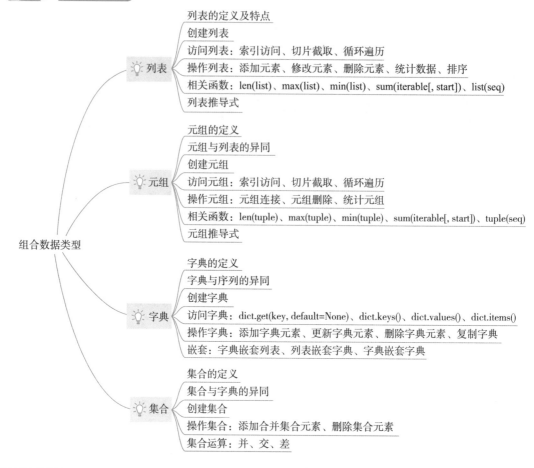

思维导图

组合数据类型

- 列表
  - 列表的定义及特点
  - 创建列表
  - 访问列表：索引访问、切片截取、循环遍历
  - 操作列表：添加元素、修改元素、删除元素、统计数据、排序
  - 相关函数：len(list)、max(list)、min(list)、sum(iterable[, start])、list(seq)
  - 列表推导式

- 元组
  - 元组的定义
  - 元组与列表的异同
  - 创建元组
  - 访问元组：索引访问、切片截取、循环遍历
  - 操作元组：元组连接、元组删除、统计元组
  - 相关函数：len(tuple)、max(tuple)、min(tuple)、sum(iterable[, start])、tuple(seq)
  - 元组推导式

- 字典
  - 字典的定义
  - 字典与序列的异同
  - 创建字典
  - 访问字典：dict.get(key, default=None)、dict.keys()、dict.values()、dict.items()
  - 操作字典：添加字典元素、更新字典元素、删除字典元素、复制字典
  - 嵌套：字典嵌套列表、列表嵌套字典、字典嵌套字典

- 集合
  - 集合的定义
  - 集合与字典的异同
  - 创建集合
  - 操作集合：添加合并集合元素、删除集合元素
  - 集合运算：并、交、差

6.1 案例一 学生成绩管理

 案例描述

从键盘上输入学生成绩信息，利用列表进行存储，并完成以下操作。

（1）创建一个空列表 student。

（2）根据提示信息"请输入第＊个学生成绩："，从键盘输入 10 个学生的成绩 80，95，75，60，89，92，71，63，50，66，存入列表 student。

（3）利用循环依次遍历列表中所有成绩信息，并输出"10 名学生的成绩为：80 95 75 60 89 92 71 63 50 66"。

（4）输出第 1，3，5，7，9 个学生的成绩。

（5）在第 6 个学生成绩前插入两个新的成绩：75，90，在最后一个学生成绩前插入一个新成绩 63，并输出列表中的所有数据。

（6）将第 1 个学生的成绩由"80"改为"85"，并输出列表中的所有数据。

（7）删除列表中第 4 个学生的成绩，并输出列表中的所有数据。

（8）删除列表中成绩与"63"匹配的第 1 个数据，并输出列表中的所有数据。

（9）删除列表中最后一个数据，如果删除的数据是"66"，则显示"删除成功！"；否则显示"删除错误!",然后输出列表中的所有数据。

（10）统计成绩是 75 分的学生人数,并找出第 1 个 75 分是列表中的第几个元素,然后输出列表中的所有数据。

（11）将成绩按由高分到低分的顺序排列,并输出排序结果。

（12）显示成绩是 85 分的学生的排名。

（13）统计列表中一共记录了多少个学生成绩。

（14）显示学生分数排在前 3 名的成绩。

（15）统计学生成绩的最高分、最低分、平均分。

（16）显示出分数相同的成绩。

（17）显示出大于等于 90 分的成绩。

（18）统计成绩为良好(80~89 分)的学生人数。

案例分析

通过以下步骤可以实现上述问题。

（1）定义空列表 student。

（2）通过 for 循环,利用 append( )方法完成列表数据元素的添加。

（3）通过运用访问列表、更新列表、删除列表元素、统计数据、排序等相关函数以及列表推导式完成对列表的操作。

6.1.1　列表概述

在计算机程序中通常要存储并处理大量的数据,这些数据之间可能会存在某种直接或间接的联系。例如,要存储并处理 600 名学生的成绩,每名学生要学习 10 门课程,那么就需要 6 000 个变量来存储这些数据,很显然不可能定义 6 000 个变量,因此就要用到列表(List)这种数据类型。

1. 列表的定义

列表是 Python 中最常用的数据类型,类似其他语言的数组,但功能更为强大。

列表属于序列类型,是由 0 个或多个元素组成的有序序列,列表中的元素都放在一对方括号中,元素之间用逗号分隔。列表中的每个元素相当于一个变量,因此列表可以存储大量数据,如[1, 2, 3, 4, 5, 6]。

2. 列表的特点

（1）有序。

列表中元素之间存在顺序关系,所以列表中的不同位置可以存放相同的元素。

（2）可变。

列表的内容和长度是可变的,可以根据需要对列表中的元素进行添加、替换或删除等操作。

（3）元素类型可不同。

列表的元素可以是不同的数据类型。

（4）利用下标进行索引。

列表中的元素都对应一个数字，表示该元素在列表中的位置，也称为索引或下标。通常第1个元素的索引为0，第2个元素的索引为1，依次类推。

6.1.2 创建列表

列表必须通过显式的赋值方式进行创建，语法格式如下：

列表名称=[元素1,元素2,元素3,...]

其中，元素可以是整数、实数、字符串等基本类型，也可以是列表、元素、集合及其他定义类型的对象。

创建列表的方法如表6-1所示。

表6-1　创建列表的方法

创建列表的方法	说明
创建空列表	可以用一个空方括号创建一个空列表，如 list1=[]
创建都是整数的列表	列表中的每个元素都是整数
创建都是字符串的列表	列表中的每个元素都是字符串
创建包含不同数据类型的列表	列表中的每个元素可以具有不同的数据类型
创建多维列表	多维列表可以看作是列表的嵌套，即二维列表的元素值是一维列表，三维列表的元素值是二维列表 例如，定义一个二维列表：列表名[[], [], []] 二维列表的索引比一维列表多一个：列表名[索引1][索引2]

【微实例 6-1】

创建空列表 list1、整数列表 list2、记录颜色的列表 list3、包含不同数据类型的列表 list4、记录课程编号和课程名称的二维列表 list5，并输出以上各列表的内容。

【分析】

根据要求创建列表，注意列表中元素间用逗号分隔。

【程序代码 eg6-1】

```
list1=[]
list2=[1,2,3,4,5]
list3=["red","organge","yellow","green","cyan","blue","purple"]
list4=[1,"Python",3. 14,[1,2,3]]
list5=[[' 01' ,' Python 语言' ],[' 02' ,' C 语言' ],[' 03' ,' Java 语言' ]]
print("list1=",list1,"\n","list2=",list2,"\n","list3=",list3,"\n","list4=",list4,"\n","list5=",list5,"\n",)
```

【运行结果】如图6-1所示。

图 6-1　微实例 6-1 运行结果

Python 存储变量的方法跟其他语言不同，Python 变量保存的是值的引用，变量是对内存及其地址的抽象，即变量存储的只是一个变量的值所在的内存地址，而不是这个变量的值本身。

```
>>> x=[1,2,3]
>>> y=x
>>> x=[4,5,6]
>>> print(' x=',x,' \ny=',y)
x=[4,5,6]
y=[1,2,3]
```

上述代码中，赋值语句 x=[1，2，3]给变量 x 建立了一个到[1，2，3]的引用，可以理解为给[1，2，3]贴上了一个标签 x。

赋值语句 y=x 将 y 和 x 指向了同一个到[1，2，3]的引用。

赋值语句 x=[4，5，6]给变量 x 赋了一个新值，相当于给变量 x 建立了一个到[4，5，6]新的引用，可以理解为把 x 这个标签从原来的[1，2，3]上拿下来，贴到其他对象[4，5，6]上，建立新的引用。因此，最终变量 x 和 y 的值是不同的。

6.1.3　访问列表

如果想获取列表中的内容，则可以通过列表的索引访问，也可以通过切片的形式截取，或者使用循环结构遍历，访问方法如表 6-2 所示。

表 6-2　访问列表的方法

访问列表的方法	说明
使用索引访问	列表名[索引取值] 索引的取值一般从 0 开始，代表列表中的第 1 个元素，依次类推，索引的取值为 n-1 时，代表列表中第 n 个元素 索引的取值也可以是负数，通常-1 代表列表中的最后一个元素，-2 代表倒数第 2 个元素，以此类推
使用切片 截取子列表	列表名[i: j]：代表获取列表中索引从 i 开始、至索引为 j-1 的元素 列表名[i: j: k]：代表获取列表中索引从 i 开始、至索引为 j-1、以步数为 k 的元素、k 省略时默认为 1 列表名[:]：代表获取列表中所有元素 列表名[: i]：代表获取列表中从头开始至索引为 i-1 的元素 列表名[i:]：代表获取列表中从索引为 i 的元素开始至列表末尾的元素
使用循环结构 遍历列表	列表中通常包含多个元素，如果需要逐个获取列表中的每个元素，则可以使用循环结构(for 循环或 while 循环)遍历列表 使用 while 循环时，需要事先确定列表的长度，将其作为循环结束的条件。确定列表长度需要使用函数 len(列表名)

【微实例 6-2】

获取列表 list2 中第 1 个元素、最后 1 个元素、第 6 个元素；获取列表 list4 中第 2 个元素中的第 2 个元素；获取二维列表 list5 中第 2 个元素中的第 1 个元素，输出原列表以及经过上述操作后的结果，最后输出列表 list2 中第 6 个元素。

【分析】

list4 的元素包含不同的数据类型，list4[1]获取的是 list4 中索引为 1 的元素"Python"，该元素是一个字符串，也是一个序列类型。List4[1][1]获取的是元素"Python"中索引为 1 的元素"y"。

list5 是二维列表，存放课程编号和课程名称，通过使用多个方括号组合，获取列表中元素。list5[1]获取的是 list5 中索引为 1 的元素['02','C 语言']，这个元素也是一个列表。list5[1][0]获取的是元素['02','C 语言']中索引为 0 的元素"02"。

【程序代码 eg6-2】

```
list2=[1,2,3,4,5]
list3=["red","organge","yellow","green","cyan","blue","purple"]
list4=[1,"Python",3.14,[1,2,3]]
list5=[['01','Python 语言'],['02','C 语言'],['03','Java 语言']]
print("list2=",list2,"\n","list3=",list3,"\n","list4=",list4,"\n","list5=",list5,"\n",)
print("list2[0]=",list2[0])
print("list2[-1]=",list2[-1])
print("list4[1][1]=",list4[1][1])
print("list5[1][0]=",list5[1][0])
print("list2[5]=",list2[5])
```

【运行结果】如图 6-2 所示。

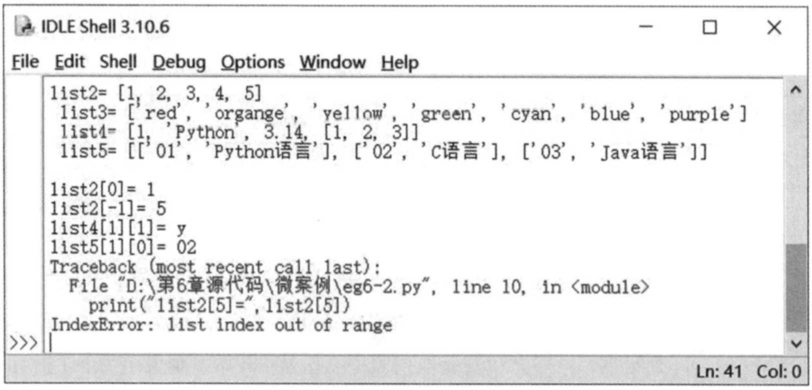

图 6-2 微实例 6-2 运行结果

知识扩展

list2 一共有 5 个元素，索引的最大取值为 4，程序中要获取列表中索引为 5 的元素时，Python 编译环境会抛出异常提示"IndexError：list index out of range"，代表列表索引超出范围。

【思考】

print("list5[1][1][1]=", list5[1][1][1])的输出结果是什么？

```
>>> print("list5[1][1][1]=",list5[1][1][1])
list5[1][1][1]=语
```

【微实例 6-3】

针对列表 list3，通过切片完成以下操作，输出原列表以及经过操作后的结果。

（1）获取列表 list3 第 2~5 个的元素。

（2）获取列表 list3 中从第 2 个元素开始至第 5 个元素结束，并且步长为 2 的元素。

（3）获取列表 list3 中的所有元素。

（4）获取列表中从第 1 个元素开始至第 3 个元素结束的元素。

（5）获取列表 list3 中从第 4 个元素开始至列表末尾的元素。

（6）获取列表 list3 中从第 1 个元素开始至最后 1 个元素结束，并且步长为 2 的元素。

【分析】

list3 = ["red","organge","yellow","green","cyan","blue","purple"]

列表	red	organge	yellow	green	cyan	blue	purple
索引	0	1	2	3	4	5	6
	−7	−6	−5	−4	−3	−2	−1

（1）list3[1：5]代表获取列表 list3 中索引从 1 开始到索引为 4 的元素。

列表	red	organge	yellow	green	cyan	blue	purple
索引	0	1	2	3	4	5	6
	−7	−6	−5	−4	−3	−2	−1

（2）list3[1：5：2]代表获取列表 list3 中索引从 1 开始至索引为 4，并且以 2 为步长的元素，即索引为 1、3 的元素的内容，也可说是获取第 2 个、第 4 个元素。

列表	red	organge	yellow	green	cyan	blue	purple
索引	0	1	2	3	4	5	6
	−7	−6	−5	−4	−3	−2	−1

（3）list3[：]代表获取列表 list3 中所有的元素。

列表	red	organge	yellow	green	cyan	blue	purple
索引	0	1	2	3	4	5	6
	−7	−6	−5	−4	−3	−2	−1

（4）list3[：3]代表获取 list3 中索引从 0 开始至索引为 2 的元素。

列表	red	organge	yellow	green	cyan	blue	purple
索引	0	1	2	3	4	5	6
	−7	−6	−5	−4	−3	−2	−1

（5）list3[3：]代表获取 list3 中索引从 3 开始至列表末尾的元素。

列表	red	organge	yellow	green	cyan	blue	purple
索引	0	1	2	3	4	5	6
	−7	−6	−5	−4	−3	−2	−1

(6) list3[∶∶2]代表获取 list3 中索引从 0 开始至列表末尾，并且步长为 2 的元素。

列表	red	organge	yellow	green	cyan	blue	purple
索引	0	1	2	3	4	5	6
	−7	−6	−5	−4	−3	−2	−1

【程序代码 eg6-3】

```
list3=["red","organge","yellow","green","cyan","blue","purple"]
print(' list3[1:5]=',list3[1:5])
print(' list3[1:5:2]=',list3[1:5:2])
print("list3[:]=",list3[:])
print("list3[:3]=",list3[:3])
print("list3[3:]=",list3[3:])
print("list3[::2]=",list3[::2])
```

【运行结果】如图 6-3 所示。

```
IDLE Shell 3.10.6                                    —   □   ×
File  Edit  Shell  Debug  Options  Window  Help
list3[1:5]= ['organge', 'yellow', 'green', 'cyan']
list3[1:5:2]= ['organge', 'green']
list3[:]= ['red', 'organge', 'yellow', 'green', 'cyan', 'blue', 'purple']
list3[:3]= ['red', 'organge', 'yellow']
list3[3:]= ['green', 'cyan', 'blue', 'purple']
list3[::2]= ['red', 'yellow', 'cyan', 'purple']
>>>
                                                         Ln: 77  Col: 0
```

图 6-3　微实例 6-3 运行结果

知识扩展

```
>>> print(' list3[-5:-1]=',list3[-5:-1])
list3[-5:-1]=[' yellow',' green',' cyan',' blue']
```

上述代码中，list3[−5∶−1]代表获取列表 list3 中索引从−5 开始到索引为−2 的元素，即从倒数第 5 个元素至倒数第 2 个元素。

列表	red	organge	yellow	green	cyan	blue	purple
索引	0	1	2	3	4	5	6
	−7	−6	−5	−4	−3	−2	−1

注：列表的索引也可以正负数混合使用。

```
>>> print(' list3[0:-1]=',list3[0:-1])
list3[0:-1]=[' red',' organge',' yellow',' green',' cyan',' blue']
```

上述代码中，list3[0∶−1]代表获取列表 list3 中索引从 0 开始到索引为−2 的元素，即从第 1 个元素至倒数第 2 个元素。

列表	red	organge	yellow	green	cyan	blue	purple
索引	0	1	2	3	4	5	6
	−7	−6	−5	−4	−3	−2	−1

【思考】

(1) print('list3[1：5：1]='，list3[1：5：1])的结果是什么？

```
>>> print(' list3[1:5:1]=' ,list3[1:5:1])
list3[1:5:1]=[' organge' ,' yellow' ,' green' ,' cyan' ]
```

(2) print("list3[-3：]="，list3[-3：])的结果是什么？

```
>>> print("list3[-3:]=",list3[-3:])
list3[-3:]=[' cyan' ,' blue' ,' purple' ]
```

(3) print("list3[：：-2]="，list3[：：-2])的结果是什么？

```
>>> print("list3[::-2]=",list3[::-2])
list3[::-2]=[' purple' ,' cyan' ,' yellow' ,' red' ]
```

【微实例 6-4】

分别使用 for 循环和 while 循环逐一输出列表 list3 中的所有内容。

【分析】

列表 list3 作为 for 循环结构的循环序列，依次将 list3 中的每一个元素赋给循环变量 color，并输出。

利用 len(list3) 可以获取列表 list3 中元素的个数。

【程序代码 eg6-4】

```
list3=["red","organge","yellow","green","cyan","blue","purple"]
print("使用 for 循环遍历列表 list3")
for color in list3:
    print(color,end=" ")
print()
print("使用 while 循环遍历列表 list3")
i=0
while i< len(list3):
    print(list3[i],end=" ")
    i+=1
```

【运行结果】如图 6-4 所示。

图 6-4　微实例 6-4 运行结果

6.1.4　操作列表

1. 向列表中添加元素

在使用列表的过程中可以使用 append()、extend()、insert() 等方法向列表中添加元素，可以用 clear( )方法清空列表，如表 6-3 所示。

表 6-3　向列表中添加元素、清空列表的方法

方法	说明	返回值
list. append(obj)	修改原列表，将元素 obj 添加到列表 list 末尾 obj：代表要添加的新元素 list：代表列表名	无
list. extend(seq)	修改原列表，使用 seq 在列表 list 末尾扩展原列表 seq：代表序列，即该方法的参数及语法说明只能是 序列类型中的一种	无
list. insert(index，obj)	修改原列表，在指定的位置 index 插入对象 obj index：代表要插入的位置索引 obj：代表要插入列表中的对象	无
list. clear( )	清空列表 list	无

【微实例 6-5】

针对列表 list2=[1，2，3，4，5]完成以下操作，输出原列表以及经过操作后的结果。

（1）向列表中追加数字"6"。

（2）向上一步操作后的列表中追加列表[7，8，9]。

（3）使用新列表[10，11，12]扩展上一步操作后的列表。

（4）使用字符串"abc"扩展上一步操作后的列表。

（5）在上一步操作后的列表第 2 个元素前插入单个字符'd'。

（6）在上一步操作后的列表第 2 个元素前插入字符串"edf"。

（7）在上一步操作后的列表第 2 个元素前插入列表[13，14，15]。

（8）将字符串"good"插入上一步操作后的列表。

（9）将新列表[16，17]插入上一步操作后的列表。

【分析】

（1）append( )方法的主要作用是在列表末尾添加新的元素，且只能在列表末尾添加元素。

（2）将列表[7，8，9]看作一个整体，作为新的元素，添加到列表 list2 的末尾，即列表 list2 的最后一个元素也是一个列表。

（3）extend(seq)方法的主要作用是使用新序列扩展原来的列表，即在列表末尾一次性追加另一个序列中的多个值。将列表[10，11，12]中的 3 个元素依次追加到列表 list2 中，新列表[10，11，12]中的每个元素分别作为列表 list2 的一个元素。

（4）将字符串"abc"中的每一个字符依次追加到列表 list2 中，构成字符串的每一个字符分别作为列表 list2 的一个元素。

（5）insert(index，obj)方法的主要作用是在指定的位置插入对象。在列表索引为 1 的位置，插入字符'd'。

（6）在列表索引为 1 的位置，将字符串"edf"作为一个整体插入原列表，成为其一个

元素。

（7）在列表索引为 1 的位置，将列表［13，14，15］作为一个整体插入原列表，成为其一个元素。

（8）利用切片赋值可以实现在列表的指定位置插入新的元素。［1：1］代表在列表 list2 索引为 1 开始的位置进行赋值，将字符串"good"中的每一个字符作为一个新的元素，插入列表 list2。

（9）［1：1］代表在列表 list2 索引为 1 开始的位置进行赋值，将列表［16，17］中的每一个元素分别作为一个新的元素，插入列表 list2。

【程序代码 eg6-5】

```
list2=[1,2,3,4,5]
print("list2=",list2)
list2. append(6)
print("list2. append(6)=",list2)
list2. append([7,8,9])
print("list2. append([7,8,9])=",list2)
list2. extend([10,11,12])
print("list2. extend([10,11,12])=",list2)
list2. extend("abc")
print("list2. extend(' abc' )=",list2)
list2. insert(1,' d' )
print("list2. insert(1,' d' )=",list2)
list2. insert(1,"edf")
print("list2. insert(1,' edf' )=",list2)
list2. insert(1,[13,14,15])
print("list2. insert(1,[13,14,15])=",list2)
list2[1:1]="good"
print("list2[1:1]=' good' =",list2)
list2[1:1]=[16,17]
print("list2[1:1]=[16,17]=",list2)
```

【运行结果】如图 6-5 所示。

```
IDLE Shell 3.10.6                                              —    □    ×
File  Edit  Shell  Debug  Options  Window  Help
list2= [1, 2, 3, 4, 5]
list2. append(6)= [1, 2, 3, 4, 5, 6]
list2. append([7,8,9])= [1, 2, 3, 4, 5, 6, [7, 8, 9]]
list2. extend([10,11,12])= [1, 2, 3, 4, 5, 6, [7, 8, 9], 10, 11, 12]
list2. extend(' abc' )= [1, 2, 3, 4, 5, 6, [7, 8, 9], 10, 11, 12, 'a', 'b', 'c']
list2. insert(1,' d' )= [1, 'd', 2, 3, 4, 5, 6, [7, 8, 9], 10, 11, 12, 'a', 'b', 'c']
list2. insert(1,' edf' )= [1, 'edf', 'd', 2, 3, 4, 5, 6, [7, 8, 9], 10, 11, 12, 'a', 'b', 'c']
list2. insert(1,[13,14,15])= [1, [13, 14, 15], 'edf', 'd', 2, 3, 4, 5, 6, [7, 8, 9], 10, 11, 12, 'a', 'b', 'c']
list2[1:1]=' good' = [1, 'g', 'o', 'o', 'd', [13, 14, 15], 'edf', 'd', 2, 3, 4, 5, 6, [7, 8, 9], 10, 11, 12, 'a', 'b', 'c']
list2[1:1]=[16,17]= [1, 16, 17, 'g', 'o', 'o', 'd', [13, 14, 15], 'edf', 'd', 2, 3, 4, 5, 6, [7, 8, 9], 10, 11, 12, 'a', 'b', 'c']
>>>
                                                                    Ln: 15  Col: 0
```

图 6-5　微实例 6-5 运行结果

2. 更新列表中的元素

在使用列表的过程中，如果需要修改其中的内容，则可通过列表索引定位到要修改的位置，采用赋值的方式进行修改。

（1）一次修改一个元素。

可以利用索引的方式实现一次修改列表中的一个元素。

（2）一次修改多个元素。

可以利用切片的方式实现一次修改列表中的多个元素，修改时，遵循"多增少减"的原则。

【微实例 6-6】

针对列表 list5 = [['01'，'Python 语言']，['02'，'C 语言']，['03'，'Java 语言']] 完成以下操作，输出原列表以及经过操作后的结果。

（1）修改列表索引为[1][1]的一个元素。

（2）修改列表从索引为 1 开始至列表结束位置的元素，修改其内容为[['02'，'大学计算机基础']，['03'，'数据库原理']，['04'，'操作系统']]。

（3）修改列表从索引为 1 开始至索引为 2 位置的元素，修改其内容为['05'，'计算机网络']。

【分析】

（1）修改列表 list5 中索引为[1][1]的元素，即 list5 中第 2 个元素['02'，'C 语言']中'C 语言'的内容，将其修改为"C++语言"。

（2）[1:]代表在列表 list5 中索引为 1 开始至列表结束位置的元素，列表 list5 中原来有 3 个元素，修改后变为 4 个元素，Python 的编译系统并不会报错。

（3）[1：3]代表在列表 list5 中从索引为 1 开始至索引为 2 位置的元素，列表 list5 中原来有 4 个元素，修改后变为 3 个元素，Python 的编译系统并不会报错。

【程序代码 eg6-6】

```
list5=[[' 01',' Python 语言'],[' 02',' C 语言'],[' 03',' Java 语言']]
print("list5=",list5)
list5[1][1]="C++语言"
print("list5[1][1]=;C++语言;=",list5)
list5[1:]=[[;02;,;大学计算机基础;],[;03;,;数据库原理;],[;04;,;操作系统;]]
print("list5[1:]=[[;02;,;大学计算机基础;],[;03;,;数据库原理;],[;04;,;操作系统;]]=",list5)
list5[1:3]=[[;05;,;计算机网络;]]
print("list5[1:3]=[[;05;,;计算机网络;]]=",list5)
```

【运行结果】如图 6-6 所示。

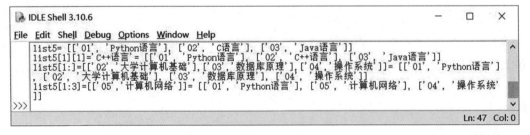

图 6-6　微实例 6-6 运行结果

3. 删除列表中的元素

可以通过 del 命令，remove( )、pop( ) 删除列表中的元素，如表 6-4 所示。此外，用切片赋值方式也可以删除列表中的元素。

表 6-4 删除列表元素的命令、方法

方法	说明	返回值
del list[index]	将索引为 index 的元素从列表 list 中移除，若索引不存在，则会抛出异常信息 list：代表字典名 　index：代表列表的索引，索引可以是 1 个或多个 [index][index]。当 [index]省略时，代表删除整个列表	无
list. remove(obj)	将第 1 个和 obj 匹配的元素从列表 list 中移除，若元素不存在，则抛出异常信息 　obj：代表要从列表中删除的对象 　list：代表列表名	无
list. pop(index)	删除列表中的一个元素（当省略参数及语法说明 index 时，默认删除列表中最后一个元素） 　index：代表要删除的元素的索引，可以省略，不能超过列表总长度，默认为 index=-1 　list：代表列表名	返回被删除的元素

【微实例 6-7】

针对列表 list5 和 list6 完成以下操作，输出原列表以及经过操作后的结果。

（1）list6 = [1，2，3，4，5，3，6，7，3，8，9，6]

①删除一维列表中第 1 个与"3"匹配的元素。

②删除列表最后一个元素，并显示该元素。

③删除列表中第 2 个元素，并显示该元素。

④删除列表中第 6~9 个元素。

（2）list5 = [['01'，'Python 语言']，['02'，'C 语言']，['03'，'Java 语言']，['04'，'大学计算机基础']]

①删除列表中第 2 个元素。

②删除二维列表中元素为['04'，'大学计算机基础']的内容。

③删除列表中的所有元素。

④删除整个列表。

【分析】

（1）remove( )方法的主要作用是将列表中出现的第 1 个匹配对象从列表中删除。列表 list6 中一共有 3 个"3"，list6. remove(3)方法删除列表 list6 中第 1 个与"3"匹配的元素。

（2）pop( )方法的主要作用是删除列表中的一个元素（当省略参数及语法说明 index 时，默认删除列表中最后一个元素），并且返回该元素的值。

（3）利用切片赋值可以实现删除列表指定位置的元素。将列表 list6 中索引为 5~8 的元素赋值为空列表，从而实现删除该位置的元素。

（4）列表的第 2 个元素为索引为 1 的元素。

（5）利用 remove( )方法可删除列表 list5 中内容为['04'，'大学计算机基础']的元素。

（6）利用切片可删除列表中的所有元素，相当于清空列表，也可使用 list. clear( )方法清空列表。

（7）列表 list5 被删除了，所以异常提示信息显示该列表未被定义。

【程序代码 eg6-7】

```
list6=[1,2,3,4,5,3,6,7,3,8,9,6]
print("list6=",list6)
list6. remove(3)
print("list6. remove(3)=",list6)
print("list6. pop()=",list6. pop(),"\nlist6. pop()执行后 list6=",list6)
print("list6. pop(1)=",list6. pop(1),"\nlist6. pop(1)执行后 list6=",list6)
list6[5:9]=[]
print("list6[5:9]=[]=",list6)
list5=[['01','Python 语言'],['02','C 语言'],['03','Java 语言'],['04','大学计算机基础']]
print("list5=",list5)
del list5[1]
print("del list5[1]=",list5)
list5. remove(['04','大学计算机基础'])
print("list5. remove(['04','大学计算机基础'])=",list5)
del list5[:]
print("del list5[:]=",list5)
del list5
print("list5=",list5)
```

【运行结果】如图 6-7 所示。

```
IDLE Shell 3.10.6                                          —    □    ×
File  Edit  Shell  Debug  Options  Window  Help
list6= [1, 2, 3, 4, 5, 3, 6, 7, 3, 8, 9, 6]
list6. remove(3)= [1, 2, 4, 5, 3, 6, 7, 3, 8, 9, 6]
list6. pop()= 6
list6. pop()执行后list6= [1, 2, 4, 5, 3, 6, 7, 3, 8, 9]
list6. pop(1)= 2
list6. pop(1)执行后list6= [1, 4, 5, 3, 6, 7, 3, 8, 9]
list6[5:9]=[]= [1, 4, 5, 3, 6]
list5= [['01', 'Python语言'], ['02', 'C语言'], ['03', 'Java语言'], ['04', '大学计算机基础']
del list5[1]= [['01', 'Python语言'], ['03', 'Java语言'], ['04', '大学计算机基础']]
list5. remove(['04', '大学计算机基础'])= [['01', 'Python语言'], ['03', 'Java语言']]
del list5[:]= []
Traceback (most recent call last):
  File "D:\第6章源码\微案例\eg6-7.py", line 18, in <module>
    print("list5=", list5)
NameError: name 'list5' is not defined. Did you mean: 'list6'?
>>>                                                        Ln: 63  Col: 62
```

图 6-7　微实例 6-7 运行结果

【思考】

如何删除列表中所有与待删除内容匹配的元素？示例代码如下：

```
>>> list6=[1,2,3,4,5,3,6,7,3,8,9,6]
>>> while 3 in list6:
>>> list6. remove(3)
>>> print("list6=",list6)
list6=[1,2,4,5,6,7,8,9,6]
```

4. 查询统计列表中的元素

可以使用 index( )、count( )方法在列表中查找某个元素，并统计某个元素在列表中出现的次数，如表 6-5 所示。

表 6-5　查询统计列表元素的方法

方法	说明	返回值
list. index (x[，start[，end]])	在列表 list 中找出与 x 第 1 个匹配的元素的索引，若没有找到该对象，则抛出异常 x：代表查找的对象 start：代表查找的起始位置，可选参数 end：代表查找的结束位置，可选参数 list：代表列表名	返回查找对象的索引
list. count(obj)	统计列表 list 中元素 obj 出现的次数 obj：代表要从列表中删除的对象 list：代表列表名	返回 obj 在列表中出现的次数

【微实例 6-8】

针对列表 list6=[1，2，3，4，5，3，6，7，3，8，9，6]完成以下操作，输出原列表以及经过操作后的结果。

(1)获取列表中元素为"3"的索引值。

(2)获取元素"6"在列表中出现的次数。

【分析】

(1)在列表 list6 中，存在多个元素"3"，当使用 index( )方法查找元素"3"时，返回列表中出现的第 1 个"3"的索引值 2。

(2)count( )方法的主要作用是统计列表中某个元素出现的次数。

【程序代码 eg6-8】

```
list6=[1,2,3,4,5,3,6,7,3,8,9,6]
print("list6=",list6)
print("list6. index(3)=",list6. index(3))
print("元素{0}在列表中出现的次数:{1}". format(6,list6. count(6)))
```

【运行结果】如图 6-8 所示。

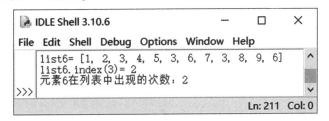

图 6-8　微实例 6-8 运行结果

5. 对列表内容进行排序

对列表元素进行排序的常用方法和函数如表 6-6 所示。

表 6-6　对列表元素进行排序的常用方法和函数

方法或函数	说明	返回值
list. reverse( )	修改原列表，将列表 list 中的内容进行逆序操作 list：代表列表名	无
list. sort([cmp = None] [, key = None] [, reverse = False])	修改原列表，对列表 list 中元素进行排序 　cmp：可选参数及语法说明，如果指定了该参数及语法说明，则会使用该参数及语法说明的方法进行排序 　key：可选参数及语法说明，代表按 key 指定的关键字进行排序，key 通常是一个 lambda 表达式，也可以是事先定义好的函数，key 后指定函数名 　reverse：可选参数及语法说明，代表排序规则，reverse = False 为升序（默认），reverse = True 为降序	无
sorted(iterable [, key = None] [, reverse = False])	对可迭代的对象 iterable 进行排序操作，生成一个排序后的新列表 　iterable：代表可迭代对象，可以是列表名 　key：用来进行比较的元素，只有一个参数及语法说明，具体的函数的参数及语法说明取自可迭代对象，指定可迭代对象中的一个元素来进行排序，具体用法与 sort( ) 方法相同 　reverse：代表排序规则，reverse = True 为降序，reverse = False 为升序（默认）	返回一个新列表

【微实例 6-9】

针对列表 list5 和 list7 完成以下操作，输出原列表以及经过操作后的结果。

(1) list5 = [['01' , ' Python 语言'] , ['02' , ' C 语言'] , ['03' , 'Java 语言']]

①将列表内容进行逆序排列。

②将二维列表 list5 按子列表的第 1 个元素升序排列。

③使用 lambda 表达式将二维列表 list5 按子列表的第 2 个元素升序排列。

④使用 lambda 表达式将二维列表 list5 按子列表的第 2 个元素降序排列。

⑤使用 sorted( ) 函数对列表 list5 进行排序，并生成新列表。

⑥使用 sorted( ) 函数对列表 list5 按子列表的第 2 个元素升序排列，并生成新列表。

(2) list7 = [['c' , 6 , 7] , ['a' , 7 , 6 , 8] , ['b' , 6 , 0] , ['c' , 5 , 8]]

①使用 lambda 表达式将二维列表 list7 按子列表的第 1 个元素升序排列，当第 1 个元素相同时，按第 2 个元素升序排列。

②使用 sorted( ) 函数按列表 list7 中元素长度升序排列，并生成新列表。

【分析】

(1) reverse( ) 方法的作用是将列表中的内容进行逆序操作。

(2) list5. sort( ) 中没有参数及语法说明，所以默认按列表中每个元素的第 1 个值进行排序。

(3) list5. sort(key = lambda x：x[1]) 中，使用了 lambda 表达式，x 代表参数及语法说明，x[1] 代表按列表 list5 中每个元素的第 2 列进行排序，默认升序。

(4) list5. sort(key = lambda x：x[1] , reverse = True) 中，使用了 lambda 表达式，x 代表参数及语法说明，x[1] 代表按列表 list5 中每个元素的第 2 列进行排序，reverse = True 代表

降序排列。

（5）listnew5＝sorted（list5）使用 sorted（）函数对列表 list5 进行排序，并将排序结果赋值给新列表 listnew5，通过输出结果可以看到，原列表 list5 的内容没有变化，新列表 listnew5 的内容是排序后的内容。

（6）list7 是一个二维列表，list7. sort（key＝lambda x：（x[0]，x[1]））中，使用了 lambda 表达式，x 代表参数及语法说明，x[0]代表列表 list7 中每个元素的第 1 列，x[1]代表列表 list7 中每个元素的第 2 列，当第 1 列取值相同时，按第 2 列进行排序，reverse＝True 代表降序排列。

（7）使用 sorted（）函数对列表 list5 进行排序，参数 key 值利用 lambda 表达式 key＝lambda x：x[1]实现排序。

（8）使用 sorted（）函数对列表 list7 进行排序，参数 key 值设置为列表长度从而实现排序。

【程序代码 eg6-9】

```
list5=[[' 01' ,' Python 语言' ],[' 02' ,' C 语言' ],[' 03' ,' Java 语言' ]]
print("list5=",list5)
list5. reverse()
print("list5. reverse()=",list5)
list5. sort()
print("list5. sort()=",list5)
list5. sort(key=lambda x:x[1])
print("list5. sort(key=lambda x:x[1])=",list5)
list5. sort(key=lambda x:x[1],reverse=True)
print("list5. sort(key=lambda x:x[1],reverse=True)=",list5)
listnew5=sorted(list5)
print("list5={0}\nlistnew5={1}". format(list5,listnew5))
listnew5=sorted(list5,key=lambda x:x[1])
print("list5={0}\nlistnew5={1}". format(list5,listnew5))
list7=[[' c' ,6,7],[' a' ,7,6,8],[' b' ,6,0],[' c' ,5,8]]
print("list7=",list7)
list7. sort(key=lambda x:[x[0],x[1]])
print("list7. sort(key=lambda x:(x[0],x[1]))=",list7)
listnew7=sorted(list7,key=len)
print("list7={0}\nlistnew7={1}". format(list7,listnew7))
```

【运行结果】如图 6-9 所示。

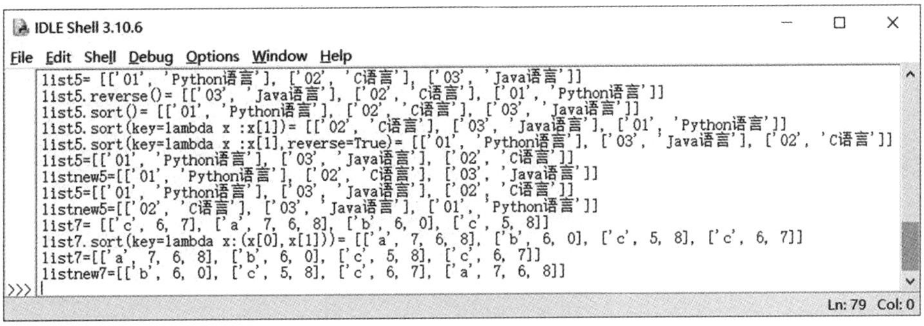

图 6-9　微实例 6-9 运行结果

知识扩展

使用 lambda 表达式时，在排序的时候需要写上"key=lambda x：x[0]"，x 表示变量，也可以写成另外的变量，代表列表中每个元素，冒号后面是排序的参数及语法说明，在参数及语法说明部分分别利用索引返回元素内的第 1 个或第 2 个元素，并按此参数及语法说明排序。

如果需要对二维列表进行排序，那么在 lambda 表达式中，当冒号后有一个参数及语法说明时表示先对当前的参数及语法说明进行排序，如"key=lambda x：x[0]"，x[0]表示第 1 列的元素，x[1]表示第 2 列的元素，以此类推。当冒号后有两个参数及语法说明时表示先对第 1 个参数及语法说明进行排序，当第 1 个参数及语法说明相同时按照第 2 个参数及语法说明进行排序，如"key=lambda x：(x[0]，x[1])"或"key=lambda x：[x[0]，x[1]]"，当一行中超过两个元素的时候也是类似的。

例如，将二维列表按子列表的长度升序排列：

```
>>> list7=[[' c' ,6,7],[' a' ,7,6,8],[' b' ,6,0],[' c' ,5,8]]
>>> list7. sort(key=len)
>>> print("list7=",list7)
list7=[[' c' ,6,7],[' b' ,6,0],[' c' ,5,8],[' a' ,7,6,8]]
```

list7 是一个二维列表，list7. sort(key=len)中，参数及语法说明 key 指定排序的依据是 len()方法，根据列表中每个元素的长度按升序排列。

【微实例 6-10】

根据列表 list8=[' apple-5. jpg' ，' orange-10. jpg' ，' banana-9. jpg' ，' grape-6. jpg' ，' watermelon-1. txt']中每个元素"-"后的数字的字符大小升序排列。

【分析】

列表 list8 中每个元素是一个字符串，在 lambda 表达式中，利用 split()方法，对字符串进行拆分，x. split('-')表示第 1 次按"-"拆分，将一个字符串"apple-5. jpg"拆分成包含两个元素的列表[' apple' ，' 5. jpg']；x. split('-')[-1]表示获取列表中最后一个元素"5. jpg"；x. split('-')[-1]. split('. ')[0]代表针对"5. jpg"按"."拆分成一个列表[' 5' ，' jpg']，然后获取列表中第 1 个元素"5"，从而实现按"5"的字符形式进行排序。

【程序代码 eg6-10】

```
list8=[' apple-5. jpg' ,' orange-10. jpg' ,' banana-9. jpg' ,' grape-6. jpg' ,' watermelon-1. txt' ]
listnew8=sorted(list8,key=lambda x:x. split(' - ')[-1]. split('. ')[0])
print("list8={0} \nlistnew8={1}". format(list8,listnew8))
```

【运行结果】如图 6-10 所示。

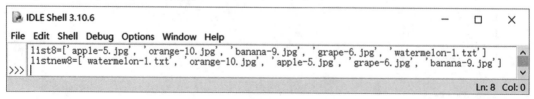

图 6-10 微实例 6-10 运行结果

【思考】

根据列表 list8 中每个元素 "–" 后的数字的数值大小升序排列。

```
>>> list8=[' apple-5. jpg ',' orange-10. jpg ',' banana-9. jpg ',' grape-6. jpg ',' watermelon-1. txt' ]
>>> listnew8=sorted(list8,key=lambda x:int(x. split(' - ')[-1]. split('. ')[0]))
>>> print("list8={0} \nlistnew8={1}". format(list8,listnew8))
list8=[' apple-5. jpg ',' orange-10. jpg ',' banana-9. jpg ',' grape-6. jpg ',' watermelon-1. txt' ]
listnew8=[' watermelon-1. txt ',' apple-5. jpg ',' grape-6. jpg ',' banana-9. jpg ',' orange-10. jpg' ]
```

6.1.5　与列表相关的函数

除列表对象自身的方法外，Python 还提供了一些内置函数，如表 6-7 所示。

表 6-7　与列表相关的函数

函数	说明	返回值
len(list)	获取列表 list 中元素个数 list：代表要计算元素个数的列表	返回列表元素个数
max(list)	得到列表 list 中元素的最大值 list：代表要返回最大值的列表	返回列表元素中的最大值
min(list)	得到列表 list 中元素的最小值 list：代表要返回最小值的列表	返回列表元素中的最小值
sum(iterable[，start])	得到列表 list 中所有元素 iterable 的和 iterable：代表可迭代对象，如列表、元组、集合 start：代表相加的参数及语法说明，如果没有设置这个值，则默认为 0	返回列表中所有元素的和
list(seq)	将元组或字符串转换为列表 seq：代表要转换为列表的元组或字符串	返回一个列表

【微实例 6-11】

针对列表 list2=[1，2，3，4，5] 和 list3=["red" ,"organge" ,"yellow" ,"green" ,"cyan" , "blue" ,"purple"] 完成以下操作，输出原列表以及经过操作后的结果。

（1）获取列表 list2 和 list3 中元素的个数、元素的最大值、元素的最小值。

（2）计算列表 list2 中元素的和。

（3）计算列表 list2 中元素的和后再加 100。

（4）将字串符 str="I love Python!" 转换成列表。

（5）利用 range( ) 函数生成一个列表。

【程序代码 eg6-11】

```
list2,list3=[1,2,3,4,5],["red","organge","yellow","green","cyan","blue","purple"]
print("list2=",list2,"\nlist3=",list3)
print(' 列表 {0} 的长度是:{1}\n 列表 {2} 的长度是:{3}'. format("list2",len(list2),"list3",len(list3)))
print(' 列表 {0} 的最大值是:{1}\n 列表 {2} 的最大值是:{3}'. format("list2",max(list2),"list3",max(list3)))
```

```
print(' 列表{0}的最小值是:{1}\n 列表{2}的最小值是:{3}' . format("list2",min(list2),"list3",min(list3)))
print(' 列表{}中元素的和为:{}' . format("list2",sum(list2)))
print(' 列表{}中元素的和再加 100 为:{}' . format("list2",sum(list2,100)))
str="I love Python!"
list9=list(str)
print("字符串{0}转换后的列表是:{1}". format(str,list9))
list10=list(range(5))
print(' list10=' ,list10)
```

【运行结果】如图 6-11 所示。

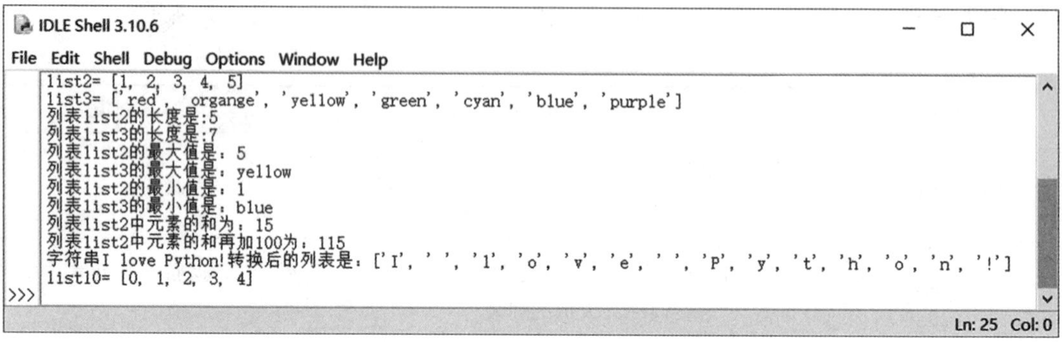

图 6-11　微实例 6-11 运行结果

6.1.6　列表推导式

列表推导式，也称为列表生成式，是 Python 程序开发时应用较多的技术之一。列表推导式使用非常简洁的方式来快速生成满足特定需求的列表，可有效提升代码的可读性，其具体语法如表 6-8 所示。

表 6-8　列表推导式语法

语法	说明	返回值
［exp for expr1 in seq1］ 或 ［exp for expr1 in seq1 if con1 　　for expr2 in seq2 if con2 　　for expr3 in seq3 if con3 　　… 　　for exprN in seqN if conN］	exp：代表表达式，可以是有返回值的函数，使用每次迭代内容 expri 生成一个列表 expri：代表变量，即迭代内容 seqi：代表可迭代类型 for expri in seq1：依次获取 seq1 中的内容放入 expri，将 expri 传入 exp if coni：条件语句，可以过滤列表中不符合条件的值	返回列表

【微实例 6-12】

生成 1~9 的平方的列表。

【程序代码 eg6-12】

```
list11=[x**2 for x in range(1,10)]
print(list11)
```

【运行结果】如图 6-12 所示。

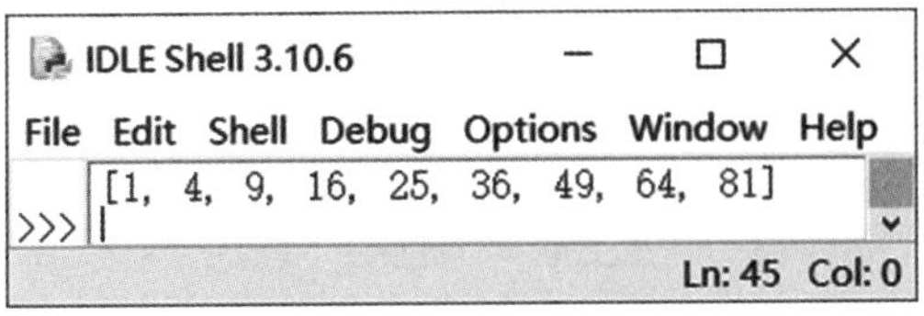

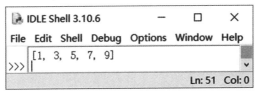

图 6-12　微实例 6-12 运行结果

知识扩展

程序代码 eg6-12 相当于：

```
list11=[]
for x in range(10):
    list11. append(x*x)
print(list11)
```

【微实例 6-13】

找出 1~10 中的奇数并将其生成列表。

【程序代码 eg6-13】

```
list12=[x for x in range(10)if x%2!=0]
print(list12)
```

【运行结果】如图 6-13 所示。

图 6-13　微实例 6-13 运行结果

知识扩展

程序代码 eg6-13 相当于：

```
list12=[]
for x in range(10):
if x%2!=0:
    list12. append(x)
print(list12)
```

【微实例 6-14】

找出 list3 中长度大于等于 5 的字符串列表，并将其转换成大写字母后生成列表。

【程序代码 eg6-14】

```
list3=["red","organge","yellow","green","cyan","blue","purple"]
list13=[color. upper()for color in list3 if len(color)>=5]
print(list13)
```

【运行结果】如图 6-14 所示。

['ORGANGE', 'YELLOW', 'GREEN', 'PURPLE']

图 6-14　微实例 6-14 运行结果

━━ 案例实现 ━━

通过对案例的分析，本案例主要运用列表的定义、访问以及对列表元素的添加、删除、修改、查询统计等方法，另外还要用到 eval( ) 函数。

运行结果如图 6-15 所示。

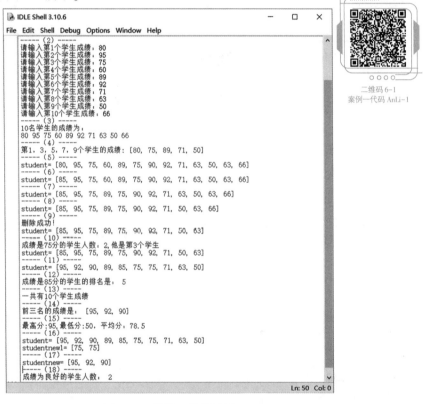

二维码 6-1
案例一代码 AnLi-1

图 6-15　案例一运行结果

6.2　案例二　网上购物管理

━━ 案例描述 ━━

模拟用户网上购物过程，程序启动后用户根据提示信息输入自己的可用余额，根据商品列表选择想要购买的商品，当用户选择错误或余额不足时，程序需给出提示信息，用户可随时选择结束购物，结束购物时按商品价格由高到低打印出购物清单、消费的总金额及用户余额信息。

案例分析

通过以下步骤可以实现上述问题。

（1）利用列表嵌套元组存储购物清单。

（2）提示用户输入自己的余额信息。

（3）定义二维元组存放商品名称及商品价格。

（4）显示可选的商品信息，让用户根据商品编号购买商品。

（5）根据用户的选择，检查余额情况是否可以购买所选商品，如果可以则直接扣款，否则提醒用户余额不足，重新选择可结束购买。

（6）结束购买时，按已购买商品的价格由高到低排列，并打印已购买的每件商品名称及商品价格、所有商品的总价、用户余额。

6.2.1 元组概述

1. 元组的定义

元组（Tuple）属于序列类型，是由 0 个或多个元素组成的有序序列，元组中的元素都放在一对小括号中，元素间用逗号分隔，如(1，2，3，4，5，6)。元组中的每个元素相当于一个常量，即元组的内容不能修改。

2. 元组与列表的异同

（1）相同点。

①有序。元组和列表一样，其元素之间存在顺序关系，所以元组中的不同位置可以存放相同的元素。

②元素类型可不同。元组的元素可以是不同的数据类型。

③利用下标进行索引。元组中的元素都对应一个数字，表示该元素在元组中的位置，称为索引或下标。通常第 1 个元素的索引为 0，第 2 个元素的索引为 1，依次类推。

（2）不同点。

①列表是可变对象，元组是不可变对象，即创建好元组后，不能对其中的元素进行添加、修改、删除等操作。

②列表使用方括号包含元素，元组使用小括号包含元素。

③元组的访问和处理速度比列表快，当定义的数据不需要被修改，或者希望数据不被修改时，建议使用元组而不是列表。

6.2.2 创建元组

元组的创建和列表的创建相似，也可以创建空元组、只包含一个元素的元组、包含相同类型或不同类型元素的元组。创建元组的方法如表 6-9 所示。

表 6-9 创建元组的方法

创建元组的方法	说明
创建空元组	可以用一个空括号创建一个空元组，如 tup1 = ( )
创建只包含一个元素的元组	在创建只包含一个元素的元组时，在元素后面必须要加上一个逗号，用来区分此处的括号是数学公式中的小括号，还是表示元组的小括号 在创建包含元素的元组时，小括号是可以省略的，但是逗号不能省略，如 tup1 = (1,)
创建都是整数的元组	创建整数元组 tup2 tup2 = (1, 2, 3, 4, 5)
创建都是字符串的元组	创建记录星期的元组 tup3 tup3 = ('Monday', 'Tuesday', 'Wednesday', 'Thursday', 'Friday', 'Saturday', 'Sunday')
创建包含不同数据类型的元组	创建元组 tup4 >>> tup4 = (1, 'a', 2.0, 'May', [5, 6, 7])
创建多维元组	多维元组可以看作是元组的嵌套，即二维元组的元素值是一维元组，三维元组的元素值是二维元组 元组名((), (), ()) 二维元组的索引比一维元组多一个 元组名(索引 1)(索引 2) 创建记录学生姓名和成绩的二维元组 tup5 tup5 = (('张三', 90), ('李四', 70), ('王五', 80))

6.2.3　访问元组

获取元组中的内容可以通过元组的索引访问，也可以通过切片的形式截取，或者使用循环结构遍历，访问方法如表 6-10 所示。

表 6-10　访问元组的方法

访问元组的方法	说明

使用索引访问	元组名[索引取值]
	索引的取值一般从 0 开始，代表元组中第 1 个元素，依次类推，索引的取值为 n-1 时，代表元组中第 n 个元素
	索引的取值也可以是负数，通常-1 代表元组中的最后一个元素，-2 代表倒数第 2 个元素，以此类推
	例如：获取元组中第 1 个元素
	>>> tup2 = (1, 2, 3, 4, 5)
	>>> print('tup2[0] =', tup2[0])
	tup2[0] = 1
	例如：获取二维元组中第 3 个元素中的第 1 个元素
	>>> tup5 = (('张三', 90), ('李四', 70), ('王五', 80))
	>>> print('tup5[2][0] =', tup5[2][0])
	tup5[2][0] = 王五
	tup5 是二维元组，用来存放学生姓名和成绩，通过使用多个方括号组合，获取元组中元素。tup5[2]获取的是 tup5 中索引为 2 的元素('王五', 80)，这个元素也是一个元组。tup5[2][0]获取的是元素('王五', 80)中索引为 0 的元素"王五"

访问元组的方法	说明
使用切片 截取子元组	元组名[i：j]：代表获取元组中索引从 i 开始，至索引为 j-1 的元素 元组名[i：j：k]：代表获取元组中索引从 i 开始，至索引为 j-1，以步数为 k 的元素，k 省略时默认为 1 元组名[：]：代表获取元组中所有元素 元组名[：i]：代表获取元组中从头开始至索引为 i-1 的元素 元组名[i：]：代表获取元组中从索引为 i 的元素开始至元组末尾的元素 tup3 = ('Monday'，'Tuesday'，'Wednesday'，'Thursday'，'Friday'，'Saturday'，'Sunday') print('tup3[1：5：1] ='，tup3[1：5：1]) tup3[1：5：1] = ('Tuesday'，'Wednesday'，'Thursday'，'Friday')

使用循环
结构遍历元组
	元组中通常包含多个元素，如果需要逐个获取元组中的每个元素，则可以使用循环结构遍历元组
	(1)使用 for 循环遍历元组
	tup3 = ('Monday'，'Tuesday'，'Wednesday'，'Thursday'，'Friday'，'Saturday'，'Sunday')
	for week in tup3：
	    print(week)
	(2)使用 while 循环遍历元组
	使用 while 循环时，需要事先确定元组的长度，将其作为循环结束的条件。确定元组长度需要使用函数 len(元组名)
	i = 0
	while i<len(tup3)：
	    print(tup3[i])
	    i+ = 1

6.2.4　操作元组

元组中的元素值不允许被修改，但可进行元组连接、删除和查询统计元素中的元素等操作，操作方法如表 6-11 所示。

表 6-11　操作元组的方法

操作元组的方法	说明
元组连接	对元组进行连接操作，从而创建一个新的元组 tup6 = ('a'，'b') tup7 = (10, 20) tup8 = tup6+tup7 "+"是元组连接运算符，其作用是将元组 tup6 和 tup7 的内容进行连接运算，得到一个新元组 tup8
元组删除	元组中的元素值是不允许删除的，但可以使用 del 语句来删除整个元组 tup7 = (10, 20) del tup7 当通过 del tup7 删除元组 tup7 后，再输出 tup7 时，会看到异常提示信息"NameError：name 'tup7' is not defined"，说明该元组不存在

续表

操作元组的方法	说明
查询统计元组中的元素	针对元组也可以使用 index( )方法、count( )方法在元组中查找某个元素,并统计某个元素在元组中出现的次数

知识扩展

(1)元组的不可变指的是元组所指向的内存中的内容不可改变。

```
tup6=('a','b')
tup6[0]='c'
```

当想改变元组 tup6 的内容时,系统拒绝修改,并给出异常提示信息。

```
>>> id(tup6)          #查看内存地址
47341376
>>> tup6=('c','d')
>>> id(tup6)
46637760
```

可以通过 id(tup6)查看元组 tup6 最初指向的内存地址是 47341376,然后重新给 tup6 赋新值,发现其指向的内存地址发生了变化,说明此时并未修改原来的对象,而是让 tup6 绑定到新的对象上。

(2)元组虽然属于不可变序列,但如果元组中包含的元素是可变类型(如列表),则可变的元素内容是可以改变的。

```
>>> tup4=(1,'a',2.0,'May',[5,6,7])
>>> tup4[4][0]=8
>>> tup4
(1,'a',2.0,'May',[8,6,7])
>>> tup4[4].append(9)
>>> tup4
(1,'a',2.0,'May',[8,6,7,9])
```

tup4 是元组,其最后一个元素是列表,列表是可变的,所以该元组的最后一个元素的内容是可以修改的,通过赋值的方式,将"5"改成"8",通过利用列表的追加元素的方法 append(9),将其值变为[8,6,7,9]。

【思考】

要创建一个内容也不变的元组,应怎么做?

必须保证元组的每一个元素本身也不能变化。

6.2.5 与元组相关的函数

内置函数除了可以用于列表,也可以用于元组,如表 6-12 所示。

表 6-12　与元组相关的函数

函数	说明	返回值
len(tuple)	获取元组 tuple 中元素个数 tuple：代表要计算元素个数的元组 tup3 = ('Monday', 'Tuesday', 'Wednesday', 'Thursday', 'Friday', 'Saturday', 'Sunday') print('元组{0}的长度是：{1}'. format("tup3", len(tup3)))	返回元组元素个数
max(tuple)	得到元组 tuple 中元素的最大值 tuple：代表要返回最大值的元组 tup2, tup3 = (1, 2, 3, 4, 5), ('Monday', 'Tuesday', 'Wednesday', 'Thursday', 'Friday', 'Saturday', 'Sunday') print('元组{0}的最大值是：{1} \ n 元组{2}的最大值是：{3}'. format("tup2", max(tup2),"tup3", max(tup3)))	返回元组元素中的最大值
min(tuple)	得到元组 tuple 中元素的最小值 tuple：代表要返回最小值的元组 tup2, tup3 = (1, 2, 3, 4, 5), ('Monday', 'Tuesday', 'Wednesday', 'Thursday', 'Friday', 'Saturday', 'Sunday') print('元组{0}的最小值是：{1} \ n 元组{2}的最小值是：{3}'. format("tup2", min(tup2),"tup3", min(tup3)))	返回元组元素中的最小值
sum(iterable[，start])	得到元组 tuple 中所有元素 iterable 的和 iterable：代表可迭代对象，如元组、列表、集合 start：代表相加的参数及语法说明，如果没有设置这个值，则默认为 0 tup2=(1, 2, 3, 4, 5) print('元组{}中元素的和为：{}'.format("tup2", sum(tup2)))	返回元组中所有元素的和
tuple(seq)	将元组或字符串转换为元组 seq：代表要转换为元组的元组或字符串 str="I love Python!" tup11=tuple(str) print("字符串{0}转换后的元组是：{1}". format(str, tup11))	返回一个元组

6.2.6　元组推导式

元组推导式，也称为生成器推导式。元组推导式可以利用 range 区间、元组、列表、字典和集合等数据类型，快速生成一个满足指定需求的元组，其具体语法如表 6-13 所示。

表 6-13　元组推导式语法

语法	说明	返回值
（exp for expr1 in seq1） 或 （exp for expr1 in seq1 if con1 　　for expr2 in seq2 if con2 　　for expr3 in seq3 if con3 　　… 　　for exprN in seqN if conN）	exp：代表表达式，可以是有返回值的函数，使用每次迭代内容 expri 生成一个生成器对象 expri：代表变量，即迭代内容 seqi：代表可迭代类型 for expri in seq1：依次获取 seq1 中的内容放入 expri，将 expri 传入 exp if coni：条件语句，可以过滤列表中不符合条件的值	返回一个生成器对象，既不是列表，也不是元组。可根据需要，将返回的生成器对象转化为元组或列表

【微实例 6-15】

找出 1～10 中的偶数，并将其生成元组。

【程序代码 eg6-15】

```
gen1 = (i*i for i in range(10)if i%2==0)
print(gen1)
print(tuple(gen1))
```

【运行结果】如图 6-16 所示。

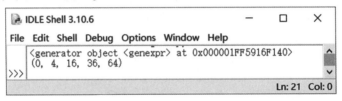

图 6-16　微实例 6-15 运行结果

知识扩展

通过 print（gen1）可以看到，gen1 是一个生成器对象，使用函数 tuple（）将该对象转化为元组。

以上代码也可以写成下面的形式，将"i*i"替换为一个事先定义好的函数，完成求平方。

```
def squared(x):
return x*x
gen1 = (squared(i)for i in range(10)if i%2==0)
print(gen1)
```

【微实例 6-16】

使用元组推导式实现嵌套元组的平铺。

【分析】

对于生成器对象 gen2，可以不转化为元组，而是直接通过循环迭代输出。该推导式中包含多个 for 循环，相当于循环的嵌套，第 1 个为外循环，第 2 个为内循环，依次类推。

【程序代码 eg6-16】

```
vec=((1,2,3),(4,5,6),(7,8,9))
gen2=(num for e in vec for num in e)
for i in gen2:
    print(i,end=" ")
```

【运行结果】如图 6-17 所示。

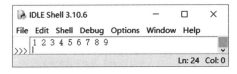

图 6-17 微实例 6-16 运行结果

【微实例 6-17】

生成不重复的星期一至星期日的两两随机组合。

【分析】

定义元组 tup5 存放星期一至星期日的信息，利用元组推导式中的两个 for 循环分别产生获取 tup5 的索引 i 和 j，注意 j 的取值范围以确保生成的组合不重复。

【程序代码 eg6-17】

```
tup5=('Monday','Tuesday','Wednesday','Thursday','Friday','Saturday','Sunday')
ranCom=((tup5[i],tup5[j])for i in range(len(tup5))for j in range(i+1,len(tup5)))
print('星期一至星期日的两两随机组合有:')
for rc in ranCom:
print(rc)
```

【运行结果】如图 6-18 所示。

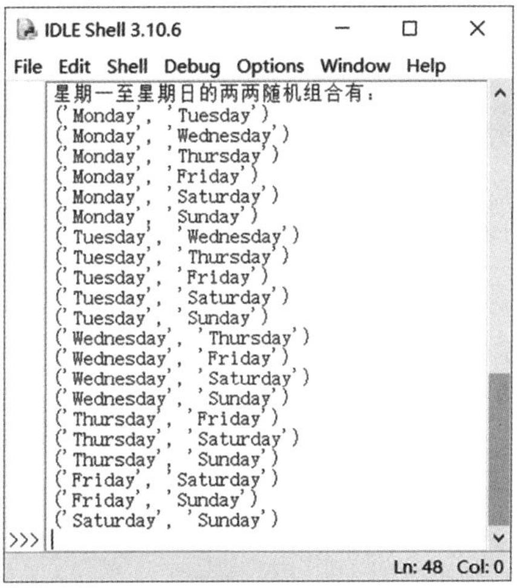

```
IDLE Shell 3.10.6                    —    □    ×
File  Edit  Shell  Debug  Options  Window  Help
星期一至星期日的两两随机组合有：
('Monday', 'Tuesday')
('Monday', 'Wednesday')
('Monday', 'Thursday')
('Monday', 'Friday')
('Monday', 'Saturday')
('Monday', 'Sunday')
('Tuesday', 'Wednesday')
('Tuesday', 'Thursday')
('Tuesday', 'Friday')
('Tuesday', 'Saturday')
('Tuesday', 'Sunday')
('Wednesday', 'Thursday')
('Wednesday', 'Friday')
('Wednesday', 'Saturday')
('Wednesday', 'Sunday')
('Thursday', 'Friday')
('Thursday', 'Saturday')
('Thursday', 'Sunday')
('Friday', 'Saturday')
('Friday', 'Sunday')
('Saturday', 'Sunday')
>>>|
                                        Ln: 48  Col: 0
```

图 6-18 微实例 6-17 运行结果

案例实现

通过对案例的分析，本案例主要运用列表和元组的定义、访问，列表和元组的嵌套以及对列表和元组元素的查询统计等方法，另外还要用到 isdigit( ) 方法判断输入是否为数值类型，enumerate( ) 函数用于将一个可遍历的数据对象（如列表、元组或字符串）组合为一个索引序列，同时列出数据和数据索引。

运行结果如图 6-19 所示。

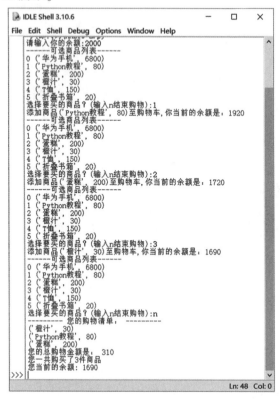

二维码 6-2
案例二代码 AnLi-2

图 6-19　案例二运行结果

6.3　案例三　手机通讯录管理

案例描述

利用字典实现手机通讯录的管理，程序启动后用户根据提示信息输入可进行的操作（0：浏览通讯录信息；1：添加或修改联系人；2：删除已有联系人；3：查询联系人信息；4：统计联系人个数；5：复制通讯录信息；6：清空通讯录信息；7：退出通讯录程序），当通讯录中存在同名联系人或找不到用户输入的联系人时，要给出相关的提示信息。

案例分析

通过以下步骤可以实现上述问题。

（1）定义空字典用于存储联系人信息。

（2）通过 while 循环在用户每次选择时显示提示信息。

（3）利用 if…elif 实现用户输入不同信息时的功能。

（4）利用函数 len( ) 获取字典长度。

（5）利用 in、not in 判断联系人是否已存在。

（6）利用 items( )、pop( )、copy( )等方法完成针对字典的各种操作。

6.3.1 字典概述

Python 字典是一种可变容器模型，可存储任意类型对象，如字符串、数字、元组等其他容器模型。

1. 字典的定义

字典（Dictionary）属于映射类型，它是由多个键值对（key：value）组成的无序可变序列。字典中的元素都放在一对大括号中，元素之间用逗号分隔。

字典中的每个元素都是一个键值对（key：value）。

"key"被称为"键"，"value"被称为"值"，表示一种映射或对应关系。

例如，要记录学生信息，通常学生信息中包括学号、姓名、性别、年龄等属性，每个学生针对每个属性赋不同的值，这样就对应了一个具体的学生，如（01，张三，男，19）。针对以上信息，可以用字典类型进行存储：

{'学号':'01','姓名':'张三','性别':'男','年龄':19}

其中，"学号""姓名""性别""年龄"是键，"01""张三""男""19"是值。

2. 字典与序列的异同

字典属于映射类型，列表和元组属于序列类型。

（1）相同点。

字典是可变的，可以根据需要对字典中的元素进行添加、更新或删除等操作。

（2）不同点。

①字典是无序的，即字典中元素打印出来的顺序和创建时的顺序无关，通常无法通过索引直接获取字典中的值；序列类型是有序的，可以通过索引获取序列中的值。

②字典可以用其他对象类型作为键（如数值、字符串、元组，一般用字符串作为键），其键直接或间接地和存储数据值相关联；序列是以连续的整数作为索引。

③字典用键直接映射到值；序列类型没有键。

6.3.2 创建字典

创建字典的方法有多种，通过" = "将一个字典赋值给一个变量，可创建一个字典变量。

d = {key1:value1,key2:value2,key3:value3 }

字典元素由大括号括起来，每个元素是一个键值对，"键"和"值"之间用冒号分隔，元素之间用逗号分隔。

字典中的"键"可以是 Python 中的任意不可变类型，如整数、实数、字符串、元组等，不能使用列表、字典、集合等可变类型，

字典中的"值"可以是任意类型。

Python 还提供了 dict( )函数用于创建字典，如表 6-14 所示。

表 6-14　创建字典的方法

方法或函数	说明	返回值
dict(seq)	将键值对的序列转换为字典中的键和值 seq：代表要转换为字典的键值对序列	返回一个新字典
dict(key1=value1, key2=value2, key3=value3)	通过关键字参数 key 创建字典 key 为字典的键，当其为字符串时，不需加单引号或双引号	返回一个新字典
dict. fromkeys (seq[，value])	创建一个字典，以序列 seq 中元素作为字典的键，value 作为字典所有键对应的初始值，即所有键对应的值是同一个 seq：代表字典键值序列 value：代表可选参数，设置 seq 的值，默认为 None dict：代表字典对象	返回一个新字典

【微实例 6-18】

现有如下 4 名学生信息，请将其分别存放在字典 d2，d3，d4，d5 中。

学号：01，姓名：张三，性别：男，年龄：19，课程：Python，Java，DB

学号：02，姓名：李四，性别：男，年龄：20，课程：DB，JavaWeb，OS

学号：03，姓名：王五，性别：男，年龄：18，课程：Python，JabaWeb，OS

学号：04，姓名：赵六，性别：男，年龄：20，课程：Python，DB，C

创建以下字典，并输出各字典的内容。

(1)创建空字典 d1。

(2)创建记录学生"张三"信息的字典 d2。

(3)使用 dict()函数，将学生"李四"的信息放在包含(键，值)对的列表中，创建记录其信息的字典 d3。

(4)通过关键字参数来创建记录学生"王五"信息的字典 d4。

(5)利用 zip()和 dict()创建记录学生"赵六"信息的字典 d5。

(6)Tom、Mary、Jerry 被分在一个寝室，但没有分配寝室号，使用 fromkeys()方法创建字典 d6 记录学生姓名及空寝室号的信息。

(7)Tom、Mary、Jerry 住 0816 寝室，使用 fromkeys()方法创建字典 d7 记录学生姓名及寝室号。

(8)创建键为可变类型列表['姓名']的字典 d8。

【分析】

(1)通过函数 type(d1)，查看对象 d1 的类型，根据运行结果<class 'dict'>可见，d1 是字典类型。

(2)通过直接赋值方式创建字典。

(3)定义一个记录学生信息的列表 slist=[('学号'，'02')，('姓名'，'李四')，('性别'，'男')，('年龄'，20)，('课程'，['DB'，'JabaWeb'，'OS'])]，该列表中包含了 5 个元素，每个元素是一个元组，构成了键值对的序列，然后通过 dict()函数，将该列表中的键值对序列转换为字典中的键和值。

（4）字典 d4 中的键都是字符串，采用关键字参数来创建字典时，键不要加单引号或双引号。

（5）zip( )函数用于将可迭代的对象作为参数，将对象中对应的元素打包成一个个元组，然后返回由这些元组组成的 zip 对象。定义 keys 和 values 两个列表，分别存放学生"赵六"的键和值，然后使用 dict(zip(keys，values))创建字典。

（6）fromkeys( )方法用于创建一个新字典，以序列 seq 中元素作为字典的键，value 作为字典所有键对应的初始值，即所有键对应的值是同一个。在字典 d6 中，由于没有给出fromkeys( )方法中的第 2 个参数 value，所以字典中所有人的寝室都为 None 值。

（7）在字典 d7 中，设置 fromkeys( )方法中的第 2 个参数 value 为"0816"。

（8）字典 d8 中的键['姓名']是列表类型，列表属于可变类型，不能用作字典中的键，所以系统抛出异常信息"TypeError：unhashable type：'list'"。

【程序代码 eg6-18】

```
d1 = {}
print("type(d1)=",type(d1))
d2={'学号':'01','姓名':'张三','性别':'男','年龄':19,'课程':['Python','Java','DB']}
print("d2=",d2)
slist=[('学号','02'),('姓名','李四'),('性别','男'),('年龄',20),('课程',['DB','JavaWeb','OS'])]
d3=dict(slist)
print("d3=",d3)
d4=dict(学号='03',姓名='王五',性别='男',年龄=18,课程=['Python','JavaWeb','DB'])
print("d4=",d4)
keys=['学号','姓名','性别','年龄','课程']
values=['04','赵六','男',20,['Python','DB','C']]
d5=dict(zip(keys,values))
print("d5=dict(zip(keys,values))=",d5)
seq=['Tom','Mary','Jerry']
d6=dict.fromkeys(seq)
print("d6=dict.fromkeys(seq)=",d6)
d7=dict.fromkeys(seq,'0816')
print("d7=dict.fromkeys(seq,'0816')=",d7)
d8={['姓名']:'Tom'}
print("d8=",d8)
```

【运行结果】如图 6-20 所示。

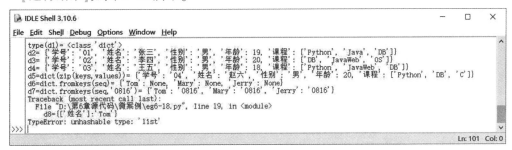

图 6-20 微实例 6-18 运行结果

知识扩展

字典中的元素是无序的，不能像列表、元组那样通过索引访问元素，而是通过"键"访问对应的元素。因此，字典中各元素的"键"是唯一的，不允许有重复，而"值"是可以有重复的。如果同一个键被赋值两次，后一个值则会覆盖前一个值。

例如，创建记录学生年龄信息的字典 d9：

```
>>> d9 = {' Tom' :18,' Mary' :19,' Tom' :19}
>>> d9
{' Tom' :19,' Mary' :19}
```

6.3.3 访问字典

Python 提供了多种方法访问字典中的键、值和键值对，常用方法如表 6-15 所示。

表 6-15 访问字典的方法

方法	说明	返回值
dict. get （key，default=None）	获取字典 dict 中指定键 key 的值，若指定要访问的键不存在，则返回指定的值或默认 None 值 key：代表字典中要查找的键 default：代表如果指定的键不存在，则返回该默认值 dict：代表字典名	返回指定键的值
dict. keys( )	返回一个字典 dict 中的所有键 dict：代表字典名	返回一个字典中的所有键
dict. values( )	返回一个字典 dict 中的所有值 dict：代表字典名	返回一个字典中的所有值
dict. items( )	将字典 dict 中所有的键值对以列表方式返回，返回时没有特定的次序 dict：代表字典名	返回一个包含字典所有键值对的列表

【微实例 6-19】

针对字典 d5 = {'学号'：'03'，'姓名'：'王五'，'性别'：'男'，'年龄'：18，'课程'：['Python'，'JavaWeb'，'DB']}，完成以下操作，输出原字典以及经过操作后的结果。

(1)通过键获取字典 d5 中学生的学号。

(2)通过 get( )方法获取字典 d5 中学生的姓名和课程信息。

(3)通过 get( )方法获取字典 d5 中学生的班级信息，若字典中不存在"班级"键，则设置默认班级为"一班"。

(4)通过 keys( )方法获取字典 d5 中的所有键，并遍历输出。

(5)通过 values( )方法获取字典 d5 中的所有值，并遍历输出。

(6)通过 items( )方法获取字典 d5 中的所有键值对，并遍历输出。

【分析】

(1)当字典中的键为字符串时，需使用单引号或双引号，否则系统会提示键未定义。利用字典中的键可以访问其对应的值，字典中的键就相当于字典的"索引"，若字典中不存在指定的键，则会抛出异常。

（2）get( )方法是比较安全的访问字典对象的方法，使用该方法可以获取指定键的值。

（3）当通过 get( )方法指定要访问的键不存在时，可设置指定的值或返回默认 None 值。

（4）d5.keys( )返回的是由字典 d5 的所有键组成的一个可迭代序列，但不是一个列表，通过 for 循环依次获取返回序列中的每个元素，然后输出，键的顺序由定义字典时的顺序确定。

（5）d5.values( )返回的是由字典 d5 的所有值组成的一个可迭代序列，但不是一个列表，通过 for 循环依次获取返回序列中的每个元素，然后输出，值的顺序由定义字典时的顺序确定。

（6）通过 for 循环遍历字典 d5 中的每个键值对，将键存放在变量 pro 中，将值存放在变量 val 中，通过 print 语句输出学生信息。

【程序代码 eg6-19】

```python
d5={'学号':'03','姓名':'王五','性别':'男','年龄':18,'课程':['Python','JavaWeb','DB']}
print("d5=",d5)
print("(1)d5['学号']=",d5['学号'])
print("(2)get()方法:",'姓名:',d5.get('姓名'),',课程:',d5.get('课程'))
print('(3)班级:',d5.get('班级','一班'))
print("(4)keys()方法遍历字典:")
for pro in d5.keys():
    print(pro,end=" ")
print()
print("(5)values()方法遍历字典的值:")
for val in d5.values():
    print(val,end=" ")
print()
print("(6)items()方法遍历字典的'键-值'对:")
for pro,val in d5.items():
    print(pro,':',val)
```

【运行结果】如图 6-21 所示。

```
IDLE Shell 3.10.6                                           —    □    ×
File  Edit  Shell  Debug  Options  Window  Help
d5= {'学号': '03', '姓名': '王五', '性别': '男', '年龄': 18, '课程': ['Python', 'JavaWeb', 'DB']}
(1)d5['学号']= 03
(2)get()方法: 姓名: 王五 ,课程: ['Python', 'JavaWeb', 'DB']
(3)班级: 一班
(4)keys()方法遍历字典:
学号 姓名 性别 年龄 课程
(5)values()方法遍历字典的值:
03 王五 男 18 ['Python', 'JavaWeb', 'DB']
(6)items()方法遍历字典的'键-值'对:
学号 : 03
姓名 : 王五
性别 : 男
年龄 : 18
课程 : ['Python', 'JavaWeb', 'DB']
>>>
                                                           Ln: 117  Col: 0
```

图 6-21　微实例 6-19 运行结果

6.3.4 操作字典

1. 添加和更新字典元素

Python 可以通过"字典名[键名]=键值"的方法添加或修改元素，同时还提供了多种方法添加和更新字典中的元素，常用方法如表 6-16 所示。

表 6-16　添加和更新字典元素的方法

方法	说明	返回值
dict. update(dict2)	利用字典 dict2 更新另一个字典 dict，若两个字典中存在相同的键，则用新字典的值直接覆盖原字典的值；若不存在相同的键，则直接添加至原字典 dict2：代表添加到指定字典 dict 里的字典 dict：代表字典名	无
dict. setdefault (key, default=None)	获取字典 dict 中指定键 key 的值，与 get() 方法类似，若键不存在于字典中，则插入 key 及设置的默认值 default，并返回 default，default 默认值为 None key：代表要查找的键值 default：当键不存在时，设置的默认键值 dict：代表字典名	返回对应的值

【微实例 6-20】

针对字典 d5={'学号':'03','姓名':'王五','性别':'男','年龄':18,'课程':['Python','JavaWeb','DB']}，完成以下操作，输出原字典以及经过操作后的结果。

（1）向字典 d5 中添加新的元素"专业：软件工程"并查看字典内容。

（2）将字典 d5 中"年龄"的值改为"21"。

（3）在字典 d5 中添加信息"电话：1350"和"年龄：22"并查看字典内容。

（4）在字典 d5 中添加信息"爱好：滑雪"和"年龄：23"并查看字典内容。

【分析】

（1）如果当前字典中不存在要修改的键，则表示向字典中添加一个新的键值对，即添加一个新的元素。字典 d5 中原来不包含键"专业"，通过语句 d5['专业']='软件工程' 在字典 d5 中添加了新的键以及对应的值。

（2）字典 d5 中原来包含键"年龄"，通过语句 d5['年龄']=21 将字典 d5 中"年龄"的值由"19"改为"21"。

（3）update() 方法可以利用一个字典更新另一个字典，若两个字典中存在相同的键，则用新字典的值直接覆盖原字典的值；若不存在相同的键，则直接添加至原字典。字典 d5 中原来不存在键"电话"，存在键"年龄"，通过语句 d5. update({'电话':'1350','年龄':22})，将"电话"信息加入原字典 d5，将"年龄"信息由原来的"18"改为"22"。

（4）setdefault() 方法可以返回指定键的值，与 get() 方法类似，如果键不存在于字典中，则将会添加新的键并将值设为默认值。字典 d5 中原来不存在键"爱好"，通过语句 d5. setdefault('爱好','滑雪')，将"爱好"信息加入原字典 d5，并返回添加的新键"爱好"的值"滑雪"。字典 d5 中原来存在键"年龄"，因此语句 d5. setdefault('年龄',23) 没有改变"年龄"的值，并返回原来的值"22"。

【程序代码 eg6-20】

```
d5={'学号':'03','姓名':'王五','性别':'男','年龄':18,'课程':['Python','JavaWeb','DB']}
print("d5=",d5)
d5['专业']='软件工程'
print("(1)d5['专业']='软件工程'=",d5)
d5['年龄']=21
print("(2)d5['年龄']=21=",d5)
d5.update({'电话':'1350','年龄':22})
print("(3)d5.update({'电话':'1350','年龄':22})=",d5)
print("(4)d5.setdefault('爱好','滑雪')=",d5.setdefault('爱好','滑雪'))
print("(4)d5.setdefault('年龄',23)=",d5.setdefault('年龄',23))
print("(4)d5=",d5)
```

【运行结果】如图 6-22 所示。

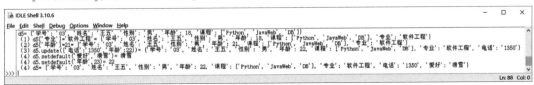

图 6-22 微实例 6-20 运行结果

2. 删除字典元素

Python 提供了多种方法删除字典中的元素，常用方法如表 6-17 所示。

表 6-17 删除字典元素的方法

方法	说明	返回值
del dict[key]	将键为 key 的元素从字典 dict 中移除，若索引不存在，则会抛出异常信息 dict：代表字典名 key：代表字典的键，当不指明键时，删除整个字典	无
dict.clear()	删除字典 dict 中的所有元素 dict：代表字典名	无
dict.pop (key[,default])	删除字典 dict 给定键 key 及对应的值，返回值为被删除的值。key 值必须给出，否则返回 default 值 key：代表要删除的键值 default：如果没有 key 值，则返回 default 值 dict：代表字典名	返回被删除的值
dict.popitem()	返回并删除字典 dict 中的最后一对键和值 dict：代表字典名	返回一个从字典中删除的键值对

【微实例 6-21】

针对字典 d5={'学号':'03','姓名':'王五','性别':'男','年龄':18,'课程':['Python','JavaWeb','DB'],'爱好':'滑雪'}，完成以下操作，输出原字典以及经过操作后的结果。

（1）删除字典 d5 中"年龄"的相关信息。

（2）删除字典 d5 中"爱好"的相关信息。

（3）从字典 d5 的最后一个元素开始，依次删除该字典中的元素，并依次显示被删除的元素，最后查看 d5 的内容。

（4）重新定义字典 d5，然后删除字典 d5 中的所有元素。

（5）删除字典 d5。

【分析】

（1）通过语句 del d5['年龄'] 可删除字典 d5 中学生的"年龄"信息。

（2）pop() 方法删除字典给定键 key 及对应的值，返回值为被删除的值。key 值必须给出，否则返回 default 值。通过语句 d5. pop('爱好') 将字典 d5 中键为"爱好"的值"滑雪"从字典中删除后，返回了删除的内容"滑雪"。再次查看字典 d5 中的内容时，发现该值在 d5 中已不存在。

（3）popitem() 方法返回并删除字典中的最后一对键和值。通过 len(d5) 获取字典的长度，利用 for 语句控制循环次数，在循环体内通过语句 d5. popitem() 删除每次循环时字典 d5 中的最后一个元素，并返回删除的键值对。当循环结束后，字典 d5 的内容为空。

（4）clear() 方法用于删除字典内所有元素，删除字典元素后字典的长度为 0。通过 len(d5) 可获取字典 d5 的长度，其包含 6 个元素。通过语句 d5. clear()，将字典 d5 的所有元素删除，再次查看 d5 时，其长度为 0。

（5）通过语句 del d5 删除了字典 d5，所以当查看 d5 中的内容时，系统抛出异常信息，提示 d5 未定义。

【程序代码 eg6-21】

```
d5={'学号':'03','姓名':'王五','性别':'男','年龄':18,'课程':['Python','JavaWeb','DB'],'爱好':
'滑雪'}
print("d5=",d5)
del d5['年龄']
print("(1)del d5['年龄']=",d5)
print('(2)删除键为:"{}"对应的值:"{}"。'. format('爱好',d5. pop('爱好')))
print("(2)d5=",d5)
print("(3)d5. popitem():")
for i in range(len(d5)):
    print(d5. popitem())
print()
d5={'学号':'03','姓名':'王五','性别':'男','年龄':18,'课程':['Python','JavaWeb','DB'],'爱好':
'滑雪'}
print("d5=",d5)
print("(4)字典长度:{}". format(len(d5)))
d5. clear()
print("(4)使用 clear()方法删除字典元素后字典的长度:{}". format(len(d5)))
print("(5)del d5:")
del d5
print("(5)del d5=",d5)
```

【运行结果】如图 6-23 所示。

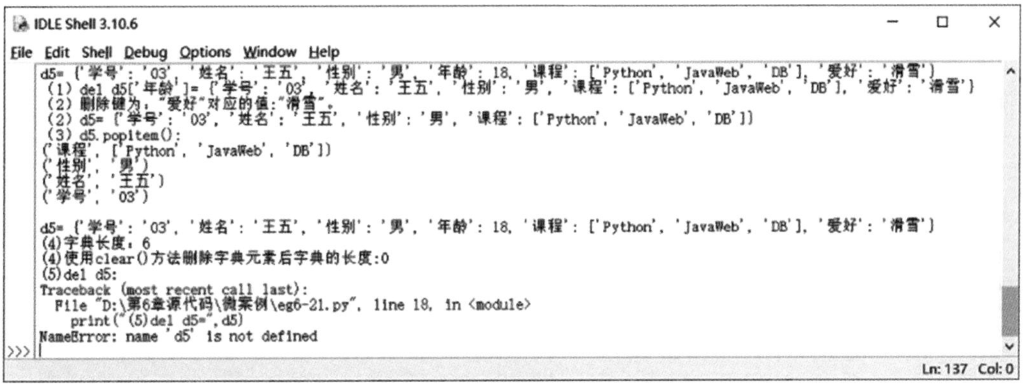

图 6-23　微实例 6-21 运行结果

知识扩展

如果字典已经为空，当调用 popitem( )方法时，则报出 KeyError 异常。

3. 复制字典

复制字典的方法有多种，可以使用直接赋值方式复制字典，也可以使用表 6-18 所示方法复制字典。

表 6-18　复制字典的方法

方法	说明	返回值
dict. copy( )	对字典 dict 进行浅复制，即复制父对象，引用对象内部的子对象 dict：代表原字典名	返回一个字典的浅复制
import copy copy. deepcopy(dict)	对字典 dict 进行深复制，即完全复制父对象及其子对象。该方法在使用时需要事先导入模块 copy dict：代表原字典名	返回一个字典的深复制

（1）使用直接赋值方式复制字典。

【微实例 6-22】

采用直接赋值方式复制字典 d5 = {'学号'：'03'，'姓名'：'王五'，'性别'：'男'，'年龄'：18，'课程'：['Python'，'JavaWeb'，'DB']，'爱好'：'滑雪'}并生成字典 d10，修改 d5 中"爱好"的内容，改为"游泳"，并显示 d5 和 d10 的内容。

【程序代码 eg6-22】

```
d5={'学号':'03','姓名':'王五','性别':'男','年龄':18,'课程':['Python','JavaWeb','DB'],'爱好':'滑雪'}
print("d5=",d5)
d10=d5
d5['爱好']='游泳'
print('(1)直接赋值方式复制字典:\nd5=',d5,'\nd10=',d10)
```

【运行结果】如图 6-24 所示。

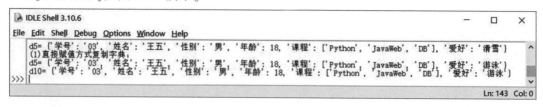

图 6-24　微实例 6-22 运行结果

语句 d10=d5 将 d5 的指向赋给 d10，即 d5 和 d10 指向同一个字典对象，当修改 d5 中的键"爱好"的值时，d10 也会随之改变，如图 6-25 所示。

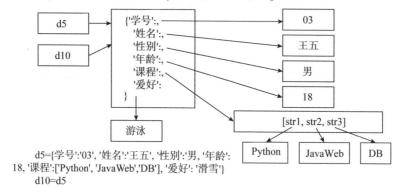

d5={学号':'03', '姓名':'王五', '性别':'男', '年龄':
18, '课程':['Python', 'JavaWeb','DB'], '爱好': '滑雪'}
d10=d5

图 6-25　直接赋值方式复制字典

Python 采用基于值的内存管理模式，相同的值在内存中只有一份。"值"主要指整数和短字符串。对于列表、元组、字典、集合，以及 range、map 等容器类对象来说，它们并不是普通的"值"，即使它们的内容看起来是一样的，但是它们在内存中的地址不一定一样。

```
>>> d5={'学号':'03','姓名':'王五','性别':'男','年龄':18,'课程':['Python','JavaWeb','DB'],'爱好':'滑雪'}
>>> d11={'学号':'03','姓名':'王五','性别':'男','年龄':18,'课程':['Python','JavaWeb','DB'],'爱好':'滑雪'}
>>> id(d5)==id(d11)
False
```

以上代码中，字典 d5 和字典 d11 是分别通过直接赋值方式创建的两个字典，虽然两个字典中的内容是一样的，但是通过语句 id(d5)==id(d11) 获取并判断两个字典的内存地址是否相同时，得到的结果是"False"，即不相同，由此说明 d5 和 d11 是两个不同的字典，分别对应不同的内存地址。

```
>>> print("d5['学号']=",d5['学号'],"\nd11['学号']=",d11['学号'],"\nid(d5['学号'])的地址是否与id(d11['学号']地址相同):)",id(d5['学号'])==id(d11['学号']))
```

d5['学号']=03

d11['学号']=03

id(d5['学号'])的地址是否与 id(d11['学号']地址相同:):True

以上代码中，虽然字典 d5 和字典 d11 指向不同的内存地址，但是两个字典的内容是相同的，通过运行结果 d5['学号'] = 03，d11['学号'] = 03 可见，两个字典中键为"学号"的值都是"03"。

"03"在内存中存放了几份呢？通过语句 id(d5['学号']) == id(d11['学号'])比较两者的地址发现结果为"True"，说明这两个值在内存中的地址是相同的，即对于整数来说，相同的值在内存中只有一份。

>>> print("d5['课程']=",d5['课程'],"\nd11['课程']=",d11['课程'],"\nid(d5['课程'])的地址是否与 id(d11['课程']地址相同:):",id(d5['课程'])==id(d11['课程']))

d5['课程']=['Python','JavaWeb','DB']

d11['课程']=['Python','JavaWeb','DB']

id(d5['课程'])的地址是否与 id(d11['课程']地址相同:):False

以上代码中，对于字典 d5 和 d11 来说，通过运行结果 d5['课程'] = ['Python', 'JavaWeb', 'DB']，d11['课程'] = ['Python', 'JavaWeb', 'DB'] 可见，两个字典中键为"课程"的值都是一个列表"['Python', 'JavaWeb', 'DB']"。

这两个内容相同的列表['Python', 'JavaWeb', 'DB']在内存中的地址是否相同？通过语句 id(d5['课程']) == id(d11['课程'])比较两者的地址发现结果为"False"，说明这两个值在内存中的地址不同，即对于列表、元组、字典、集合以及 range 对象、map 对象等容器类对象来说，即使值相同，其在内存中的地址也不同。

>>> print("\nd5['课程'][0]=",d5['课程'][0],"\nd11['课程'][0]=",d11['课程'][0],"\nid(d5['课程'][0])的地址是否与 id(d11['课程'][0]地址相同:):",id(d5['课程'][0])==id(d11['课程'][0]))

d5['课程'][0]=Python

d11['课程'][0]=Python

id(d5['课程'][0])的地址是否与 id(d11['课程'][0]地址相同:):True

以上代码中，通过运行结果 d5['课程'][0] = Python，d11['课程'][0] = Python 可见，两个字典中键为"课程"的值都是一个列表"['Python', 'JavaWeb', 'DB']"，并且这两个列表中的第 1 个元素的值都是"Python"。

"Python"在内存中存放了几份呢？通过语句 id(d5['课程'][0]) == id(d11['课程'][0])比较两者的地址发现结果为"True"，说明这两个值在内存中的地址是相同的，即对于短字符串来说，相同的值在内存中只有一份。

（2）使用 copy( )方法复制字典。

copy( )方法返回一个字典的浅复制，即复制父对象，引用对象内部的子对象。

[微实例 6-23]

采用浅复制方式复制字典 d5 = {'学号': '03', '姓名': '王五', '性别': '男', '年龄': 18, '课程': ['Python', 'JavaWeb', 'DB'], '爱好': '滑雪'}生成字典 d12，修改 d5 中"爱好"的内容，改为"排球"，在 d5 的"课程"中添加一门新课程"体育"，并显示 d5 和 d12 的内容。

【程序代码 eg6-23】

```
d5={'学号':'03','姓名':'王五','性别':'男','年龄':18,'课程':['Python','JavaWeb','DB'],'爱好':
'滑雪'}
    print("d5=",d5)
    d12=d5.copy()
    d5['爱好']='排球'
    d5['课程'].append('体育')
    print('(2)使用copy()方法浅复制字典:\nd5=',d5,'\nd12=',d12)
```

【运行结果】如图 6-26 所示。

```
IDLE Shell 3.10.6                                              —    □    ×
File  Edit  Shell  Debug  Options  Window  Help
d5= {'学号': '03', '姓名': '王五', '性别': '男', '年龄': 18, '课程': ['Python', 'JavaWeb', 'DB'], '爱好': '滑雪'}
(2)使用copy()方法浅复制字典:
d5= {'学号': '03', '姓名': '王五', '性别': '男', '年龄': 18, '课程': ['Python', 'JavaWeb', 'DB', '体育'], '爱好': '排球'}
d12= {'学号': '03', '姓名': '王五', '性别': '男', '年龄': 18, '课程': ['Python', 'JavaWeb', 'DB', '体育'], '爱好': '滑雪'}
>>>
                                                                Ln: 149  Col: 0
```

图 6-26　微实例 6-23 运行结果

知识扩展

　　语句 d12=d5.copy() 进行了字典的浅复制，此时 d5 和 d12 分别是两个独立的对象，但是它们的子对象"课程"指向的是同一个对象，即同一个引用。

　　语句 d5['爱好']='排球' 修改了 d5 的"爱好"的值为"排球"，但是因为 d5 和 d12 是两个独立的对象，所以 d5 中的"爱好"指向了新的值"排球"，d12 中的"爱好"还是指向原来的值"滑雪"。

　　语句 d5['课程'].appcnd('体育') 同时修改了 d5 和 d12 的子对象"课程"的值，在课程列表中添加了一个新的课程"体育"，是因为 d5 和 d12 的子对象"课程"指向的是同一个列表对象，即同一个列表的引用，如图 6-27 所示。

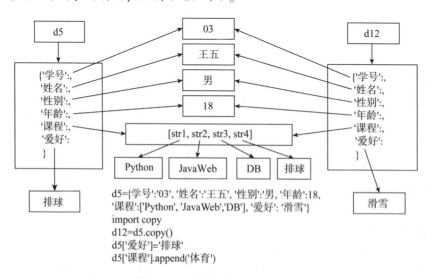

图 6-27　浅复制方式复制字典

（3）使用 deepcopy( )方法复制字典。

deepcopy( )方法返回一个字典的深复制，即完全复制父对象及其子对象。该方法在使用时需要事先导入模块 copy。

【微实例 6-24】

采用深复制方式复制字典 d5={'学号'：'03'，'姓名'：'王五'，'性别'：'男'，'年龄'：18，'课程'：['Python'，'JavaWeb'，'DB']，'爱好'：'滑雪'}生成字典 d13，修改 d5 中"爱好"的内容，改为"古筝"，在 d5 的"课程"中添加一门新课程"音乐"，并显示 d5 和 d13 的内容。

【程序代码 eg6-24】

```
d5={'学号':'03','姓名':'王五','性别':'男','年龄':18,'课程':['Python','JavaWeb','DB'],'爱好':'滑雪'}
print("d5=",d5)
import copy
d13=copy.deepcopy(d5)
d5['爱好']='古筝'
d5['课程'].append('音乐')
print('(3)使用 deepcopy()方法进行字典的深复制:\nd5=',d5,'\nd13=',d13)
```

【运行结果】如图 6-28 所示。

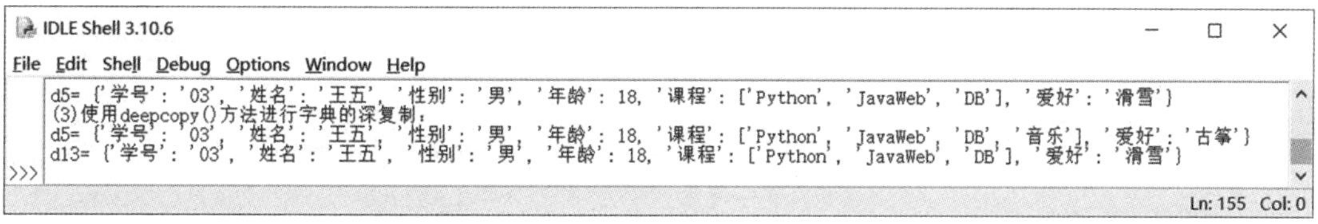

图 6-28　微实例 6-24 运行结果

知识扩展

语句 import copy 导入模块 copy。

如果不导入 deepcopy( )方法所在的模块 copy，系统将会抛出异常信息。

语句 d13=copy.deepcopy(d5)进行字典的深复制。此时，d5 和 d13 分别是两个完全独立的对象，包括父对象和子对象。

语句 d5['爱好']='古筝'修改了 d5 的"爱好"的值为"古筝"，但是因为 d5 和 d13 是两个独立的对象，所以 d13 中的"爱好"内容还是原来的值"滑雪"。

语句 d5['课程'].append('音乐')修改了 d5 的子对象"课程"的值，在课程列表中添加了一个新的课程"音乐"，但是因为 d5 和 d13 是两个完全独立的对象，其子对象也是独立的，所以 d13 中的"课程"内容还是原来的值"滑雪"，如图 6-29 所示。

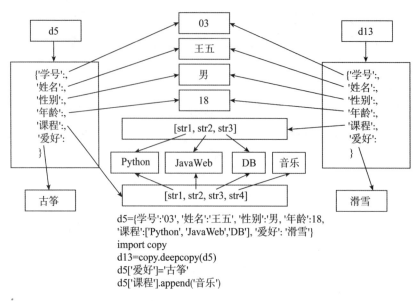

d5={'学号':'03', '姓名':'王五', '性别':'男, '年龄':18,
'课程':['Python', 'JavaWeb','DB'], '爱好': '滑雪'}
import copy
d13=copy.deepcopy(d5)
d5['爱好']='古筝'
d5['课程'].append('音乐')

图 6-29 深复制方式复制字典

6.3.5 嵌套

在程序开发过程中，当需要存储多个同类型的不同数据时可以使用嵌套，列表、元组、字典都可以进行自身嵌套，另外可以将字典嵌套到列表中，将列表嵌套到字典中，也可以将字典嵌套到字典中。

1. 将字典嵌套到列表

当需要存储多条同类型的记录时，可以将字典嵌套存储在列表中。

【微实例 6-25】

定义一个图书列表 bookList 用于记录每种图书的书名、作者、单价、数量，并输出列表中的所有内容。

【分析】

定义 4 个字典分别存放 4 本图书信息，然后将 4 个字典作为图书列表的元素，将字典嵌套到列表中。

【程序代码 eg6-25】

```
bookdict1={'书名':'Python','作者':'李华','单价':70,'数量':100}
bookdict2={'书名':'数据库','作者':'赵明','单价':65,'数量':86}
bookdict3={'书名':'数据结构','作者':'王刚','单价':50,'数量':90}
bookdict4={'书名':'Java','作者':'张红','单价':67,'数量':80}
bookList=[bookdict1,bookdict2,bookdict3,bookdict4]
for b in bookList:
    print(b)
```

【运行结果】如图 6-30 所示。

图 6-30 微实例 6-25 运行结果

【微实例 6-26】

在图书列表 bookList 中查找单价大于 65 元的图书，并遍历输出其信息。

【分析】

利用 for 循环依次遍历列表中的每个元素。

由于列表中的元素是字典类型，因此通过语句 if b['单价']>65 判断字典中键为"单价"的值是否大于 65。

对于满足条件的字典元素，利用语句 for k,v in b. items()循环遍历字典中的每个键值对，并利用语句 print(k,v)完成输出。

【程序代码 eg6-26】

```
bookdict1={'书名':'Python','作者':'李华','单价':70,'数量':100}
bookdict2={'书名':'数据库','作者':'赵明','单价':65,'数量':86}
bookdict3={'书名':'数据结构','作者':'王刚','单价':50,'数量':90}
bookdict4={'书名':'Java','作者':'张红','单价':67,'数量':80}
bookList=[bookdict1,bookdict2,bookdict3,bookdict4]
for b in bookList:
    if b['单价']>65:
        print('单价大于65元的图书信息:\n')
        for k,v in b. items():
            print(k,v)
print('- - - - - - - - - - - - - - - - - ')
```

【运行结果】如图 6-31 所示。

图 6-31 微实例 6-26 运行结果

2. 将列表嵌套到字典

当字典中的一个键对应多个值的时候，就可以把多个列表嵌套存储在字典中。

【微实例 6-27】

定义一个读者借阅图书的字典 borrowBookDict 用于记录每位读者都借阅了什么图书，并利用 for 循环遍历输出每位读者及其借书信息。

【分析】

通过语句 for reader,book in borrowBookDict. items( )遍历字典中的每个键值对，分别存放于变量 reader 和 book 中，其中 book 存放的是字典的值，是列表类型。

语句 for b in book 用于遍历列表 book 中的每本图书，将图书信息存于变量 b 中。

【程序代码 eg6-27】

```
borrowBookDict={' 小明 ':[' Java 基础 ',' C 语言 ',' MySQL 数据库 '],' 小红 ':[' Python 编程 ',' 操作系统
原理 '],' 小华 ':[' Python 编程 ',' 人工智能 '],' 小兰 ':[' MySQL 数据库 ',' Web 开发技术 ']}
for reader,book in borrowBookDict. items():
    print(reader,' 借阅的图书有:')
    for b in book:
    print(b)
print(' - - - - - - - - - - - - - - - - - - - - - ')
```

【运行结果】如图 6-32 所示。

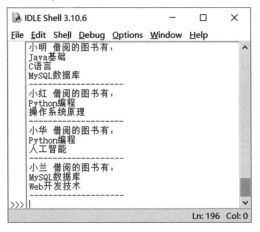

图 6-32　微实例 6-27 运行结果

3. 将字典嵌套到字典

【微实例 6-28】

定义一个存储读者信息的字典 readerDict 用于记录每位读者的姓名、性别、年龄和邮箱，并利用 for 循环遍历输出每位读者的详细信息。

【分析】

通过语句 for name,reader in readerDict. items( )遍历字典中的每个键值对，键和值分别存放于变量 name 和 reader 中，其中 name 存放的是字典的键，reader 存放的是字典的值，该值也是一个字典类型，所以 reader 也相当于是一个字典名，利用语句 reader[' 性别 ']获取子字典中键所对应的值。

【程序代码 eg6-28】

readerDict={'小明':{'性别':'男','年龄':18,'邮箱':'123@qq.com' },'小红':{'性别':'女','年龄':16,'邮箱':'456@qq.com' },'小华':{'性别':'男','年龄':19,'邮箱':'789@qq.com' },'小兰':{'性别':'女','年龄':20,'邮箱':'321@qq.com' }}

```
for name,reader in readerDict.items():
    print(' - - - - -读者:' ,name,' 的信息:- - - - -')
    print(' 性别:',reader[' 性别'],' \t 年龄:' ,reader[' 年龄'],' \t 邮箱:' ,reader[' 邮箱' ])
```

【运行结果】如图 6-33 所示。

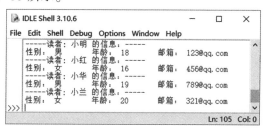

图 6-33　微实例 6-28 运行结果

二维码 6-3
案例三代码 AnLi-3

案例实现

通过对案例的分析，本案例主要运用了字典的定义、访问、复制、清空以及字典元素的删除等方法。

运行结果如图 6-34~图 6-37 所示。

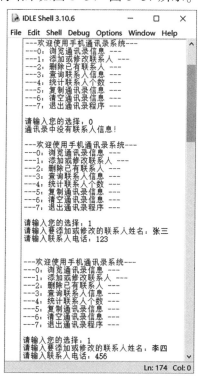

图 6-34　案例三运行结果 1

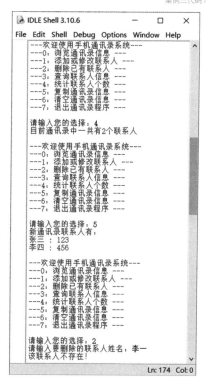

图 6-35　案例三运行结果 2

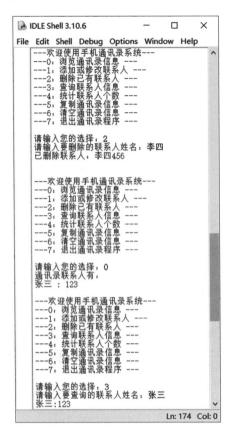

图 6-36　案例三运行结果 3

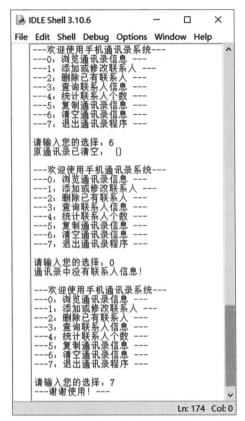

图 6-37　案例三运行结果 4

6.4　案例四　随机点名系统

 案例描述

　　教师上课前随机从 50 名学生中抽查若干名学生的出勤情况，程序启动后，根据提示输入抽取的学生人数 n，输出从全班学生的学号中抽取没有重复的 n 个学号，然后对抽取结果进行由小到大排列并输出。

案例分析

　　通过以下步骤可以实现上述问题。

　　(1) 导入模块 random。

　　(2) 定义空集合用于存储抽取的学号。

　　(3) 提示用户输入要点名的学生个数。

　　(4) 随机生成 1~50 的随机数，并添加到集合中。

　　(5) 当集合中的学号满足输入的个数后，输出集合的内容。

　　(6) 对集合元素按由小到大排列，并输出结果。

6.4.1　集合概述

1. 集合的定义

集合(Set)是由不同元素组成的一个无序序列,集合中的元素不可以重复,并且必须是不可变类型,如整数、实数、字符串和元组等,不能是列表、字典和集合等可变类型。

集合中的元素都放在一对大括号中,元素之间用逗号分隔。例如,{1, 2, 3, 4, 5}是一个整数集合。

2. 集合与字典的异同

(1)相同点。

①集合是可变的,可以根据需要对集合中的元素进行添加、更新或删除等操作。

②集合是无序的,即集合中打印出来的元素顺序和创建时的顺序无关。

③无法通过索引直接获取集合中的值。

(2)不同点。

①集合中的元素是不可重复的,字典中的键不可重复,字典中的值可重复。

②虽然集合和字典都使用大括号包含元素,但是集合中的元素是不可变类型,字典中的元素是键值对。

6.4.2　创建集合

创建集合的方法有多种,可以通过直接赋值方式创建集合,也可以通过 set( ) 函数创建集合,如表6-19所示。

表6-19　创建集合的方法

创建集合的方法	说明
创建空集合	可以使用 set( ) 函数创建空集合 s1 s1 = set( )
通过直接赋值方式创建集合	集合元素由大括号括起来,元素之间用逗号分隔,元素为不可变类型且不可重复,重复元素会被自动删除 s2 = {1, 2, 3}
通过 set( ) 函数创建非空集合	set( ) 函数将其他可迭代对象转换为集合 s3 = set(['apple', 'orange', 'banana'])

知识扩展

集合是无序的,所以集合中元素的输出顺序与集合定义时的元素顺序不一致。

例如,将字符串"hello"中的重复字符删除,并遍历输出每个字符:

```
>>> s4 = set('hello')
>>> for i in s4:
print(i, end=",")
o,l,h,e,
```

上述代码中,将字符串"hello"转换为集合,从而自动删除其中的重复字符,然后使用 for 循环遍历输出集合的元素。

6.4.3 操作集合

1. 添加和合并集合元素

Python 提供了多种方法添加和合并集合元素，如表 6-20 所示。

表 6-20　添加和合并集合元素的方法

方法	说明	返回值
s. add(x)	将元素 x 添加到集合 s 中 x：代表添加到指定集合的元素 s：代表集合名	无
s. update(t)	合并集合、元素、列表、字典中的元素到集合 s 中，并自动删除重复元素 t：代表可合并的元素 s：代表集合名	无

2. 删除集合元素

Python 提供了多种方法删除集合中的元素，如表 6-21 所示。

表 6-21　删除集合元素的方法

方法	说明	返回值
s. remove(x)	将元素 x 从集合 s 中移除，若元素不存在，则会发生错误 x：代表要删除的元素 s：代表集合名	无
s. discard(x)	将元素 x 从集合 s 中移除，若元素不存在，则不会发生错误 x：代表要删除的元素 s：代表集合名	无
s. pop( )	对集合进行无序排列，然后将这个无序排列集合的左边第 1 个元素进行删除，即随机删除集合中的一个元素，且每次执行结果都不一定相同 s：代表集合名	返回被删除的元素
s. clear( )	清空集合 s	无

【微实例 6-29】

针对集合 s3 = {' banana ', ' orange ', ' apple '}，完成以下操作，输出原集合以及经过操作后的结果。

（1）在集合 s3 中添加"watermelon"。

（2）在集合 s3 中添加其他集合{1, 2}、列表[' apple ', ' grape ']、元组(' a ', ' b ')和字典{' name '：' Tom '}等元素。

（3）通过 remove( )方法在集合 s3 中删除"name"。

（4）通过 discard( )方法在集合 s3 中删除"Tom"。

（5）通过 pop( )方法随机删除集合 s3 中的一个元素。

（6）通过 clear( )方法清空集合。

【程序代码 eg6-29】

```
s3 = {' banana' ,' orange' ,' apple' }
print("s3=",s3)
s3. add(' watermelon' )
print("(1)s3. add(' watermelon' )=",s3)
s3. update({1,2},[' apple' ,' grape' ],(' a' ,' b' ),{' name' :' Tom' })
print("(2)向 s3 中添加其他类型元素=",s3)
s3. remove(' name' )
print("(3)s3. remove(' name' )=",s3)
s3. discard(' Tom' )
print("(4)s3. discard(' Tom' )=",s3)
print("(5)s3. pop()=",s3. pop())
print("(5)执行 s3. pop()后 s3=",s3)
s3. clear()
print("(6)s3. clear()=",s3)
```

【运行结果】如图 6-38 所示。

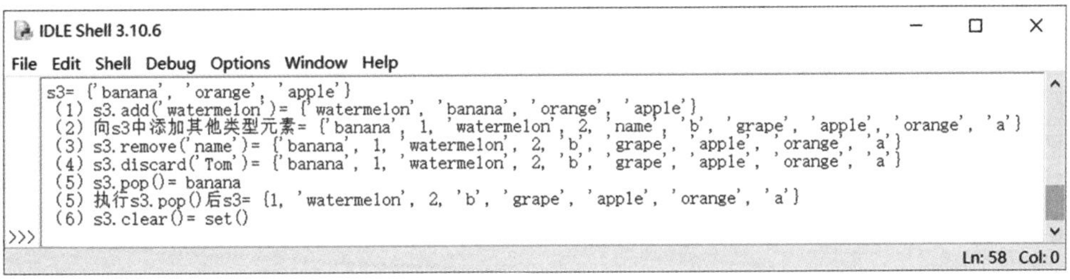

图 6-38 微实例 6-29 运行结果

知识扩展

在集合 s3 中添加其他集合{1，2}、列表[' apple' ，' grape']、元组(' a' ，' b')、字典{' name' ：' Tom' }后，其他对象的元素均作为集合 s3 的元素存在，并自动删除重复元素，其中字典添加到集合中时，只添加字典的键。

针对同一个集合 s3，每次执行 s3. pop( )的结果不一定相同。

set( )表示运行结果为空集合。

6. 4. 4 集合运算

标准的内置函数 len( )、max( )、min( )、sum( )和 sorted( )也可用于集合操作，此外，Python 中的集合也支持数学中的集合运算，如并、交、差等。集合运算符如表 6-22 所示。

表 6-22 集合运算符

运算符	示例	说明	返回值
|	s｜t	集合 s 和集合 t 的并集 s，t：代表集合名	一个新的集合
&	s&t	集合 s 和集合 t 的交集 s，t：代表集合名	一个新的集合

运算符	示例	说明	返回值
-	s-t	集合 s 和集合 t 的差集 s, t: 代表集合名	一个新的集合
in	x in s	判断元素是否在集合中，若 x 在 s 中，则返回 True；否则返回 False	True 或 False
not in	x not in s	判断元素是否不在集合中，若 x 不在 s 中，则返回 True；否则返回 False	True 或 False

【微实例 6-30】

定义集合 s4 = {1，2，3，4，5} 和 s5 = {3，5，6，7，8}，完成两个集合的并、交、差及判断元素是否在集合中等操作。

【程序代码 eg6-30】

```
s4 = {1,2,3,4,5}
s5 = {3,5,6,7,8}
print(s4 | s5)
print(s4&s5)
print(s4-s5)
print(s4 in s5)
print(1 in s5)
print(8 in s5)
```

【运行结果】如图 6-39 所示。

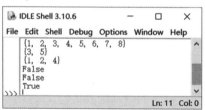

图 6-39 微实例 6-30 运行结果

案例实现

通过对案例的分析，本案例主要运用集合的创建、集合元素的添加、排序等方法，还要用到 random 模块中的 random. randint（1，50）方法生成 1~50 的随机数。

运行结果如图 6-40 所示。

二维码 6-4
案例六代码 AnLi-4

图 6-40 案例四运行结果

6.5 案例五 平凡中创造卓越

案例描述

纪录片《大国工匠》以热爱职业、敬业奉献为主题，讲述了 8 位"手艺人"的故事。请利用列表和字典存储并输出以下人物及其事迹信息。

高凤林：长征火箭"心脏"的焊接人，他凭借高超的技艺用"工匠精神"锻造了"中国品质"；孟剑锋：錾刻工艺美术师，他在上百万次的錾刻中没有一次疏漏；顾秋亮：深海载人潜水器零件装配专家，他装配的零件精度很高，人称"顾两丝"；胡双钱：中国商飞大飞机制造首席钳工，他在 35 年的工匠生涯中加工了数十万个飞机零件，未出现过一个次品，被称为航空"手艺人"；张冬伟：在液化天然气船上"缝"钢板的焊接大师，他焊接的殷瓦板只有牛皮纸一样薄，手工焊缝长达 13 公里，如果有一个针眼大小的漏点，都有可能带来致命后果，面对如此艰辛的任务，他做到了万无一失；周东红：捞纸大师，经他捞的宣纸，成了国内著名书画家青睐的上乘纸品；宁允展：高铁研磨师，其负责手工研磨的空间只有 0.05 毫米，技术难度非同一般，可他做到了；管延安：港珠澳大桥岛隧工程首席钳工，他安装的精密设备完成了 16 次海底隧道对接，为港珠澳大桥岛隧工程的顺利进行做出了重大贡献。

案例分析

通过以下步骤可实现上述问题。

(1) 定义字符串 str 存放上述信息。

(2) 分析文字材料中的标点符号，利用分号";"作为分隔符，将字符串 str 分隔为 8 位人物的信息存入列表 list1。

(3) 定义空列表 listInfo 存放记录 8 位人物信息的字典。

(4) 遍历列表 list1 中的内容，再次分析列表中元素的内容，利用冒号":"作为分隔符，将每位人物的信息存入列表 list2。

(5) 定义空字典 dict1 存放每位人物的"姓名"和"事迹"。

(6) 从列表 list2 中依次获取元素，分别获取字典 ditc1 的键"姓名"和"事迹"所对应的值。

(7) 将字典追加到列表 listInfo 中。

(8) 遍历输出列表 listInfo 中的内容，每位人物包含"姓名"和"事迹"两部分内容，人物信息间用分隔线分隔显示。

思政元素

"治玉石者，既琢之而复磨之；治之已精，而益求其精也。"这是宋朝朱熹对《论语·学而》中的"如琢如磨"所作的注解。它不仅是中国思想家对工匠精神等精神的精彩解读，也是对大国工匠等高技能人才精湛技艺的生动诠释。

自古以来我国就有许多技术高超的能工巧匠，墨子以其攻城守城之道堪称最早的工匠大师，鲁班是中国有名的工匠，蔡伦、郭守敬都可称为伟大的工匠。

纵观古今，"大国工匠"们之所以能够匠心筑梦，凭的是传承和钻研，靠的是专注与磨砺。我们期待有更多的高技能人才在工匠精神的指引下，如琢如磨，精益求精，不断追求卓越。

案例实现

通过对案例的分析，本案例主要运用了列表、字典实现对字符串中数据的存储及输出。

运行结果如图 6-41 所示。

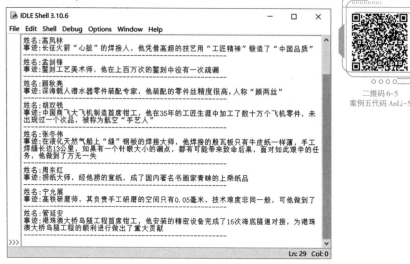

二维码 6-5
案例五代码 AnLi-5

图 6-41　案例五运行结果

6.6　二级真题测试

二维码 6-6
二级真题测试

6.7　实　训

6.7.1　实训一　用户登录管理

学生管理系统包括以下信息，分别用列表记录了用户名和密码。

```
users=['admin','tiger','sa']
passwords=['123','456','789']
```

根据操作用户输入的信息，判断该操作用户是否登录成功。

（1）判断用户是否存在，如果用户存在，则判断用户密码是否正确。

找出用户对应的索引，根据 passwords［索引值］判断。

①如果密码正确：登录成功，退出循环。

②如果密码不正确：重新登录（提供 3 次机会）。

（2）如果用户不存在，则重新登录（提供 3 次机会）。

6.7.2　实训二　统计单词个数

用户从键盘上输入一句英文，编程输出句子中的每个单词及其重复的次数。

第7章 文件

在程序运行时，数据保存在内存的变量里。内存中的数据在程序结束或关机后就会消失。如果想要在下次开机运行程序时还使用同样的数据，那么就需要把数据存储在不易丢失的存储介质中。通过读写文件，程序就可以在运行时保存数据。

本章首先介绍文件的基本概念，文本文件与二进制文件的打开方式；然后介绍文件的打开、关闭、读写、备份等基本操作；最后介绍文件与文件夹的相关操作，如文件与文件夹的重命名、移动和删除等。本章通过具体案例的分析和解决过程，让读者学会使用文件对数据进行存储，可以用文件来解决读写、批量修改、统计等实际应用问题，了解CSV文件及Excel文件的读取方法。

学习目标

(1) 了解文件的类型及文件的操作顺序。

(2) 掌握文件的打开、关闭和读写方法。

(3) 掌握文件的定位方法和使用。

(4) 了解文件与文件夹的相关操作和方法。

(5) 学会编写简单的文件读写程序。

(6) 学会CSV文件和Excel文件的读写方法。

思维导图

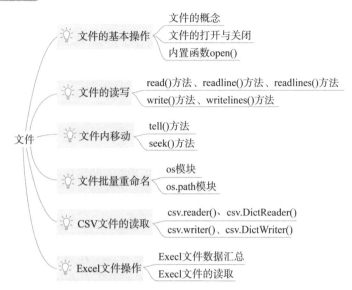

7.1 案例一 输出冬奥会口号"一起向未来"

案例描述

使用 Python，分别以文本方式和二进制方式打开 txt 文件，输出"一起向未来"。

案例分析

通过以下步骤可以实现上述问题。

(1)创建 txt 文本文件。

(2)以文本方式打开 txt 文件。

(3)以二进制方式打开 txt 文件。

7.1.1 什么是文件

1. 文件的基本概念

文件指存储在外部介质(如磁盘、U 盘、光盘或云盘、网盘、快盘等)上有序的数据集合，文件中可以包含任何数据内容。常见的文件有记事本文件、日志文件、各种配置文件、数据库文件、视频文件、音频文件等。

2. 文件的类型

文件包括文本文件和二进制文件。

文本文件一般由单一特定编码的字符组成，如 UTF-8 编码，内容容易统一展示和阅读。大部分文本文件都可以通过文本编辑软件或文字处理软件创建、修改和阅读。由于文本文件存在编码，因此它可以被看作是存储在磁盘上的长字符串。文本文件可以使用文字处理软件(如 gedit、记事本)进行编辑。

二进制文件直接由比特 0 和比特 1 组成，没有统一字符编码，文件内部数据的组织格式与文件用途有关。常见的如图形图像文件、音视频文件、可执行文件、资源文件、各种数据库文件、各类 Office 文档等都属于二进制文件。

无论是文本文件还是二进制文件，其操作流程基本都是一致的，首先打开文件并创建文件对象，然后通过该文件对象对文件内容进行读取、写入、删除、修改等操作，最后关闭并保存文件内容。

7.1.2 文件的基本操作

1. 文件的打开与关闭

在 Python 中，文本文件和二进制文件均采用以下统一的操作步骤。

（1）新建或打开文件。

（2）对文件进行读写操作。

（3）关闭文件。

如图 7-1 所示，操作系统中的文件默认处于存储状态，在对文件进行操作时，首先需要将文件打开，使当前程序有权操作这个文件，如果打开不存在的文件，则可以创建新的文件。打开后的文件处于占用状态，此时，另一个进程不可以对这个文件进行任何操作。接下来，可以通过一组方法读取文件的内容或向文件写入内容，操作完成后，需要将文件关闭，关闭文件的操作可以释放对文件的控制，使文件恢复为存储状态，此时，另一个进程能够操作这个文件。

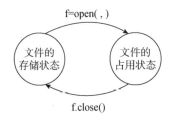

图 7-1　文件的打开与关闭

2. 内置函数 open( )

Python 内置函数 open( ) 可以按照指定模式打开指定文件并创建文件对象，语法格式如下：

```
<变量名>=open(<文件路径及文件名>,<打开模式>)
```

内置函数 open( ) 的主要参数说明如下。

（1）文件名可以是文件的实际名称，也可以是包含完整路径的名称。（如果目标文件不在当前目录中，则可以使用相对路径或绝对路径，在书写路径时，注意斜杠问题。）

（2）打开模式用于控制使用何种方法打开如"只读""只写""二进制读写""追加""打开或新建"等，默认为"只读"。

例如，在当前目录下以只读的方式打开一个名为"anli. txt"的文件，代码如下：

```
file=open("anli. txt")
```

当该文件存在时，默认以只读的方式打开；当文件不存在时，将提示错误信息，表示找不到 anli. txt 文件，如图 7-2 所示。

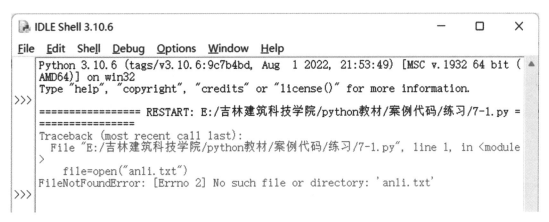

图 7-2　错误提示信息

如果想要对文件进行编辑，那么就需要在打开文件时，指明文件的打开方式。Python中文件的打开方式有多种，如表 7-1 所示。

表 7-1　文件的打开方式

打开方式	说明	如果指定的文件不存在
r(只读)	打开一个文本文件，只允许读数据	出错
w(只写)	打开或建立一个文本文件，只允许写数据	建立新文件
a(追加)	打开一个文本文件，并在文件末尾增加数据	建立新文件
rb(只读)	以二进制格式打开一个文件，只允许读数据	出错
wb(只写)	以二进制格式打开或建立一个文件，只允许写数据	建立新文件
ab(追加)	以二进制格式打开一个文件，并在文件末尾写数据	建立新文件
r+(读写)	打开一个文本文件，允许读和写	出错
w+(读写)	打开或建立一个文本文件，允许读和写	建立新文件
a+(读写)	打开一个文本文件，允许读或在文件末追加数据	建立新文件
rb+(读写)	以二进制格式打开一个文件，允许读和写	出错
wb+(读写)	以二进制格式打开或建立一个文件，允许读和写	建立新文件
ab+(读写)	以二进制格式打开一个文件，允许读或在文件末尾追加数据	建立新文件

文件的打开方式使用字符串表示，根据字符串定义，单引号或双引号均可。在表 7-1的文件的打开方式中，需要注意以下几点。

（1）用只读方式"r"打开文件时，该文件必须已经存在，否则出错，且只能进行读操作，打开时文件的位置指针在文件的开头。

（2）用只写方式"w"打开文件时，若文件不存在，则以指定的文件名创建新文件；若文件已经存在，则原文件内容消失，需要重新写入内容，并且只能执行写操作。

（3）用追加方式"a"打开文件时，若文件已经存在，当有新的内容写入文件时，新的内容会被写入已有的内容后面；若文件不存在，则创建新文件进行写入。

（4）打开方式中带"b"的表示以二进制文件格式对文档进行操作。

（5）"r""w""a"可以和"b""+"组合使用，形成既表达读写又表达文件模式的打开方式。

3. 关闭文件

对文件内容操作完成后，需要关闭文件以释放资源，并且对文件所做的任何修改都要进行保存。在 Python 中，可以使用 close( ) 函数关闭文件。该函数没有参数，可直接调用。其语法格式如下：

<变量名>. close()

例如，关闭上面打开的 anli. txt 文件：

file. close()

知识扩展

如果打开文件后忘记关闭文件，那么在正常退出编译器时，系统默认关闭文件。

另外，即使编写了关闭文件的代码，有时也无法对文件进行正常关闭。例如，在打开文件之后和关闭文件之前发生了错误导致程序崩溃，那么这时文件无法进行正常关闭。为了有效避免出现这种情况，推荐使用 with 语句管理文件对象（具体参见后续内容）。

【微实例 7-1】

新建一个文本文件 jc. txt，文件内容为"2022 年吉林建筑科技学院 Python 成绩汇总"，保存在目录 EXAM 中，完成打开并关闭该文件的操作。

【分析】

首先需要建立一个 jc. txt 文档并对其内容进行编辑，并创建 EXAM 文件夹，将 jc. txt 文档存储到 EXAM 文件夹中。假设目录 EXAM 在 Windows 系统的 C 盘根目录下。在这里需要注意的是，当前的 txt 文档与 Python 文件不在同一个文件夹中，因此需要使用"/"或"\\"来表示路径。

【程序代码 eg7-1】

```
f=open("C:/jc. txt","r")
print(f. readline())
f. close()
print(f. readline())                    #关闭文件后,对文件再次进行读写操作
```

知识扩展

当关闭文件后，再对文件进行读写操作，如果再次使用语句 print(f. readline( ))，那么将产生 I/O 操作错误。

7.1.3 with 语句

在 Python 开发过程中，进行文件的读写时，应考虑使用上下文管理语句，即 with 语句。with 作为 Python 中的关键字，可以自动管理资源，在处理文件的过程中无论是否发生代码异常或错误，总能保证文件被正确关闭，并且可以在代码块执行完毕后自动还原进入该代码块时的上下文，常用于文件操作、数据库连接、网络通信连接等场合。当用于文件内容读写时，with 语句的语法格式如下：

with open(文件名,<打开方式>)as 文件对象名:

例如：使用 with 语句操作案例一文件对象：

```
with open("fu. txt","r")as filet:                    #打开文件
    filet. write("2022 年北京冬奥会口号")          #写入数据
```

知识扩展

上述代码中，open( )函数的返回值赋值给 filet，通过文件对象 filet 将"2022 年北京冬奥会口号"写入 fu. txt 文件。

案例实现

通过对案例的分析，具体实现过程可参考以下操作。

（1）用文本编辑器生成一个包含"一起向未来"的 txt 文本文件，命名为"fu. txt"。

（2）使用 Python 编译器，用文本文件的方式，打开 fu. txt 文件。

（3）使用 Python 编译器，用二进制文件的方式，打开 fu. txt 文件。

运行结果如图 7-3 和图 7-4 所示。

二维码 7-1
案例一代码 AnLi-1

```
IDLE Shell 3.10.6                                    —    □    ×

File  Edit  Shell  Debug  Options  Window  Help

Python 3. 10. 6 (tags/v3. 10. 6:9c7b4bd, Aug  1 2022, 21:53:49) [MSC v. 1932 64 bit (
AMD64)] on win32
Type "help", "copyright", "credits" or "license()" for more information.

>>>
================ RESTART: E:\吉林建筑科技学院\python教材\案例代码\AnLi-1（1）.py
================
一起向未来
>>>
```

图 7-3   案例一文本形式运行结果

```
IDLE Shell 3.10.6                                    —    □    ×

File  Edit  Shell  Debug  Options  Window  Help

Python 3. 10. 6 (tags/v3. 10. 6:9c7b4bd, Aug  1 2022, 21:53:49) [MSC v. 1932 64 bit (
AMD64)] on win32
Type "help", "copyright", "credits" or "license()" for more information.

>>>
================ RESTART: E:\吉林建筑科技学院\python教材\案例代码\AnLi-1（2）.py
================
b'\xe4\xb8\x80\xe8\xb5\xb7\xe5\x90\x91\xe6\x9c\xaa\xe6\x9d\xa5'
>>>
```

图 7-4   案例一二进制形式运行结果

7.2   案例二   文本词频统计

案例描述

统计《哈姆雷特》中每个单词出现的次数，并将书中词汇按照出现次数进行降序排列输

出。(需打开本地文件，或者下载 hamlet. txt 电子文档到计算机中进行使用。)

■●◆ 案例分析 ◆●■

通过前面所学知识，可使用字典保存每个单词的出现次数，并利用 sorted( )函数把字典元素按照值进行降序排列。而关键问题在于如何实现打开文件、读取内容、将统计结果写入文件，这就需要用到文件操作的相关知识。

当文件被打开后，根据文件打开方式的不同，可以对文件进行相应的读写操作。当使用二进制方式打开文件时，文件将按照字节流方式进行读写。当使用文本方式打开文件时，文件将按照字符串方式进行读写。

7.2.1　读文件

根据打开方式的不同，文件的读写方式也会有所不同。Python 提供了 3 个常用的读取文件的方法：read( )方法、readline( )方法、readlines( )方法。下面详细介绍这 3 种方法的具体使用方式。

1. read( )方法

read( )方法用于从文件中读取指定的字节数，若未给定参数或参数为负，则读取整个文件内容。其语法格式如下：

```
文件对象名 .read(<size>)
```

其中，size 为从文件中读取的字节数，该方法返回从文件中读取的字符串或字节流，下面通过实例进行介绍。

【微实例 7-2】

使用 read( )方法读取 ym. txt 文件。

以下诗词是一个文件的内容，文件名保存为"ym. txt"，存储路径与当前 Python 文件一致。

风雨送春归，飞雪迎春到。

已是悬崖百丈冰，犹有花枝俏。

俏也不争春，只把春来报。

待到山花烂漫时，她在丛中笑。

【分析】

首先打开文件，当前文件位置指针在文件的开头，根据 read( )方法的语法格式，先给出 size 值，让其读取文件的指定字节数，再使用 read( )方法，设置 size 值为空，让其读取文件中剩余的所有内容。

【程序代码 eg7-2】

```
with open("ym. txt","r")as file:      #以只读方式打开文件
aline＝flie. read(6)                   #读取前 6 个字节
    print(aline)                      #输出前 6 个字节
    print("<"*20)                     #输出 20 个"<"用于分隔
    bline＝file. read()                #读取文件中剩余的所有内容
    print(bline)                      #输出
```

【运行结果】如图 7-5 所示。

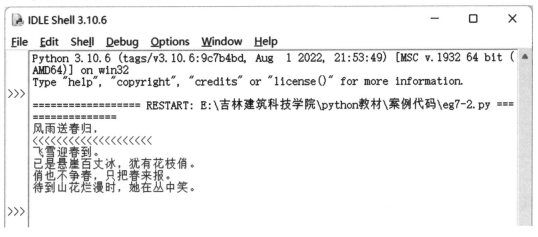

图 7-5　微实例 7-2 运行结果

2. readline( )方法

readline( )方法用于从文件中读入一行内容，包括"/n"字符。若给定了参数，则按照给定的参数值读取字符串。其语法格式如下：

> 文件对象名 . readline(<size>)

其中，size 表示参数，即从文件中读取的字节数，若给出 size 值，则读入文件中 size 长度的字符串或字节流前面的字节数。

【微实例 7-3】

使用 readline( )方法读取 ym. txt 文件。

【程序代码 eg7-3】

```
with open("ym. txt",' r ')as file:
#以只读方式打开原有的名为"ym. txt"的文件
    aline＝file. readline()          #读取一行
    print(aline)                    #输出
    print(' <' *20)                 #输出 20 个"<"用于分隔
    aline＝file. readline(14)        #从已读文件当前行的下一行读取 14 个字符
    print(aline)                    #输出
```

【运行结果】如图 7-6 所示。

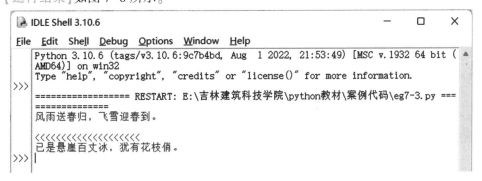

图 7-6　微实例 7-3 运行结果

3. readlines( ) 方法

readlines( ) 方法用于从文件中读入所有行，以每行元素形成一个列表。若给定了参数，则按照给定的参数值读取行数。其语法格式如下：

文件对象名 . readlines(<hint>)

其中，hint 表示参数，若给出 hint 值，则读入 hint 行。

【微实例 7-4】

使用 readlines( ) 方法读取 ym. txt 文件。

【分析】

使用 readlines( ) 方法读取文件后，返回值为列表。当使用 for 循环对文件内容进行遍历时，由于每个元素的结尾都有一个" \ n"，Python 的 print 语句会默认自带换行功能，因此在循环遍历时，会产生多余空白行。

【程序代码 eg7-4】

```
with open("ym. txt",'r' )as file:
#以只读方式打开原有的名为"ym. txt"的文件
    count=file. readlines()          #读取所有行并返回列表
print(count)                          #输出列表
print(' <' *50)                       #输出 50 个"<"用于分隔
for i in count:                       #遍历列表
    print(i)                          #输出列表每行
```

【运行结果】如图 7-7 所示。

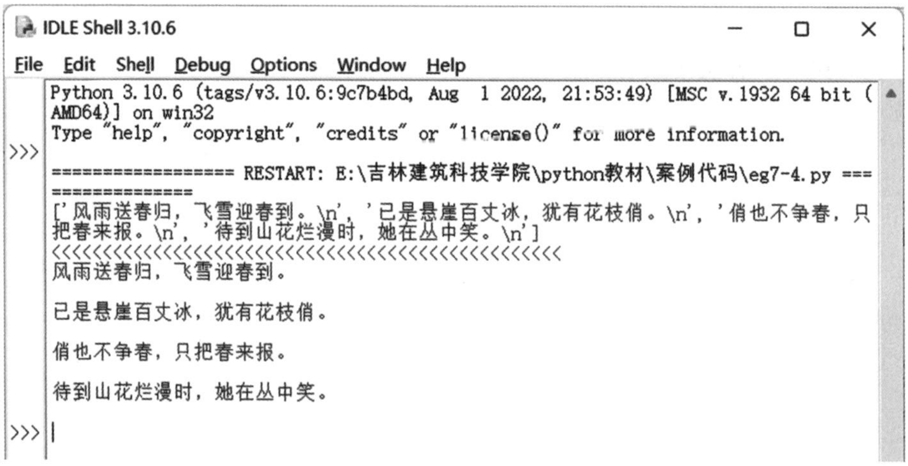

图 7-7　微实例 7-4 运行结果

从上面的实例我们可以看出，当需要读取的文件内容非常大时，使用 readlines( ) 方法将文件内容一次性读取到列表中，将会占用很多内存，从而影响程序的运行速度。如何解决这一问题呢？我们可以将文件本身作为一个行序列进行读取操作，遍历文件中的所有行，具体实现方式如下：

```
with open("ym. txt",'r' )as file:
#以只读方式打开原有的名为"ym. txt"的文件
    for i in file:                    #遍历文件的所有行
        print(i)                      #输出行
```

7.2.2　写文件

Python 提供了两种常用的文件写入方法，分别为 write( ) 方法和 writelines( ) 方法。

1. write( ) 方法

write( ) 方法用于向文件写入字符串，每次写入后，将会记录一个写入指针。该方法可以反复调用，在写入指针后分批写入内容，直至文件被关闭。其语法格式如下：

文件对象名 . write(s)

其中，s 为要写入文件的字符串。

【微实例 7-5】

向 wym. txt 文件中写入以下数据。

风雨送春归，

飞雪迎春到。

已是悬崖百丈冰，

犹有花枝俏。

【分析】

首先需要以只写的方式打开文件，当文件不存在时，系统会创建新文件；然后向文件中写入数据，write( ) 方法不会自动在字符串的末尾添加换行符，因此，当输入多行内容时，需要在 write( ) 方法中添加换行符；最后完成数据写入后，关闭文件。

【程序代码 eg7-5】

```
f=open(' wym. txt ',' w' )          #打开名为"wym. txt"的文件
#向文件中输入字符串
f. write(' 风雨送春归,\n' )
f. write(' 飞雪迎春到。\n' )
f. write(' 已是悬崖百丈冰,\n' )
f. write(' 犹有花枝俏。\n' )
f. close()                          #关闭文件
```

程序运行后，会在程序所在的路径下生成一个名为"wym. txt"的文件，打开该文件，可以看到数据被成功写入文件。

【运行结果】如图 7-8 所示。

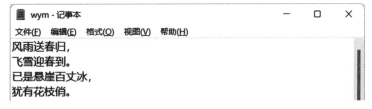

图 7-8　微实例 7-5 运行结果

知识扩展

使用 f. write(s) 时，需要使用" \n"来对写入的文本进行分行，如果不进行分行，那么每次写入的字符串会被连接起来。

【微实例 7-6】

将 ym. txt 文件中的内容备份到新文件 copyym. txt 中。

【分析】

如果想要将文件 ym. txt 中的内容备份到另一个文件 copyym. txt 中，那么我们首先需要读取原有文件中的数据，然后将读取的文件数据写入新的文件，完成备份功能。

【程序代码 eg7-6】

```
with open("ym. txt",' r' )as afile,open("copyym. txt",' w' )as bfile:
#打开两个文件,ym. txt 以只读方式打开,copyym. txt 以只写方式打开
    bfile. write(afile. read())
#将从 ym. txt 中读取的内容写入 copyym. txt
```

程序运行后，可以看到源文件所在目录下生成了 copyym. txt 文件，程序将原有的名为 "ym. txt" 的文件中读取到的内容写入 copyym. txt 文件，对比这两个文件中的内容，结果发现完全相同，说明备份成功。

【运行结果】如图 7-9 和图 7-10 所示。

图 7-9　ym. txt 文件内容

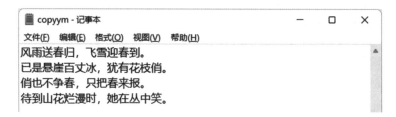

图 7-10　copyym. txt 文件内容

2. writelines( ) 方法

writelines( ) 方法直接将列表类型的各个元素连接起来写入目标文件，语法格式如下：

```
文件对象名 . writelines(lines)
```

其中，lines 为要写入文件的列表。

【微实例 7-7】

使用 writelines( ) 方法向已有的 wym. txt 文件中追加以下数据：

俏也不争春，

只把春来报。

待到山花烂漫时，

她在丛中笑。

【分析】

此例需要在已有的文件中进行数据追加，我们需要用追加的打开方式"a"来进行实现。使用 writelines( )方法时，同样需要注意要在列表后面增加换行符，否则写入的数据会被连接起来。

【程序代码 eg7-7】

```
fp=["俏也不争春,\n","只把春来报。\n","待到山花烂漫时,\n","她在丛中笑。\n"]
#定义列表并赋值
with open(' wym. txt ',' a' )as file:
#以追加方式打开原有的名为"wym. txt"的文件
file. writelines(fp)                    #向文件中追加字符串列表
```

程序运行后，将有新的数据追加到原有文件中，打开该文件，可以看到数据被成功追加。

【运行结果】如图 7-11 所示。

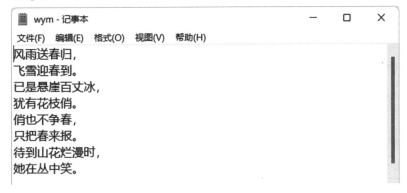

图 7-11　微实例 7-7 运行结果

7.2.3　文件内移动

无论是读还是写文件，Python 都会跟踪文件中的读写位置。在默认情况下，文件的读写都从文件的起始位置进行。Python 提供了控制文件读写起始位置的方法，使用户可以改变文件读写操作发生的位置。

在编程过程中，当使用 open( )函数打开文件时，open( )函数会在内存中创建缓冲区，并将磁盘中的文件内容复制到缓冲区，文件内容复制到缓冲区后，此时可以将缓冲区看作一个大的列表，列表中的每个元素都有自己的索引，对缓冲区索引计数是根据文件对象中的字节数进行的。同时，文件对象对文件当前位置，也就是文件发生读写操作的位置进行维护。许多方法默认使用了当前位置，如使用 readline( )方法后，文件当前位置移动到下一个回车的位置。

Python 中常用的文件内移动的两个方法分别为 tell( )方法和 seek( )方法。

1. tell( )方法

tell( )方法可以计算文件当前位置和起始位置之间的字节偏移量，返回文件的当前位置，即文件位置指针当前位置，语法格式如下：

文件对象名 .tell()

【微实例 7-8】

用 tell( )方法获取文件 dongao. txt 的当前位置。创建名为"dongao. txt"的文档，并输入内容"Together for a Shared Future"。在程序中打开 dongao. txt 文档，并对其进行读写位置操作。

【程序代码 eg7-8】

```
with open("dongao. txt",' r' ,encoding=' UTF- 8' )as file:    #以只读方式打开名为"dongao. txt"的文件
aline=file. read(6)                                          #读取前 6 个字节
    print(aline)                                             #输出前 6 个字节
    f=file. tell()                                           #获取指针当前位置
    print(' 当前位置:' ,f)                                    #输出当前位置
aline=file. read(5)                                          #继续读取 5 个字节
    print(aline)                                             #输出读取到的数据
    f=file. tell()                                           #获取指针当前位置
    print(' 当前位置:' ,f)                                    #输出当前位置
```

【运行结果】如图 7-12 所示。

```
IDLE Shell 3.10.6                                    —    □    ×

File  Edit  Shell  Debug  Options  Window  Help

Python 3. 10. 6 (tags/v3. 10. 6:9c7b4bd, Aug  1 2022, 21:53:49) [MSC v. 1932 64 bit (
AMD64)] on win32
Type "help", "copyright", "credits" or "license()" for more information.

================== RESTART: E:\吉林建筑科技学院\python教材\案例代码\eg7-8. py ===
==============
Togeth
当前位置： 6
er fo
当前位置： 11
```

图 7-12　微实例 7-8 运行结果

2. seek( )方法

seek( )方法用于设置新的文件当前位置，允许在文件中跳转，实现对文件的随机访问。

seek( )方法有两个参数：第 1 个是参数的字节数；第 2 个参数是引用点。seek( )方法将文件当前指针由引用点移动指定的字节数到指定的位置，语法格式如下：

```
文件对象名 . seek(offset,<whence>)
```

其中，offset 是一个字节数，表示偏移量；whence 为可选参数，具有以下 3 种取值方式。

(1)文件开始处为 0，也是默认取值，表示使用该文件的起始位置作为基准位置，此时的字节偏移量必须为负数。

(2)当前文件位置为 1，表示使用当前位置作为基准位置，此时的字节偏移量可取负数。

(3)当前文件位置为 2，表示将读取指针移动到文件末尾，使用文件的末尾作为基准位置。

【微实例 7-9】

创建名为"s. txt"的文件，输入"Together for a Shared Future"并保存，读取单词"er"并

输出。

【程序代码 eg7-9】

```
newf=input(' 请输入新建的文件名:' )              #输入文件名
with open(newf,' w+' )as file:                  #新建文件并以读写方式打开
    file. write(' Together for a Shared Future' )   #将字符串输入文件
    file. seek(8)                               #指针移到从起始位置开始的第 8 个字符处
    rd=file. read(2)                            #读取 2 个字符给 rd
    print(rd)                                   #输出
```

语句 file. seek(8)表示将文件位置指针移动到从文件起始位置开始的第 8 个字符处，这里省略了 whence 参数，参数值默认为 0。

【运行结果】如图 7-13 所示。

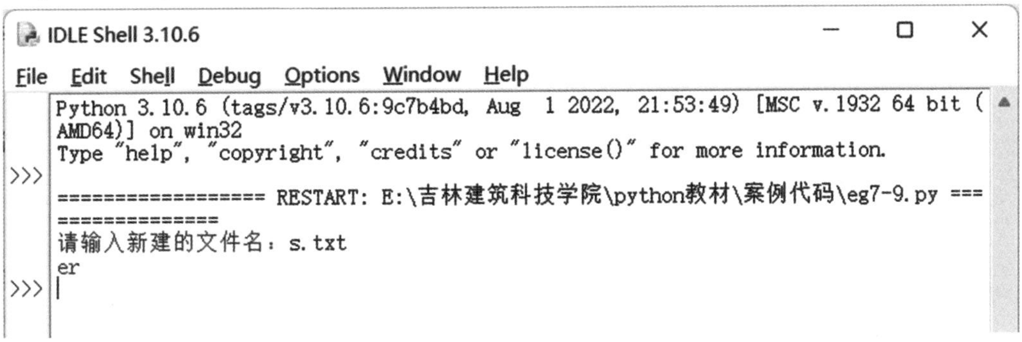

```
IDLE Shell 3.10.6                                   —   □   ×
File  Edit  Shell  Debug  Options  Window  Help
Python 3.10.6 (tags/v3.10.6:9c7b4bd, Aug  1 2022, 21:53:49) [MSC v.1932 64 bit (
AMD64)] on win32
Type "help", "copyright", "credits" or "license()" for more information.
>>>
================== RESTART: E:\吉林建筑科技学院\python教材\案例代码\eg7-9.py ===
=================
请输入新建的文件名：s.txt
er
>>>
```

图 7-13　微实例 7-9 运行结果

【微实例 7-10】

读取 s. txt 文件中的倒数第 3 个字符。

【程序代码 eg7-10】

```
with open(' s. txt' ,' rb+' )as file:           #新建文件并以读写方式打开
    file. seek(-3,2)                            #将文件位置指针定位到倒数第 3 个字符处
    rd=file. read(1)                            #读取一个字符给 rd
    print(rd)                                   #输出
```

【运行结果】如图 7-14 所示。

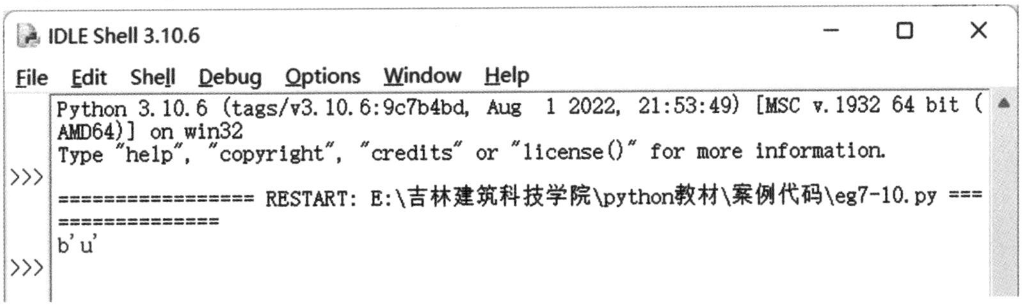

```
IDLE Shell 3.10.6                                   —   □   ×
File  Edit  Shell  Debug  Options  Window  Help
Python 3.10.6 (tags/v3.10.6:9c7b4bd, Aug  1 2022, 21:53:49) [MSC v.1932 64 bit (
AMD64)] on win32
Type "help", "copyright", "credits" or "license()" for more information.
>>>
================== RESTART: E:\吉林建筑科技学院\python教材\案例代码\eg7-10.py ===
==============
b' u'
>>>
```

图 7-14　微实例 7-10 运行结果

知识扩展

当以文本方式打开文件时，在 seek( )方法中文件只允许从文件起始位置计算偏移量，

即 whence 参数的取值只能为 0。当以二进制方式打开文件时，可以从文件的当前位置或文件的结束位置计算偏移量。

在微实例 7-10 中，如果采用文本方式打开文件，即将语句 open('s.txt','rb+') 改为 open('s.txt','r')，运行程序，系统将提示错误信息，如图 7-15 所示。

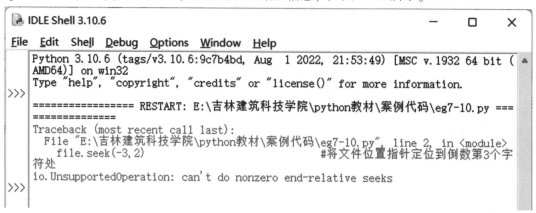

图 7-15　错误提示

案例实现

单词统计涉及对词汇的统计，从思路上看，词频统计只是累加问题，对文档的每个词设计一个计数器，词语每出现一次，相关计数器加 1。可以采用字典来解决词频统计问题，以"词语"为键、"计数器"为值。

英文文本通常用空格或标点符号来进行词语分隔，易于获取单词并统计数量。

运行结果如图 7-16 所示。

二维码 7-2
案例二代码 AnLi-2

```
IDLE Shell 3.10.6                                    —    □    ×
File  Edit  Shell  Debug  Options  Window  Help
Python 3.10.6 (tags/v3.10.6:9c7b4bd, Aug  1 2022, 21:53:49) [MSC v.1932 64 bit (
AMD64)] on win32
Type "help", "copyright", "credits" or "license()" for more information.
>>>
================= RESTART: E:\吉林建筑科技学院\python教材\案例代码\AnLi-2 (1).py
================
the        1138
and        965
to         754
of         669
you        550
i          542
a          542
my         514
hamlet     462
in         436
>>>
```

图 7-16　案例二(1)运行结果

从输出结果可以看到，高频单词大多数是冠词、代词、连接词等语法型词汇，并不能代表文章的含义。同时，可以去掉一些我们不想进行统计的单词，进一步，可以采用集合类型构建一个排除词汇库 excludes，将不想进行统计的内容放到排除词汇库中，在输出结果中排除这个词汇库中的内容。

运行结果如图 7-17 所示。

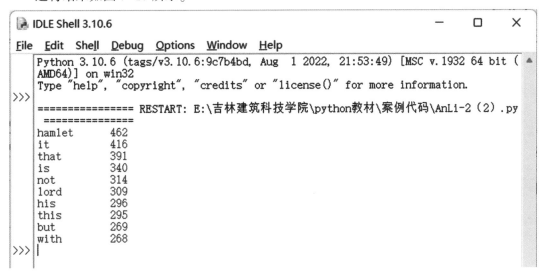

图 7-17 案例二(2)运行结果

7.3 案例三 文件批量重命名

在日常的工作学习中，根据需要我们经常会对文件名进行修改，如添加统一编号、添加统一前缀等。如果需要修改大量文件，逐一对文件进行修改显然效率很低。为了提高工作效率，我们可以使用 Python 编写一个小程序，把指定文件夹下所有的文件名进行批量修改，同时文件类型保持不变。

案例分析

要实现对文件的统一修改，需要了解文件和文件夹的具体操作方法，如文件的修改、删除、重命名等，以及文件夹的创建、遍历、删除等。这就需要深入学习 os 模块和 os.path 模块的相关知识。

7.3.1 os 模块

os 模块在 Python 的标准库中，因此在使用 os 模块时，只需要在使用前进行导入即可，不用额外下载。os 模块提供了大部分操作系统的功能接口函数。在使用 os 模块时，它会根据不同的操作系统平台进行相应的操作。os 模块除提供使用操作系统功能访问文件系统的简便方法外，还提供了大量文件级操作方法，表 7-2 中列出了 os 模块的常用方法。

表 7-2　os 模块的常用方法

方法	说明
rename(src, dst)	重命名文件或目录，其中 src 为原文件名或目录名，dst 为新文件名或目录名，可以实现文件的移动，若目标文件已存在，则抛出异常
remove(path)	删除路径为 path 的文件，path 参数不能省略，若 path 是一个文件夹，则抛出异常
mkdir(path[, mode])	创建目录，要求上级目录必须存在，参数 mode 为创建目录的权限，默认创建的目录权限为可读、可写、可执行
getcwd()	返回当前工作目录
chdir(path)	将 path 设为当前工作目录，path 参数不能省略
listdir(path)	返回 path 目录下的文件和目录列表，path 参数可省略。当省略 path 时，列出当前目录下的所有文件名和文件夹名
rmdir(path)	删除 path 指定的空目录，若目录非空，则抛出异常
removedirs(path)	删除多级目录，目录中不能有文件

【微实例 7-11】

在"E:\吉林建筑科技学院\案例代码"目录下进行操作。

【程序代码 eg7-11】

```
>>> import os                              #导入 os 模块
>>>os. chdir("E:\\吉林建筑科技学院\\案例代码")#改变当前目录
>>>os. mkdir("Python-os")                  #创建目录
>>>os. chdir("Python-os")                  #将"Python-os"目录作为当前目录
>>>os. mkdir("osfile")                     #在"Python-os"目录中创建目录"osfile"
>>> t=open("a. txt","w")                   #在当前工作目录下创建并打开"a. txt"文件
>>>t. close()                              #关闭文件
>>>os. rename("a. txt","b. txt")            #重命名文件
>>>os. listdir("E:\\吉林建筑科技学院\\案例代码\\Python-os")
#查看文件和目录列表
[' b. txt' ,' osfile' ]
>>>os. rmdir("E:\\吉林建筑科技学院\\案例代码\\Python-os\\osfile")#删除目录
>>>os. listdir("E:\\吉林建筑科技学院\\案例代码\\Python-os")
#再次查看文件和目录列表
[' b. txt' ]
>>>os. remove("E:\\吉林建筑科技学院\\案例代码\\Python-os\\b. txt")#删除文件
>>>os. listdir("E:\\吉林建筑科技学院\\案例代码\\Python-os")
#再次查看文件和目录列表
[]
>>>
```

7.3.2 os. path 模块

os. path 模块同样存在于 Python 的标准库中，使用前导入该模块即可。os. path 模块主要用于文件相关属性的获取。表 7-3 中列出了 os. path 模块的常用方法。

表 7-3 os. path 模块的常用方法

方法	说明
abspath(path)	返回绝对路径
split(path)	将指定 path 分割成目录和文件名，以元组的形式返回
dirname(path)	返回指定 path 的目录路径
exists(path)	判断文件是否存在
isdir(path)	用于判断 path 是否为目录，若是目录，则返回 Ture；否则返回 False
isfile(path)	用于判断 path 是否为文件，若是文件，则返回 Ture；否则返回 False
join(path1 , * paths)	连接两个或多个 path
basename(path)	返回 path 最后的文件名

【微实例 7-12】

os. path 模块的基本用法。

【程序代码 eg7-12】

```
>>> import os
>>> import os. path
>>>os. chdir("E:\\吉林建筑科技学院\\案例代码\\Python-os")     #改变当前目录
>>> t=open("a. txt","w")
>>>os. listdir()
[' a. txt' ]
>>>os. path. abspath("a. txt")                              #返回绝对路径
' E:\\吉林建筑科技学院\\案例代码\\Python-os\\a. txt'
>>>os. path. split("E:\\吉林建筑科技学院\\案例代码\\Python-os\\a. txt")
#对路径进行分割,以元组形式返回
(' E:\\吉林建筑科技学院\\案例代码\\Python-os' ,' a. txt' )
>>>os. path. dirname("E:\\吉林建筑科技学院\\案例代码\\Python-os\\a. txt")
#返回目录的路径
' E:\\吉林建筑科技学院\\案例代码\\Python-os'
>>>os. path. exists("E:\\吉林建筑科技学院\\案例代码\\Python-os\\a. txt")
#判断文件是否存在,若存在则返回 True
True
>>>os. path. exists("E:\\吉林建筑科技学院\\案例代码\\Python-os\\b. txt")
#判断文件是否存在,若不存在则返回 False
False
>>>os. path. basename("E:\\吉林建筑科技学院\\案例代码\\Python-os\\a. txt")
#返回指定路径的最后一部分
' a. txt'
```

```
>>>os. path. isfile("E:\\吉林建筑科技学院\\案例代码\\Python-os\\a. txt")
#判断是否为文件
True
>>>os. remove("E:\\吉林建筑科技学院\\案例代码\\Python-os\\a. txt")
>>>os. listdir("E:\\吉林建筑科技学院\\案例代码\\Python-os")
[]
>>>
```

案例实现

将指定目录下的所有文件名进行批量修改，统一为所有文件添加前缀，前缀名为"jc[2022级]-"。先导入 os 模块，然后使用 os 模块中的 chdir()方法改变当前目录，用 listdir()方法获取指定文件夹下的所有文件列表，最后利用 for 循环遍历列表的同时，用 rename()方法对文件进行重命名。

二维码 7-3
案例三代码 AnLi-3

运行结果如图 7-18 所示。

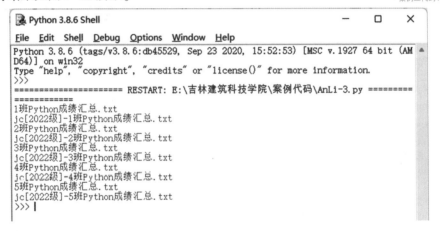

图 7-18 案例三运行结果

程序运行后，目录"E:\吉林建筑科技学院\案例代码\AnLi-3"下的文件名变化情况如图 7-19 所示。

图 7-19 程序运行前后对比
(a)重命名前；(b)重命名后

7.4 案例四 CSV 文件的读取

案例描述

创建一个 CSV 文件，命名为"学生信息.csv"，并对其进行操作。

案例分析

结合前面所学的文件知识，使用 Python 中的内置模块 csv 进行读写操作。

案例实现

7.4.1 什么是 CSV 文件

CSV 是一种以逗号分隔数值的文件类型，在数据库或电子表格中，常见的导入/导出文件格式就是 CSV 格式。CSV 格式存储数据通常以纯文本的方式存储数据表。CSV 文件是纯文本文件，可以通过 Microsoft Excel 或其他电子表格应用程序打开 CSV 文件，以查看以表格格式显示的数据。

7.4.2 用 Python csv 处理 CSV 文件

Python 中集成了专门用于处理 CSV 文件的模块，在 Python 文件中导入此模块，可以读取和写入 CSV 文件。csv 模块常用于处理 Microsoft Excel 生成的 CSV 文件格式，也可以读取和写入任何类型的 CSV 文件。

1. csv.reader( )

在读取 CSV 文件时，可以使用 CSV 文件库中的 csv.reader( )对象，将文件以列表形式打开，语法格式如下：

    csv.reader(csvfile,dialect=' excel' ,**fmtparams)

其中，csvfile 可以是文件(file)对象或列表(list)对象；dialect 为可选参数，表示编码风格；fmtparams 为可选参数，表示格式化参数。

【微实例 7-13】

创建一个 CSV 文件，命名为"学生信息.csv"，表中信息如图 7-20 所示。

序号	学校	学号	姓名	学院	班级	Python成绩
1	吉林建筑科技学院	001	大明	计算机学院	软件1班	80
2	吉林建筑科技学院	002	小红	计算机学院	软件1班	76
3	吉林建筑科技学院	003	文文	计算机学院	软件1班	90
4	吉林建筑科技学院	004	小强	计算机学院	软件1班	87
5	吉林建筑科技学院	005	鲍勃	计算机学院	软件1班	96

图 7-20 学生信息.csv

将学生信息.csv 文件中的内容以列表的形式打开。

【程序代码 eg7-13】

```
import csv
f=open("学生信息 . csv","r")
csv_reader=csv. reader(f)
for c in csv_reader:
    print(c)
f. close()
```

【运行结果】如图 7-21 所示。

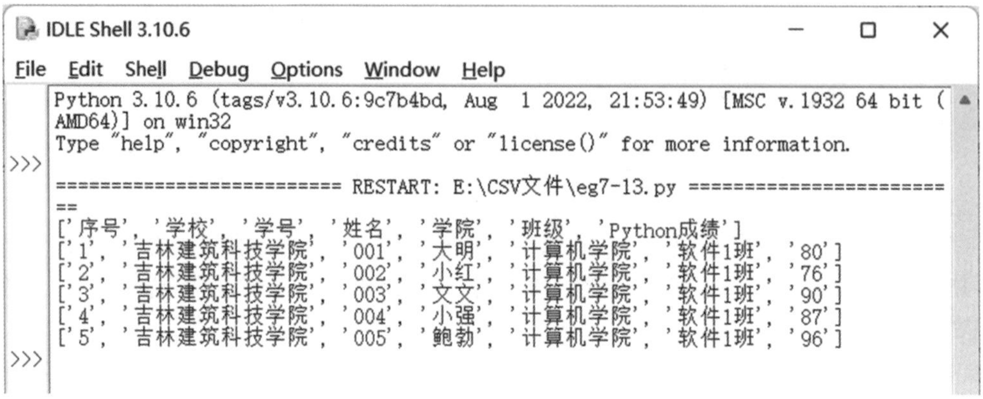

IDLE Shell 3.10.6 — □ ×

File Edit Shell Debug Options Window Help

```
Python 3. 10. 6 (tags/v3. 10. 6:9c7b4bd, Aug  1 2022, 21:53:49) [MSC v. 1932 64 bit (
AMD64)] on win32
Type "help", "copyright", "credits" or "license()" for more information.

========================= RESTART: E:\CSV文件\eg7-13. py =========================
==
['序号', '学校', '学号', '姓名', '学院', '班级', 'Python成绩']
['1', '吉林建筑科技学院', '001', '大明', '计算机学院', '软件1班', '80']
['2', '吉林建筑科技学院', '002', '小红', '计算机学院', '软件1班', '76']
['3', '吉林建筑科技学院', '003', '文文', '计算机学院', '软件1班', '90']
['4', '吉林建筑科技学院', '004', '小强', '计算机学院', '软件1班', '87']
['5', '吉林建筑科技学院', '005', '鲍勃', '计算机学院', '软件1班', '96']
```

图 7-21　微实例 7-13 运行结果

知识扩展

可以在 Microsoft Excel 中创建表格文件，并将文件另存为 CSV 文件。

在使用 csv. reader( ) 对象时，除可以打开 CSV 文件外，还可以读取 CSV 文件的任意一行数据。例如，读取学生信息 . csv 文件的表头信息的代码如下：

```
import csv
with open("学生信息 . csv","r")as f:
    reader=csv. reader(f)
    head=[row for   row in reader]
    print(head[0])
f. close()
```

【运行结果】如图 7-22 所示。

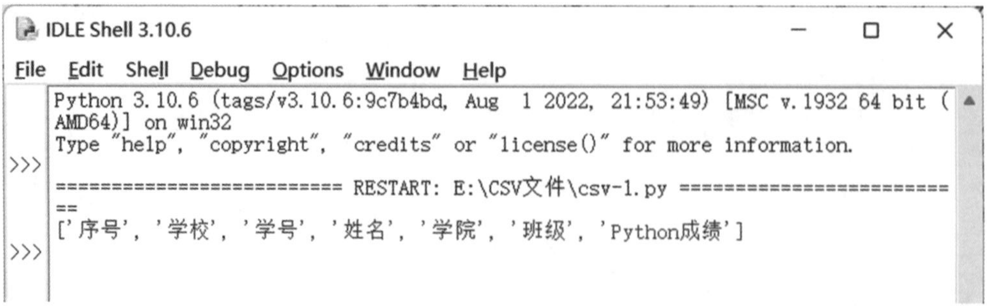

IDLE Shell 3.10.6 — □ ×

File Edit Shell Debug Options Window Help

```
Python 3. 10. 6 (tags/v3. 10. 6:9c7b4bd, Aug  1 2022, 21:53:49) [MSC v. 1932 64 bit (
AMD64)] on win32
Type "help", "copyright", "credits" or "license()" for more information.

========================= RESTART: E:\CSV文件\csv-1. py =========================
==
['序号', '学校', '学号', '姓名', '学院', '班级', 'Python成绩']
```

图 7-22　读取表头信息

也可以读取学生信息 . csv 文件的任意列信息，方法如下：

```
import csv
with open("学生信息 . csv","r")as f:
    reader＝csv. reader(f)
    c＝[row[6] for   row in reader]
    print(c)
f. close()
```

【运行结果】如图 7-23 所示。

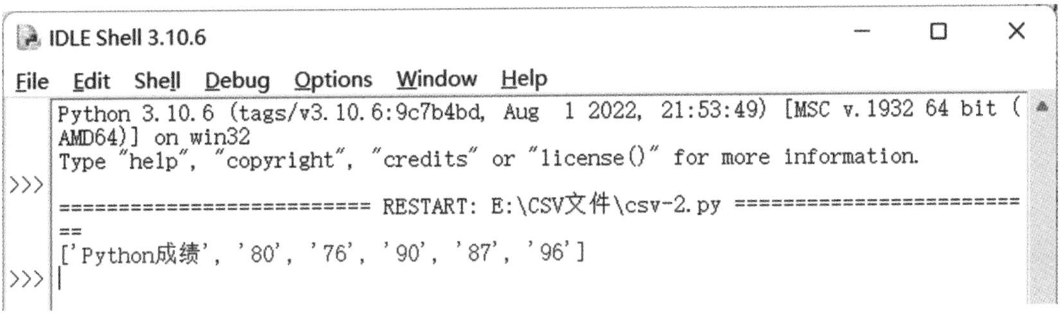

图 7-23　读取列信息

2. csv. DictReader( )

除将文件以列表的形式打开外，还可以以字典的形式打开 CSV 文件，其语法格式与 csv. reader( )对象相同。

【微实例 7-14】

将学生信息 . csv 文件中的内容以字典的形式打开。

【程序代码 eg7-14】

```
import csv
f＝open("学生信息 . csv","r")
csv_reader＝csv. DictReader(f)
for c in csv_reader:
    print(c)
f. close()
```

【运行结果】如图 7-24 所示。

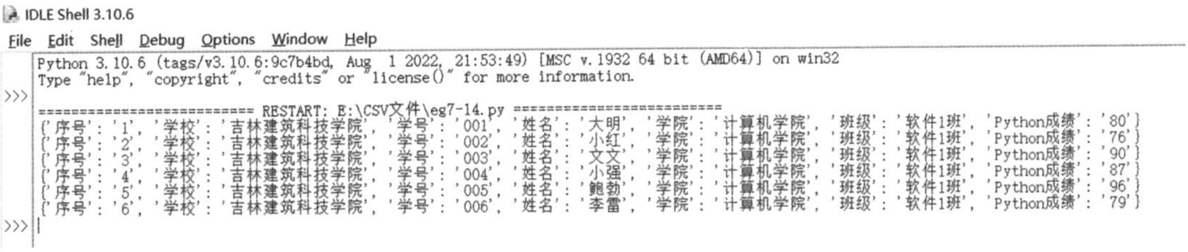

图 7-24　微实例 7-14 运行结果

3. csv. writer( )

csv. writer( )对象是以列表的形式向 CSV 文件中写入数据。

【微实例7-15】

使用 csv.writer( ) 对象在学生信息.csv 文件中写入一行数据。

【程序代码 eg7-15】

```
import csv
with open("学生信息.csv","a")as f:
    r=["6","吉林建筑科技学院","006","李雷","计算机学院","软件1班","79"]
    write=csv.writer(f)
    write.writerow(r)
    print("输入完成")
```

【运行结果】如图7-25所示。

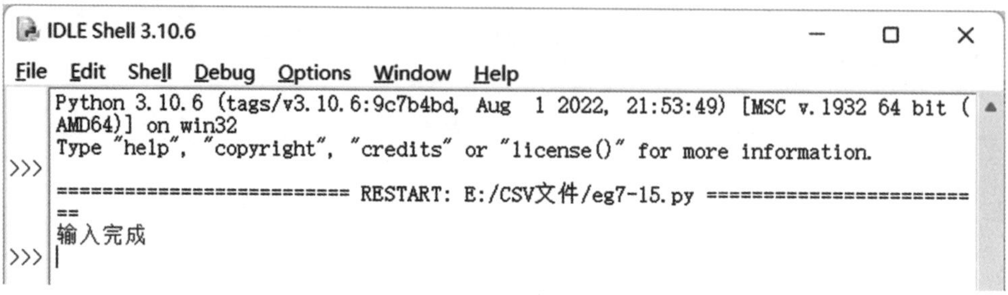

图 7-25 微实例 7-15 运行结果

此时，学生信息.csv 文件中新插入了一行数据，如图7-26所示。

序号	学校	学号	姓名	学院	班级	Python成绩
1	吉林建筑科技学院	001	大明	计算机学院	软件1班	80
2	吉林建筑科技学院	002	小红	计算机学院	软件1班	76
3	吉林建筑科技学院	003	文文	计算机学院	软件1班	90
4	吉林建筑科技学院	004	小强	计算机学院	软件1班	87
5	吉林建筑科技学院	005	鲍勃	计算机学院	软件1班	96
6	吉林建筑科技学院	006	李雷	计算机学院	软件1班	79

图 7-26 插入一行数据

知识扩展

当需要向 CSV 文件中插入多行数据时，插入的数据可以写成列表或元组的格式。

4. csv.DictWriter( )

csv.DictWriter( ) 对象以字典的形式向 CSV 文件中写入数据。

【微实例7-16】

使用 csv.DictWriter( ) 对象在学生信息.csv 文件中写入一行数据。

【程序代码 eg7-16】

```
import csv
with open("学生信息.csv","a")as f:
    fieldnames=["序号","学校","学号","姓名","学院","班级","Python 成绩"]
    writer=csv.DictWriter(f,fieldnames=fieldnames)
    writer.writerow({"序号":"7","学校":"吉林建筑科技学院","学号":"007","姓名":"卓玛","学院":"计算
机学院","班级":"软件1班","Python 成绩":"90"})
    print("输入完成")
```

【运行结果】如图 7-27 所示。

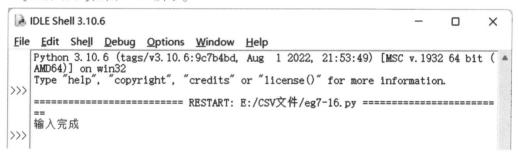

图 7-27　微实例 7-16 运行结果

此时，学生信息 .csv 文件中新插入了一行数据，如图 7-28 所示。

序号	学校	学号	姓名	学院	班级	Python成绩
1	吉林建筑科技学院	001	大明	计算机学院	软件1班	80
2	吉林建筑科技学院	002	小红	计算机学院	软件1班	76
3	吉林建筑科技学院	003	文文	计算机学院	软件1班	90
4	吉林建筑科技学院	004	小强	计算机学院	软件1班	87
5	吉林建筑科技学院	005	鲍勃	计算机学院	软件1班	96
6	吉林建筑科技学院	006	李雷	计算机学院	软件1班	79
7	吉林建筑科技学院	007	卓玛	计算机学院	软件1班	90

图 7-28　插入一行数据

知识扩展

csv. DictWriter( ) 对象参数的使用方法与 csv. write( ) 对象类似，但它还有另外一个必需参数：fieldnames。此参数是 CSV 文件中标题名称的列表，也是用于创建数据行的字典中的键。如果要在 CSV 文件中打印标题行，则需要调用 writeheader( ) 方法，例如，writer. Writeheader( ) 。

7.5　案例五　Excel 文件操作

案例描述

创建一个名为"学生选课信息 .xlsx"的 Excel 文件，其中存储了学生所选课程信息，如图 7-29 所示。根据编程要求，操作该文件：追加一列，按行对每名学生的选课信息进行汇总。

姓名	Python	C语言程序设计	Java程序设计	PHP程序设计	软件建模分析	Web程序设计
大明	是		是	是		
小红		是	是		是	
文文	是	是		是		
小强						是
鲍勃	是				是	是
李雷		是	是		是	
卓玛	是		是			是

图 7-29　学生选课信息内容

案例分析

一个 Excel 文件称作一个工作簿(Workbook)，一个工作簿中包含若干个工作表(Worksheet)，一个工作表中包含若干行(row)，每行包含若干个单元格。

Python 中不可以直接对 Excel 进行操作，需要使用扩展库 openpyxl 读写 Microsoft Excel 2007 及更高版本的文件。

首先在命令提示环境下执行命令 pip install openpyxl 安装扩展库 openpyxl，安装成功后系统给出提示，如图 7-30 所示。

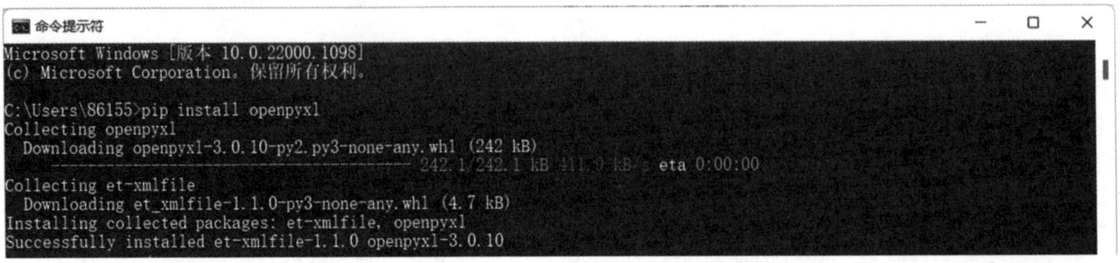

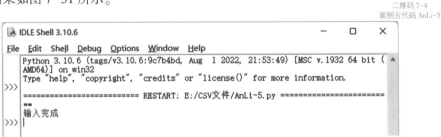

图 7-30　openpyxl 库安装成功提示

二维码 7-4
案例五代码 AnLi-5

案例实现

运行结果如图 7-31 所示。

图 7-31　案例五运行结果

添加完成后，在源文件的相同路径下，会生成一个"选课信息汇总.xlsx"表，课程信息在此表中进行查看，如图 7-32 所示。

姓名	Python	C语言程序设计	Java程序设计	PHP程序设计	软件建模分析	Web程序设计	所有课程
大明	是		是	是			Python,Java程序设计,PHP程序设计
小红		是	是		是		C语言程序设计,Java程序设计,软件建模分析
文文	是	是		是			Python,C语言程序设计,PHP程序设计
小强						是	Web程序设计
鲍勃	是				是	是	Python,软件建模分析,Web程序设计
李雷		是	是		是		C语言程序设计,Java程序设计,软件建模分析
卓玛	是			是		是	Python,PHP程序设计,Web程序设计

图 7-32　学生选课信息.xlsx 文件追加效果

7.6　案例六　GDP 数据分析

案例描述

根据图 7-33 所示的"2021 年部分城市 GDP 总值"表中的内容，输出 GDP 实际增长速度。

序号	城市	省份	GDP(亿元)	实际增速(%)
1	上海	上海	43215	8.1
2	北京	北京	40270	8.5
3	深圳	广东	30665	6.7
4	广州	广东	28232	8.1
5	重庆	重庆	27894	8.3
6	苏州	江苏	22718	8.7
7	成都	四川	19917	8.6
8	杭州	浙江	18109	8.5
9	武汉	湖北	17717	12.2
10	南京	江苏	16355	7.5

图 7-33 2011 年部分城市 GDP 总值

案例分析

本案例需要使用扩展库 openpyxl 中的 load_workbook( ) 函数，获取文件位置信息和工作表信息，遍历 Excel 文件中的所有行，找到要输出的行信息。

二维码 7-5
案例六代码 AnLi-6

案例实现

运行结果如图 7-34 所示。

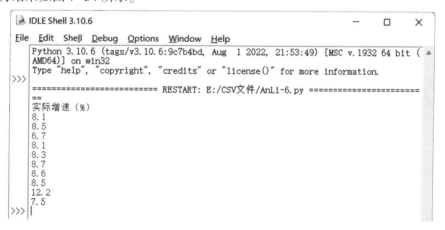

图 7-34 案例六运行结果

知识扩展

当使用 load_workbook( ) 函数打开 Excel 文件时，如果指定参数 data_only 为 True，那么此时只读取单元格中的文字内容，而不会读取公式中的内容。

7.7 二级真题测试

二维码 7-6
二级真题测试

7.8 实 训

7.8.1 实训一 图书管理系统

设计一个图书管理系统，需要录入图书基本信息，实现图书编号、书名、价格的录入、删除、查看、保存和数据恢复功能。

7.8.2 实训二 统计"人民日报金句"文本的关键字出现的次数

人民日报出版社着力加强国际传播能力建设，着力讲好中国故事、传播好中国声音，向世界展示真实、立体、全面的中国，努力塑造可信、可爱、可敬的中国形象。人民日报中的金句具有励志、向上的作用，备受群众追捧。如何使用 Python，统计出这些金句的关键字出现的次数呢？打开本地文件"人民日报金句"，一起来实现吧。（要打开"人民日报金句"这个文件，需要将该文件与代码存放在同一目录下，或者存放在代码中，在读取文件前需增加完整路径。）

7.8.3 实训三 文本词频统计内容扩展

《红楼梦》是中国古典四大名著之首，作者是清代作家曹雪芹。书中出现了几百个各具特色的人物，那么在这部经典巨作中，哪些人物的出场次数最多呢？我们用 Python 语言来解决这个问题吧。（需打开本地文件，或者下载《红楼梦》电子文档到计算机中，进行使用。）

第8章

网络爬虫

现今社会是"数据爆炸"的社会,日常生产生活的各个领域无时无刻不在产生着海量的数据,而多数数据都隐藏在互联网上。因此,面对日益增长的数据量与数据处理的需求,对数据的采集获取就成为大数据处理与分析的首要工作。如果以手工的方式采集数据,不仅费时费力,而且成本高昂,因而迫切需要能自动、高效获取数据的工具,网络爬虫技术应运而生,成为采集互联网数据的重要手段。Python 作为一种扩展性高的程序设计语言,拥有丰富的抓取网页内容及处理抓取的内容的第三方库,是目前最适合网络爬虫的开发语言。

学习目标

(1)了解 HTTP 基本原理。
(2)了解网络爬虫的基本概念。
(3)理解网络爬虫的工作流程。
(4)运用网络爬虫知识实战。

思维导图

8.1 案例一 搜索引擎的爬取

以百度搜索引擎为例，爬取某一关键字为 keyword 搜索的结果。例如，关键字为"中国计算机学会"的百度搜索页面如图 8-1 所示。

图 8-1 关键字为"中国计算机学会"的百度搜索页面

（1）导入 requests 库。
（2）定义搜索关键字。
（3）创建爬虫。
（4）输出爬取结果。

8.1.1 网络爬虫概述

1. 网络爬虫的概念

网络爬虫（简称爬虫），也被称为网页蜘蛛、网络蚂蚁或网络机器人，是一种按照一定的规则，自动抓取互联网信息的程序或脚本。它可以模拟浏览器进行数据获取，自动浏览网络中的信息。

网络爬虫广泛应用在搜索引擎（如百度、Google 等）、推荐引擎（如今日头条）、大数据（如样本采集）、人工智能（如金融数据分析、舆情分析、用户画像）等多种网络应用场景。以百度搜索引擎爬虫百度蜘蛛为例，它是百度搜索引擎的一个自动程序。它的作用是访问、收集、整理互联网上的网页、图片、视频等内容，然后分门别类建立索引数据库，使用户能在百度搜索引擎中搜索到需要的内容，按照一定的算法进行排序，将最终结果通过排名呈现给用户。

Python 由于具有高扩展性，拥有丰富的第三方库，因此可以用来编写爬虫脚本或爬虫程序，从互联网中爬取海量数据，为大数据分析和挖掘提供更多、更高质量的数据。

2. URL

URL 全称为 Uniform Resource Locator，即统一资源定位器，也就是通常所说的网址，是对可以从互联网上得到的资源的位置和访问方法的一种简洁表示，是互联网上标准资源的地址。互联网上的每个资源都有唯一的一个 URL 与之对应，它包含的信息指出文件的位置以及浏览器应该怎样处理它。URL 通常由以下 3 个部分组成。

（1）模式（或称协议、服务方式）：目前主流的协议包括 HTTP 和 HTTPS 等。

（2）主机名（或称服务器名称、IP 地址）：有时也包括端口号，端口号通常为可选参数，一般默认端口为 80，如吉林建筑科技学院的主机名为 www.jluat.edu.cn。

（3）主机资源具体地址：主要是资源的路径和文件名。

网络爬虫就是根据 URL 来获取网页信息，因此，URL 是网络爬虫获取数据的基本依据。

3. 网络爬虫分类

网络爬虫按照实现的技术和结构可以分为以下几种类型：通用网络爬虫、聚焦网络爬虫、增量式网络爬虫、深层网络爬虫等。实际应用的网络爬虫通常是这几类爬虫的组合体。

（1）通用网络爬虫。

通用网络爬虫又称全网爬虫，爬行对象从一些 URL 扩充到整个 Web，主要为门户站点搜索引擎和大型 Web 服务提供商采集数据。由于商业原因，它们的技术细节很少被公布。这类网络爬虫的爬行范围和数量巨大，对于爬行速度和存储空间要求较高，对于爬行页面的顺序要求相对较低，同时由于待刷新的页面太多，所以通常采用并行工作方式，但需要较长时间才能刷新一次页面。虽然通用网络爬虫存在一定缺陷，但其适用于为搜索引擎搜索广泛的主题，有较强的应用价值。

通用网络爬虫的结构大致可以分为页面爬行模块、页面分析模块、链接过滤模块、页面数据库、URL 队列、初始 URL 集合几个部分。为提高工作效率，通用网络爬虫会采取一定的爬行策略，常用的爬行策略有深度优先策略、广度优先策略。

（2）聚焦网络爬虫。

聚焦网络爬虫又称主题网络爬虫，是指按照预先定义好的主题，有选择地进行相关网页爬取的一种爬虫。相比通用网络爬虫，聚焦网络爬虫只选择性地爬取与预设的主题相关的页面，能极大地节省硬件及网络资源，更快地更新保存页面，更好地满足特定人群对特定领域的需求。

聚焦网络爬虫和通用网络爬虫相比，增加了链接评价模块以及内容评价模块。聚焦网络爬虫爬行策略实现的关键是评价页面内容和链接的重要性，不同的方法计算出的重要性不同，由此导致链接的访问顺序也不同。其主要的爬行策略有基于内容评价的爬行策略、基于链接结构评价的爬行策略、基于增强学习的爬行策略和基于语境图的爬行策略。

（3）增量式网络爬虫。

增量式网络爬虫指网络爬虫在爬取网页时，只会爬取新产生的及已经发生变化的网页，对没有发生变化的网页则不会爬取，在一定程度上保证所爬行的网页是尽可能新的网页。和周期性爬行和刷新网页的网络爬虫相比，增量式网络爬虫只会在用户需要的时候爬行新产生或发生更新的网页，并不会重新下载没有发生变化的网页，可以有效减少数据下载量，减少时间和空间上的耗费，但是在爬行算法上增加了一些难度。增量式网络爬虫的体系结构包含爬行模块、排序模块、更新模块、本地页面集、待爬行 URL 集以及本地页面 URL 集。

(4)深层网络爬虫。

Web 页面按照存在方式可以分为表层页面和深层页面两类。表层页面是指不需要提交表单，使用静态的超链接就可以访问的静态页面；深层页面是指大部分内容无法通过静态链接获取，而是被隐藏在搜索表单后面，需要用户提交关键词才能获得的 Web 页面。深层页面需要访问的信息量远远超过表层页面信息量，深层页面是主要的爬取对象。深层网络爬虫体系结构包含 6 个基本功能模块(爬行控制器、解析器、表单分析器、表单处理器、响应分析器、LVS 控制器)和两个爬虫内部数据结构(URL 列表和 LVS 表)。其中，LVS(Label Value Set)表示标签/数值集合，用来表示填充表单的数据源。

4. 网络爬虫的基本原理

一个网络爬虫的基本工作流程如图 8-2 所示，主要包括以下 4 个步骤。

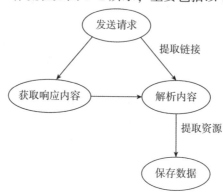

图 8-2　网络爬虫的基本工作流程

(1)发送请求。

在客户端使用 HTTP 技术向目标 Web 页面发送请求，即发送一个 Request。Request 中包含请求头和请求体等信息，它们是访问目标 Web 页面的前提。Request 请求方式有一个缺陷，即不能执行 JS(JavaScript)和 CSS 代码，只能等待服务器响应。

(2)获取响应内容。

如果目标 Web 服务器能正常响应，那么在客户端会得到一个 Response 响应，Response 内容便是所要获取的页面内容，页面内容可能包括 HTML、JSON 字符串、二进制数据(如图片视频)等类型。

(3)解析内容。

爬取得到的内容可能是超文本标记语言(Hyper Text Markup Language，HTML)，解析目标网页内容时可以用正则表达式、第三方解析库(常用的第三方解析库有 BeautifulSoup 和 PyQuery 等)提高解析效率。

(4)保存数据。

通常会将爬取的数据保存到数据库(如 MySQL、Mongdb、Redis 等)或不同格式的文件(如 CSV、JSON 等)中，为下一步的数据分析工作做好准备。

8.1.2　requests 爬取库

网络爬虫应用的库主要包括爬取网页内容的库和处理提取内容的库，爬取网页内容的库主要有 requests 库和 urllib 库。urllib 库是 Python 自带的库，提供了强大的 HTTP 支持，但是要使用应用程序编程接口，难以操作。requests 库是第三方库，作为更高层次封装，比 urllib 库使用起来更方便，也更省时，并且能够完全模拟浏览器发起 HTTP 或 HTTPS 网络请求，但是需要下载并安装后才能使用。

1. requests 爬取库的安装

（1）pip 命令安装。

安装 requests 库的命令如下：

```
pip install requests
```

在 Windows 系统下，只需在 cmd 命令行输入命令 pip install requests 即可完成安装。如果出现 Successfully installed…信息，则表示 requests 库安装成功。

（2）下载安装包安装。

也可以通过 git 将安装包下载到本地进行安装，下载网址为 http：//github. com/requests/requests，然后解压到 Python 安装目录下，打开解压文件，在命令行方式下输入 python setup. py install 进行安装。

（3）安装测试。

requests 库安装完成后，可以在交互环境中输入 import requests 命令检测是否安装成功，如果没有出现提示错误，则说明安装成功。也可以通过如图 8-3 所示的一个简单实例进行测试。若调用 requests 库返回<Response［200］>，则代表 requests 库安装成功。

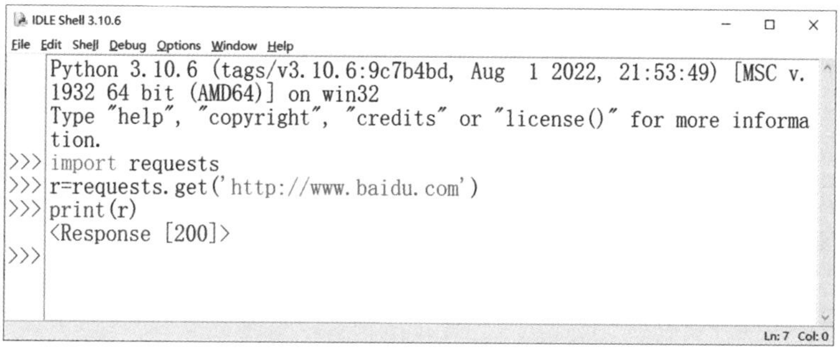

图 8-3　安装测试

2. requests 爬取库的使用方法

requests 库包含数十种方法，主要方法有以下 7 个，如表 8-1 所示。

表 8-1　requests 库的主要方法

方法	说明
requests. requests（ ）	requests 库最基本的算法，为其他方法提供支撑，主要功能是构造一个请求
requests. get（ ）	对应 HTTP 中的 GET 方法，主要功能是获取网页的请求
requests. head（ ）	对应 HTTP 中的 HEAD 方法，主要功能是获取网页头部信息
requests. post（ ）	对应 HTTP 中的 POST 方法，主要功能是向网页提交 POST 请求
requests. put（ ）	对应 HTTP 中的 PUT 方法，主要功能是向网页提交 PUT 请求
requests. patch（ ）	对应 HTTP 中的 PATCH 方法，主要功能是向网页提交局部的修改请求
requests. delete（ ）	对应 HTTP 中的 DELETE 方法，主要功能是向网页提交删除请求

上述 7 个主要方法中，requests. requests( )方法用于向 URL 页面构造一个请求，其余方法是通过调用封装好的 requests( )函数来实现的。上述方法具体介绍如下。

（1）requests. requests( )方法。

requests. requests( )方法的语法格式如下：

```
requests. requests(method,url,**kwarge)
```

requests. requests( )方法的各个参数的说明如下。

①method：请求方法，包括 GET、HEAD、POST、PUT、PATCH、OPTION 请求，其中 GET 和 POST 是最常用的请求。前 5 种是 HTTP 所对应的请求方式，OPTION 用于从服务器获取与客户端交互的参数。

②url：请求的 URL 网址。

③**kwarge：控制访问参数，为可选项。该参数主要有 params、data、Json、headers、cookies、auth、files、timeout、proxies、allow_redirects、stream、verify 及 cert 等 13 种。

（2）requests. get( )方法。

requests. get( )方法是在客户端和服务器之间进行请求响应时常用的方法之一。requests. get( )方法的语法格式如下：

```
requests. get(url,params,**kwarge)
```

requests. get( )方法的各个参数的说明如下。

①url：需要爬取的网站的 URL 网址。

②params：URL 中的额外参数，格式为字典或字节流，为可选参数。

③**kwarge：控制访问参数，为可选项。该参数主要有 data、Json、headers、cookies、auth、files、timeout、proxies、allow_redirects、stream、verify 及 cert 等 12 种。

requests. get( )方法的主要功能是构造一个服务器请求，运行后返回一个包含服务器资源的 response 对象。response 对象属性主要有 5 种，如表 8-2 所示。

表 8-2　response 对象属性

属性	解释
r. status_code	HTTP 请求的返回状态，例如，200 表示服务器正常响应，404 代表页面未找到，500 代表服务器内部发生错误。在网络爬虫中可以根据状态码来判断服务器的响应状态，如果状态码为 200，则证明成功返回数据，再进行进一步处理，否则直接忽略
r. encoding	根据 HTTP header 得出的响应内容的编码方式
r. text	HTTP 响应内容的字符串形式，返回的页面内容
r. apparent_encoding	从网页的内容中分析出响应内容的编码方式
r. content	HTTP 响应内容的二进制形式

【微实例 8-1】

以访问百度网站为例，熟悉使用 requests. get( )方法，并给出 response 对象属性。

【程序代码 eg8-1】

```
import requests                    #导入 requests 库
#利用 requests. get()方法获得百度网页内容
r＝requests. get(' http://www. baidu. com')    #调用 requests. get()方法
```

```
print(r. status_code)                #输出请求返回状态
print(r. encoding)                   #输出请求编码方式
print(r. apparent_encoding)          #输出请求备选设备编码
print(r. text)                       #输出请求页面内容
```

【运行结果】如图 8-4 所示。

图 8-4　微实例 8-1 运行结果

（3）requests. head( )方法。

requests. head( )方法的主要功能是获取网页头部信息，下面通过一个实例，来介绍该方法的使用。

【微实例 8-2】

以访问吉林建筑科技学院网站为例，熟悉使用 requests. head( )方法。

【程序代码 eg8-2】

```
import requests                          #导入 requests 库
#利用 requests. head()方法获得网站头部内容
r=requests. head(' http://www. jluat. edu. cn/' )   #调用 requests. head()方法
print(r. headers)                        #输出网站头部信息
```

【运行结果】如图 8-5 所示。

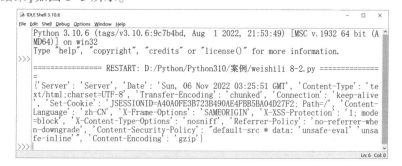

图 8-5　微实例 8-2 运行结果

（4）requests. post( )方法。

requests. post( )方法也是在客户端和服务器之间进行请求响应时常用的方法之一。GET 和 POST 请求方法的区别如下：GET 请求中的参数包含在 URL 里面，数据可以在 URL 中看到，而 POST 请求的 URL 中不会包含这些数据，需要向指定的资源提交被处理数据，通常数据格式为字典或字符串。

【微实例 8-3】

利用字典数据，熟悉使用 requests. post( )方法。

【程序代码 eg8-3】

```
import requests                              #导入 requests 库
payload={"key1":"value1","key2":"value1"}    #定义被提交的数据
r=requests. post(' http://httpbin. org/post' ,data=payload)
print(r. text)                               #输出返回的页面信息
```

【运行结果】如图 8-6 所示。

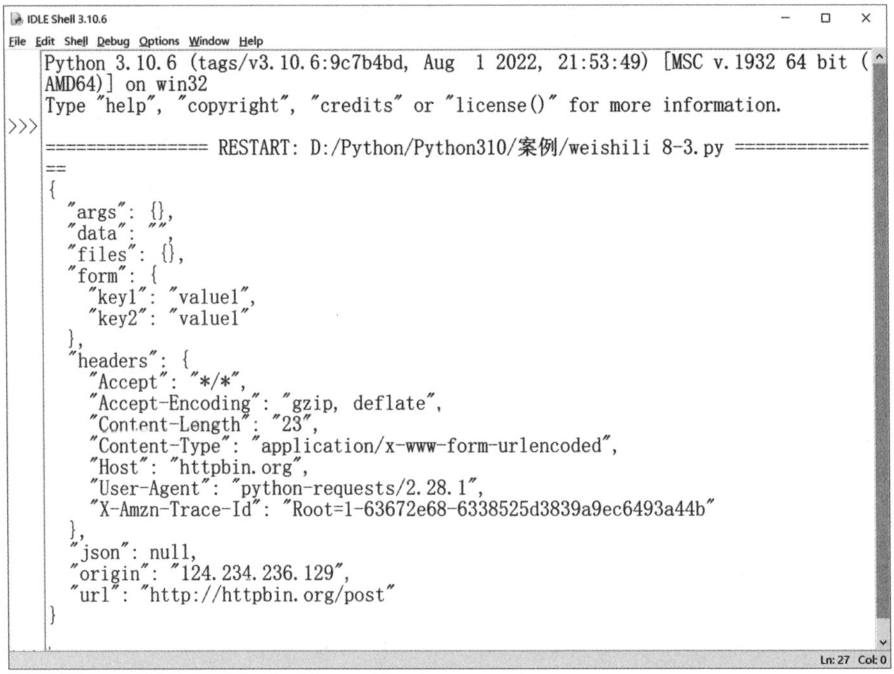

图 8-6　微实例 8-3 运行结果

【微实例 8-4】

利用字符串数据，熟悉使用 requests. post( )方法。

【程序代码 eg8-4】

```
import requests                              #导入 requests 库
r=requests. post(' http://httpbin. org/post' ,data=' helloworld' )
print(r. text)                               #输出返回的页面信息
```

【运行结果】如图 8-7 所示。

```
IDLE Shell 3.10.6                                           —   □   ×
File  Edit  Shell  Debug  Options  Window  Help
AMD64)] on win32
Type "help", "copyright", "credits" or "license()" for more information.
>>>
============== RESTART: D:/Python/Python310/案例/weishili 8-4.py ==============
==
{
  "args": {},
  "data": "helloworld",
  "files": {},
  "form": {},
  "headers": {
    "Accept": "*/*",
    "Accept-Encoding": "gzip, deflate",
    "Content-Length": "10",
    "Host": "httpbin.org",
    "User-Agent": "python-requests/2.28.1",
    "X-Amzn-Trace-Id": "Root=1-636730b7-2db5984c3d1a5e0a11410c79"
  },
  "json": null,
  "origin": "124.234.236.129",
  "url": "http://httpbin.org/post"
}
>>>
                                                          Ln: 23 Col: 0
```

图 8-7　微实例 8-4 运行结果

（5）requests.put()方法。

requests.put()方法与 requests.post()方法类似，当要更新信息到 URL 时使用该方法，但是该方法不常用。

（6）requests.patch()方法和 requests.delete()方法。

requests.patch()方法与 requests.put()方法类似，区别在于使用 requests.patch()方法时仅需要提交需要修改的字段，而 requests.put()方法必须将全部字段一起提交到 URL，未提交的字段将会被删除。因此，requests.patch()方法的优点是节省网络带宽。requests.delete()方法用于向 HTML 提交删除请求。

二维码 8-1
案例一代码 AnLi-1

案例实现

运行部分结果如图 8-8 所示。

```
IDLE Shell 3.10.6                                           —   □   ×
File  Edit  Shell  Debug  Options  Window  Help
        >      <div class="c-container" data-click=""><!--s-data:{"containerDataClick":"","title":"<e
m>中国计算机学会</em>","titleUrl":"http://www.baidu.com/link?url=KdeGknsoCBL3EDs_Gx1Z1JtGkR5Qidtff
jFRYyCbMYNJFOkDbVFHdnsqNg2j9v6i","preText":"","officialFlag":1,"iconText":"","iconClass":"","title
DataClick":{\"F\":\"778317EA\",\"F1\":\"9D73F1C4\",\"F2\":\"4CA6DD6A\",\"F3\":\"54E5243F\",\"T\":
1667730026,\"y\":\"FB6AD5DD\",\"rsv_gwlink\":"中国计算机学会","source":"中国计算机学会","url":
http://www.baidu.com/link?url=KdeGknsoCBL3EDs_Gx1Z1JtGkR5QidtffjFRYyCbMYNJFOkDbVFHdnsqNg2j9v6i","i
mg":"","toolsData":"{'title': \"中国计算机学会\", \n          url': \"http://www.baidu.com/link?
url=KdeGknsoCBL3EDs_Gx1Z1JtGkR5QidtffjFRYyCbMYNJFOkDbVFHdnsqNg2j9v6i","rsv_sid":14933176035080
571988","order":1,"vicon":"","custom":{"label":"社会组织","dataClick":{'title':'custom'}},"hintDa
ta":{\"label\":"社会组织\","hint\":[{\"txt\":\"中华人民共和国民政部登记的社会组织\"}]}},"left
Img":"http://gimg3.baidu.com/search/src=http%3A%2F%2Fgips3.baidu.com%2Fit%2Fu%3D2447964608%2C49320
5075%26fm%3D3030%26app%3D3030%26f%3DPNG%3Fw%3D121%26h%3D74%26s%3D8933CE14B6C741E342C610D20300D0E9%
refer=http%3A%2F%2Fwww.baidu.com&app=2021&size=f242,150&n=0&g=0n&q=100&fmt=auto?sec=1667840400&t=d
eec99450890c746ff8b02918ab73658","contentText":"<em>中国计算机学会</em>(CCF)成立于1962年,全国
学会,独立社团法人,中国科学技术协会成员。CCF是中国计算机及相关领域的学术团体,旨是为本领域专业人士
的学术和职业发展提供服务;推动学术进步和技术...","subtitleWithIcon":{"label":{}},"wenkuInfo":{"scor
e":0,"page":"","newTimeFactorStr":"","tplData":{"footer":{"footnote":{"source":null}},"groupOrder
":0,"ttsInfo":{"0":{"supportTts":false,"hasTts":false}},"FactorTime":"1666325220","FactorTimePreci
sion":"0","LastModTime":"1666325245","LinkFoundTime":"1664356045","NOMIPNEWSITESIGN":"0","NOMIPNEW
SUBURLSIGN":"0","PCNEWSITESIGN":"0","PCNEWSUBURLSIGN":"0","PageOriginCodetype":3,"PageOriginCodety
peV2":3,"URLSIGN1":190483540,"URLSIGN2":3476900988,"WISENEWSITESIGN":"0","WISENEWSUBURLSIGN":"0","
general_pic":{"save_hms":"141652","save_time":"220220819","url":"http://gips3.baidu.com/it/u=24479
                                                          Ln: 6 Col: 0
```

图 8-8　案例一运行部分结果

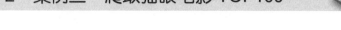

8.2 案例二 爬取猫眼电影 TOP100

案例描述

爬取猫眼电影 TOP100，页面地址为 http：//maoyan.com/board/4？，页面如图 8-9 所示。

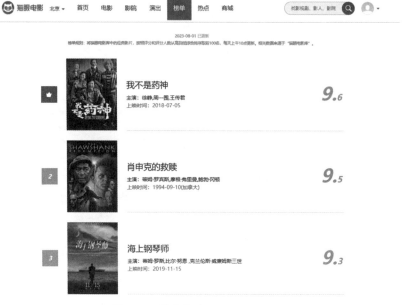

图 8-9 猫眼电影 TOP100 页面

案例分析

（1）抓取单页的内容：利用 requests 库请求目标站点，得到单个网页 HTML 代码，返回结果。

（2）正则表达式分析：根据 HTML 代码分析得到电影的名称、主演、上映时间、评分、图片链接等信息。

（3）抓取多页内容：对多页内容进行遍历，实现自动循环抓取。

（4）保存至文件：通过文件等形式将抓取结果保存，每一部电影为一个抓取结果，即一行 JSON 字符串。

8.2.1 BeautifulSoup 解析库的安装

在上一节介绍了如何通过 requests 库获取网页的 HTML 或其他形式的内容，从结果来看，这些内容过于繁杂，用户无法理解，因而需要对这些内容进行处理和提取，从而得到真实有用的数据。Python 提供了 BeautifulSoup、PyQuery 等库，用来实现对内容进行整理和提取，其中 BeautifulSoup 库是用于解析 HTML 或 XML 文档的库，它提供一系列的函数来处理导航、搜索、修改分析树等功能，可以方便、快捷地提取爬取的网页内容。BeautifulSoup 库是第三方库，因此，在使用前需要进行安装。

（1）pip 命令安装。

安装 BeautifulSoup 库的命令如下：

pip install BeautifulSoup4

在 Windows 系统下，只需在 cmd 命令行输入命令 pip install BeautifulSoup4 即可完成安装。需要注意的是，目前推荐使用的 BeautifulSoup 库是 BeautifulSoup4，由于 BeautifulSoup4 被移植到 bs4 中，因此，在导入时需要使用 from bs4 import BeautifulSoup 语句。

（2）下载安装包安装。

也可以通过 git 将安装包下载到本地进行安装，下载网址为 https://www.crummy.com/software/BeautifulSoup/。

（3）安装测试。

BeautifulSoup 库安装完成后，可以在交互环境中输入 from bs4 import BeautifulSoup 命令检测是否安装成功，如果没有出现提示错误，则说明安装成功。

8.2.2　BeautifulSoup 解析库的使用方法

1. BeautifulSoup 库的基本元素

BeautifulSoup 库的基本元素主要有 5 种，如表 8-3 所示。

表 8-3　BeautifulSoup 库的基本元素

基本元素	说明
Tag	标签，最基本的信息组织单元，用<>和</>表明开头和结尾
Name	标签的名字，\<p>…\<p>的名字是 p，格式为<tag>. name
Attributes	标签的属性，字典形式组织，格式为<tag>. attrs
NavigableString	标签内非属性字符串，< >…</>中的字符串，格式为<tag>. string
Comment	标签内字符串的注释部分，一种特殊的 Comment 类型

2. 标签树

在解析网页文档的过程中，需要应用 BeautifulSoup 库对 HTML 内容进行遍历。例如，以下是一个 HTML 文档（html1. html）：

```
<html>
<head>
<title> The Dormouse' s story</title>
</head>
<body>
<p class="title"align="center"><b> The Dormouse' s story</b></p>
<p class="story">       Once upon a time there were three
little sisters; and their names were
<ahref="http://example. com/elsie" class="sister" id="link1">Elsie</a>,
<ahref="http://example. com/lacie" class="sister" id="link2">Lacie
</a>and
<ahref="http://example. com/tillie" class="sister" id="link3">Tillie
</a>; and they lived at the bottom of awell. </p>
```

```
<p class="story">        ... </p>
< /body>
< /html>
```

将该 HTML 文档绘制成标签树结构，如图 8-10 所示。

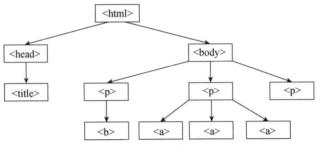

图 8-10　标签树

3. BeautifulSoup 对象的标签树属性

BeautifulSoup 对象的标签树属性如表 8-4 所示。

表 8-4　BeautifulSoup 对象的标签树属性

属性	说明
. next_sibling 和 . previous_sibling	兄弟节点标签
. parent	节点的父标签
. parents	节点先辈标签的迭代类型，用于循环遍历先辈节点
. contents	子节点列表，将\<tag\>所有子节点存入列表
. children	子节点的迭代类型，用于循环遍历所有子节点
. descendants	子孙节点的迭代类型，用于循环遍历所有子节点

4. BeautifulSoup 对象的常用信息提取方法

假设 soup 为 BeautifulSoup 对象，则其常用的信息提取方法如表 8-5 所示。

表 8-5　BeautifulSoup 对象常用的信息提取方法

方法	说明
soup. find_all( )	搜索信息，返回一个列表类型，存储查找的结果
soup. find( )	搜索且只返回一个结果信息

5. BeautifulSoup 库支持的 Python 解析器

BeautifulSoup 库可以解析多种格式的文档，因此可被用作不同的解析器，各种解析器的使用方法和优缺点如表 8-6 所示。

表 8-6　BeautifulSoup 库不同解析器比较

解析器	使用方法	优点	缺点
Python 标准库	BeautifulSoup（markup, "html. parser"）	Python 的内置标准库，执行速度快	文档容错能力差
lxml HTML 解析器	BeautifulSoup（markup, "lxml"）	速度快，文档容错能力强	需要安装 C 语言库

续表

解析器	使用方法	优点	缺点
lxml XML 解析器	BeautifulSoup（markup，"xml"）	速度快，唯一支持 XML 的解析器	需要安装 C 语言库
html5lib	BeautifulSoup（markup，"html5lib"）	容错能力最好，以浏览器的方式解析文档，生成 HTML5 格式的文档	速度慢

案例实现

运行部分结果如图 8-11 所示。

二维码 8-2
案例二代码 AnLi-2

图 8-11　案例二运行部分结果

8.3　实　训

8.3.1　实训一　爬取豆瓣读书书目

利用 BeautifulSoup 库对豆瓣读书页面进行爬取，豆瓣读书页面地址为 https://book.douban.com/。

8.3.2　实训二　爬取软科中国大学排名数据

从以下网址：https://www.shanghairanking.cn/rankings/bcur/2023，爬取 2023 年最新软科中国最好大学排名前 20 名的数据并输出。

第9章
游戏开发

Pygame 的作者为皮特·辛纳斯(Pete Shinners),它是一个免费的开放源码 Python 编程语言库,用于在优秀的 SDL(Simple DirectMedia Layer,简易直控媒体层)库上构建多媒体应用程序,允许实时电子游戏研发而无须被低级语言(如机器语言和汇编语言)束缚,所有需要的游戏功能和理念(主要是图像方面)都完全简化为游戏逻辑本身,所有的资源结构都可以由高级语言提供。

Pygame 具备易用性强、可跨平台使用等特点,因此在游戏开发中受到广泛欢迎。因为其是开放源代码的软件,所以受到一大批支持者的不断完善和推广。

本章将通过案例来介绍如何使用 Pygame 模块进行游戏开发。

学习目标

(1)掌握 Pygame 库的安装方法。

(2)掌握 Pygame 的基本结构和使用方法。

(3)掌握游戏开发的基本思路和过程。

(4)掌握利用 Python 和 Pygame 编写游戏程序的方法。

思维导图

游戏开发
- Pygame概述
  - Pygame库的安装
  - Pygame游戏开发的基本思路和过程
  - Pygame模块:显示模块、键盘模块、鼠标模块、特定功能模块
  - Pygame的常用功能:创建游戏窗口、图像管理、动画效果、事件处理
- Pygame对象、字体与事件
  - Pygame的声音播放:Sound对象、music对象
  - Pygame的字体
  - Pygame的键盘事件
  - Pygame的鼠标事件
- Pygame模块与碰撞检测
  - Pygame的精灵模块:精灵、精灵类的成员、精灵组
  - 精灵之间的碰撞检测:矩形冲突检测、圆形冲突检测

9.1 案例一 移动的皮球

案例描述

使用 Pygame 开发一个游戏窗口，显示一个皮球在窗口内从左上角开始向右下角移动，若移动过程中遇到窗口边框，则沿着与原移动方向成 90 度的方向继续移动。

案例分析

为了完成这个案例，我们需要利用 Python 和 Pygame 模块完成以下工作。

（1）创建游戏窗口，完成窗口参数设置。

（2）加载皮球图片资源。

（3）在游戏的每一帧改变皮球的位置。

（4）皮球如果移动至窗口之外，则自动修正移动方向。

（5）将皮球图片绘制到窗口相应位置内。

9.1.1 Pygame 库的安装

由于 Pygame 不是 Python 默认集成的模块，因此需要安装 Pygame 库。安装 Pygame 库有以下两种方法。

（1）通过输入 pip 命令直接安装。

在 Wirdows 系统下的 cmd 命令行直接输入以下命令：

```
pip install pygame
```

（2）通过在 Pygame 的官方网站 https://www. python. org/下载源文件安装。

源文件下载完成后，找到对应的 Python 安装路径，然后放到 pip 目录下。默认安装路径为 C:\Users\Administrator\AppData\Local\Programs\Python\Python310\Lib\site-packages。

打开 cmd 命令行，进入上述路径下，然后输入以下安装命令：

```
pip pygame- 2. 1. 2- cp310- cp310- win_amd64. whl
```

注意：Pygame 安装文件的版本要与 Python 的安装版本一致，本书以 Pyhton 3. 10 为例。

Pygame 安装完成后，可以在 IDLE 交互模式中测试是否安装成功，具体语句如下：

```
>>>import pygame
pygame 2. 1. 2(SDL 2. 0. 18,Python 3. 10. 6)
Hello from the pygame community. https://www. pygame. org/contribute. html
```

2. 1. 2 是 Pygame 的版本，读者可以根据具体环境来确定使用相应的版本。

9.1.2 Pygame 游戏开发的基本思路和过程

Pygame 游戏开发的第一步是创建游戏窗口和加载相关资源，核心是处理各类事件和更新游戏状态，最后是不断在窗口内重复绘制游戏画面。

游戏中实时变化的场景和各角色的状态都是通过游戏状态体现的，当状态刷新完成后，像播放电影一样，再把这些角色和场景一帧一帧地绘制到屏幕上。可以通过 Pygame

游戏开发流程图来理解这个过程，如图 9-1 所示。

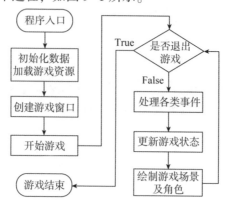

图 9-1　Pygame 游戏开发流程图

9.1.3　Pygame 模块概述

Pygame 库由大量可以被重用的模块组成，计算机中的常用设备都有对应的模块来进行控制。例如，pygame.display 是显示模块，pygame.key 是键盘模块，pygame.mouse 是鼠标模块，同时 Pygame 库中还包含很多用于实现其他特定功能的模块。Pygame 库中的部分模块如表 9-1 所示。

表 9-1　Pygame 库中的部分模块

模块名称	模块功能
cdrom	播放/回放
cursors	加载光标图像，包括标准指针
display	控制显示窗口或屏幕
draw	在 surface 对象上绘制简单的形状
event	管理事件和事件队列
font	使用字体
image	保存和加载图像
joystick	管理操纵杆设备
key	管理键盘
mouse	管理鼠标
mixer	控制声音
music	播放音频
rect	管理矩形区域
time	控制时间
surface	图像和屏幕管理对象

Pygame 通过各类模块，可以完成创建窗口、显示图片、绘制图形、播放声音等功能。建立 Pygame 项目和建立其他 Python 项目的方法是一致的，在 IDLE 或其他编辑工具中建立空文档，使用 import 语句导入 Pygame 库中需要使用的模块。

```
import pygame,sys
from pygame. locals import *
```

通过以上语句，可以导入 Pygame 的主要模块，载入 pygame. locals 中的所有指令，使它们成为原生指令。这样就可以直接使用这些指令而不再需要使用全名调用。

9.1.4　Pygame 的常用功能

1. 创建游戏窗口

surface 是 Pygame 中最重要的一个对象，它在 Pygame 中用来表示图像对象。

（1）pygame. display. set_mode( )。

pygame. display. set_mode( )方法用于初始化一个窗口或屏幕，返回 surface 对象。其定义如下：

set_mode(size＝(0,0),flags＝0,depth＝0,display＝0,vsync＝0)-＞Surface

其中，参数 size 表示元组，是一对表示窗口宽度和高度的数字；参数 flags 表示标志位，控制窗口的显示类型；参数 depth 表示窗口颜色的位数。

返回的 surface 对象可以像常规 surface 对象一样绘制，但发生的改变最终会显示到屏幕上。

通常最好不要传递 depth 参数值，它将默认为系统的最佳颜色深度。

flags 参数代表窗口标志位，如果传递 0 或没有 flags 参数，那么它将默认为软件驱动的窗口。如果传递非 0，可以使用按位或运算符（即"｜"）组合多种类型作为参数，具体如表 9-2 所示。

表 9-2　pygame. display. set_mode( )的 flags 参数取值

窗口标志位	说明
pygame. FULLSCREEN	创建一个全屏显示窗口
pygame. DOUBLEBUF	双缓冲模式，推荐和 HWSURFACE 或 OPENGL 一起使用
pygame. HWSURFACE	硬件加速，仅在 FULLSCREEN 下可以使用
pygame. OPENGL	创建一个 OpenGL 可渲染的窗口
pygame. RESIZABLE	创建一个可调整尺寸的窗口
pygame. NOFRAME	创建一个没有边框和控制按钮的窗口

（2）pygame. display. set_caption( )。

pygame. display. set_caption( )方法用于设置当前窗口标题栏。若显示器有窗口标题，则此功能将更改窗口上的名称。

（3）pygame. display. get_surface( )。

pygame. display. get_surface( )函数用于返回当前显示的 surface 对象。若未设置任何显示模式，则返回 None。

（4）pygame. display. flip( )。

pygame. display. flip( )函数更新整个待显示的 surface 对象到屏幕上。

（5）pygame. display. update( )。

pygame. display. update( )函数只更新部分软件界面显示，具体定义如下：

```
update(rectangle=None)- > None
update(rectangle_list)- > None
```

这个函数可以看作是 pygame. display. flip( )函数在软件界面显示的优化版。它只允许更新屏幕的一部分，而不是整个区域。如果没有传递参数，那么它会像 pygame. display. flip( )函数一样更新整个屏幕区域。

2. 图像管理

image 模块包含用于加载和保存图片的函数，该模块可将 surface 对象转换为其他包可用的格式。image 模块是 Pygame 的必需依赖项，通过 pygame. image. load( )函数来加载图片，输入一张图片的文件名就会返回一个 surface 对象。

返回的 surface 对象将包含与其来源相同的颜色格式、颜色键(colorkey)和透明度(alpha)。可以调用不带参数的 Surface. convert( )函数来创建一个可以在屏幕上更快绘制的副本。

对于一个图像，在加载后使用 convert_alpha( )方法，以使图像具有像素透明度。

对于任何一个 surface 对象，我们可以使用 get_width( )、get_height( )和 get_size( )方法来获取它的大小，使用 get_rect( )方法获取它的矩形区域对象。

图像加载完成后，如果需要显示图片，则还需要调用 pygame. Surface. blit( )函数将一个图像(surface 对象)绘制到另一个图像上方。其具体定义如下：

```
blit(source,dest,area=None,special_flags=0)- > Rect
```

将 source 参数指定的 surface 对象绘制到该对象上；dest 参数指定绘制的位置，如果传入一个 rect 对象给 dest，那么 blit( )会使用它的左上角坐标，而与 rect 的大小无关；可选参数 area 是一个 rect 对象，表示限定 source 指定的 surface 对象的范围。

3. 动画效果

由于人类眼睛的结构特殊，因此，当以高于每秒 24 帧的速度播放画面时，就会认为画面是连贯的，这种现象被称为视觉延迟，由此产生了一个概念：每秒传输帧数(Frames Per Second，FPS)。FPS 越高，画面中所显示的动作就会越流畅。

游戏中场景的变换和角色的移动其实就是不断改变原有物体的坐标，不断重新绘制画面，一张张地循环下去，这样就可以得到我们想要的动画效果。

Pygame 库中的 time 模块提供了一个 Clock 对象，可以控制游戏画面刷新的频率，即控制经过多长时间显示下一张游戏画面。

```
fpsClock=pygame. time. Clock()          #获得 Pygame 时钟对象
fpsClock. tick(24)                       #设置 Pygame 时钟的间隔时间(帧率)
```

4. 事件处理

事件(Event)是 Pygame 提供的交互处理机制，即在程序运行中发生不同的事件时，给出相应的处理方法。例如，当用户单击游戏窗口的关闭按钮时，就会触发 QUIT 事件，处理这个事件的方法就是调用 sys. exit( )方法来关闭程序，如果不处理，那么程序会一直运行下去。

Pygame 在程序运行中会接收到各种不同的操作和事件(如敲击键盘、移动鼠标等)，根据事件发生的先后顺序，Pygame 会建立一个事件队列，然后通过循环读取每一个事件来逐个处理。

我们可以使用 pygame. event. get( )方法来获取并从队列中删除事件，然后根据事件的类型来编写相应的处理程序。事件支持等值比较，如果两个事件具有相同的类型和属性值，那么可以认为这两个事件是相等的。Pygame 事件类型及其成员属性如表 9-3 所示。

表 9-3 Pygame 事件类型及其成员属性

事件类型	产生途径	成员属性
QUIT	用户按下关闭按钮	none
ACTIVEEVENT	Pygame 被激活或隐藏	gain，state
KEYDOWN	键盘被按下	unicode，key，mod
KEYUP	键盘被放开	key，mod
MOUSEMOTION	移动鼠标	pos，rel，buttons
MOUSEBUTTONUP	放开鼠标	pos，button
MOUSEBUTTONDOWN	按下鼠标 (左键)	pos，button
JOYAXISMOTION	移动游戏手柄 (Joystick or pad)	joy，axis，value
JOYBALLMOTION	移动游戏球 (Joy ball)	joy，ball，rel
JOYHATMOTION	移动游戏手柄 (Joystick)	joy，hat，value
JOYBUTTONUP	放开游戏手柄	joy，button
JOYBUTTONDOWN	按下游戏手柄	joy，button
VIDEORESIZE	Pygame 窗口缩放	size，w，h
VIDEOEXPOSE	Pygame 窗口部分公开 (expose)	none
USEREVENT	触发了一个用户事件	code

▰▰ 案例实现

运行结果如图 9-2 所示。

二维码 9-1
案例一代码 AnLi-1

图 9-2 案例一运行结果

9.2 案例二 键盘控制坦克移动

▰▰ 案例描述

使用 Pygame 开发一个游戏窗口，游戏开始时播放背景音乐，在窗口左上角显示操作提示文字和坦克实时位置，用户通过键盘方向键控制坦克移动，单击右上角的关闭按钮退出程序，关闭游戏窗口。

案例分析

为了完成这个案例，我们需要利用 Python 和 Pygame 模块完成以下工作。

（1）创建游戏窗口，完成窗口参数设置。

（2）初始化数据，加载图片、音乐等媒体资源。

（3）播放背景音乐。

（4）在游戏的每一帧根据事件类型做出相应处理，若单击关闭按钮，则退出程序；若按下键盘方向键，则改变坦克位置，同时修改显示坐标文字。

（5）将坦克图片及文字绘制到窗口相应位置。

（6）循环处理下一帧游戏画面。

9.2.1　Pygame 的声音播放

游戏中的声音一般分为音效和背景音乐两种，音效是在一定条件下触发播放的，如子弹发射时的枪声，而背景音乐是伴随游戏一直播放的。在 Python 程序中，可以使用 Pygame 库中的 mixer 模块来管理和控制声音的播放。

1. Sound 对象

我们可以使用 pygame. mixer. Sound(filename)建立 Sound 对象，不过 Sound 对象只支持从 OGG 音频文件或未压缩的 WAV 文件加载数据。

```
sound1 = pygame. mixer. Sound("ding. wav")  #建立 Sound 对象
sound1. play()                             #播放音效一次
```

注意：声音文件名可以包含路径，若未指定，则默认与程序文件在同一目录下。

Sound 对象支持的主要操作方法有以下几个。

（1）pygame. mixer. Sound. play( )——开始播放声音。

功能定义：

```
play(loops=0,maxtime=0,fade_ms=0)- > Channel
```

参数 loops 控制声音文件播放后重复的次数。其值为 5 时表示声音先播放一次，然后重复播放 5 次，因此总共播放 6 次，为默认值（0）时表示声音不重复，因此只播放一次；若设置为−1，则 Sound 将无限循环（可以调用 stop( )来将其停止）。

参数 maxtime 表示在给定的毫秒数后停止播放。

参数 fade_ms 将使声音以 0 音量开始播放，并在给定时间内逐渐升至全音量。

当不使用任何参数调用时，声音只播放一次。play( )方法调用完成后，将返回所选通道的 Channel 对象，否则返回 None。

（2）pygame. mixer. Sound. stop( )——停止声音播放。

（3）pygame. mixer. Sound. fadeout( )——声音淡出（音量逐渐变为 0）后停止声音播放。

（4）pygame. mixer. Sound. set_volume( )——设置此声音的播放音量。

功能定义：

```
set_volume(value)- > None
```

value 参数的取值为 0.0 ～ 1.0。

（5）pygame. mixer. Sound. get_volume( )——获取播放音量。

功能定义：

get_volume()- > value

该方法返回 0.0~1.0 之间的值，表示音量大小。

（6）pygame. mixer. Sound. get_num_channels( )——计算此声音播放的次数。

（7）pygame. mixer. Sound. get_length( )——以秒为单位返回声音的长度。

（8）pygame. mixer. Sound. get_raw( )——返回 Sound 样本的字节串副本。

2. music 对象

Pygame 还提供了一个 pygame. mixer. music 类来播放音乐。音乐（music）播放和声音（Sound）播放的不同之处在于音乐是流式的，并且绝对不会在一开始就把一个音乐文件全部载入。音乐可以是 OGG、MP3 等格式，但需要注意的是，在某些系统上不支持 MP3 格式的音乐文件。为了保证游戏的稳定性，建议使用 OGG 格式的音乐。

```
#加载背景音乐
pygame. mixer. music. load("background. mp3")
#设置音量
pygame. mixer. music. set_volume(0. 5)
#循环播放
pygame. mixer. music. play(- 1)
```

music 模块支持的主要功能如下。

（1）pygame. mixer. music. load( )——载入一个音乐文件用于播放。

功能定义：

load(filename)- > None

（2）pygame. mixer. music. play( )——开始播放音乐流。

功能定义：

play(loops=0,start=0. 0)- > None

该方法用于播放已载入的音乐流。若音乐已经开始播放，则将会重新开始播放。

参数 loops 用于控制重复播放的次数，loops=5 表示被载入的音乐将会立即开始播放 1 次并且再重复播放 5 次，总共播放 6 次。若 loops=-1，则表示无限重复播放。

参数 start 用于控制音乐从哪里开始播放，开始播放的位置取决于音乐的格式。MP3 和 OGG 格式使用时间表示播放位置（以秒为单位）。

（3）pygame. mixer. music. rewind( )——重新开始播放音乐。

（4）pygame. mixer. music. stop( )——结束音乐播放。

（5）pygame. mixer. music. pause( )——暂停音乐播放。

（6）pygame. mixer. music. unpause( )——恢复音乐播放。

（7）pygame. mixer. music. fadeout( )——以淡出的效果结束音乐播放。

（8）pygame. mixer. music. set_volume( )——设置音量。

（9）pygame. mixer. music. get_volume( )——获取音量。

（10）pygame. mixer. music. get_busy( )——检查是否正在播放音乐。

（11）pygame. mixer. music. set_pos( )——设置播放的位置。

（12）pygame. mixer. music. get_pos( )——获取播放的位置。

（13）pygame. mixer. music. queue( )——将一个音乐文件放入队列，并排在当前播放的音乐之后。

（14）pygame. mixer. music. set_endevent( )——当播放结束时发出一个事件。

（15）pygame. mixer. music. get_endevent( )——获取播放结束时发送的事件。

9.2.2 Pygame 的字体

Pygame 中使用 pygame. font 模块来加载和表示字体。通过使用 Font 对象，可以完成大多数与字体有关的工作。

可以通过使用 pygame. font. SysFont( )方法从系统内加载字体。Pygame 配备了内建的默认字体，通过传递"None"为文件名访问此字体。

功能定义：

```
SysFont(name,size,bold＝False,italic＝False)- > Font
```

参数 name 可以是一个字符串，也可以是用逗号隔开的列表，初始化 Font 对象时会逐个搜索系统字体，如果找不到一个合适的系统字体，那么该方法将会回退并加载默认的 Pygame 字体。例如：

```
FontSty＝pygame. font. SysFont(' arial' ,12)#使用系统字体创建 Font 对象
```

我们可以使用 pygame. font. get_fonts( )来获取所有系统可使用的字体列表。

该方法在大多数系统内是有效的，但是一些系统若没有找到字体库，则会返回一个空的列表。

```
>>>import pygame
>>>pygame. font. get_fonts()
[' arial' ,' batang' ,' batangche' ,' gungsuh' ,' gungsuhche' ,' couriernew' ,' daunpen
h' ,' dokchampa' ,' estrangeloedessa' ,' euphemia' ,' gautami' ,' vani' ,' gulim' ,' gu
```

建立了 Font 对象后，我们就可以使用 render( )方法来绘制文本内容，然后使用 blit( )方法将其绘制到游戏窗口内。

Font 对象的主要功能包括以下几个。

（1）pygame. font. Font. render( )——在一个新的 surface 对象上绘制文本。

功能定义：

```
render(text,antialias,color,background＝None)- > surface
```

该方法创建一个新的 surface 对象，并在上边渲染指定的文本。Pygame 没有提供直接的方式在一个现有的 surface 对象上绘制文本，而是使用 Font. render( )方法创建一个渲染了文本的图像(surface 对象)，然后将这个图像绘制到目标 surface 对象上。

参数 text 是要显示的文本内容；参数 antialias 是布尔值，表示是否开启抗锯齿功能；参数 color 表示文本的颜色，如(0, 0, 255)表示蓝色；可选参数 background 表示文本的背景颜色，若没有传递 background 参数，则对应区域内表示的文本背景将会被设置为透明。

（2）pygame. font. Font. size( )——确定多大的空间用于表示文本。

（3）pygame. font. Font. set_underline( )——控制文本是否用下划线渲染。

（4）pygame. font. Font. get_underline( )——检查文本是否绘制下划线。

（5）pygame. font. Font. set_bold( )——启动粗体字渲染。

（6）pygame. font. Font. get_bold( )——检查文本是否使用粗体渲染。

（7）pygame. font. Font. set_italic( )——启动斜体字渲染。

（8）pygame. font. Font. metrics( )——获取字符串参数每个字符的参数。

（9）pygame. font. Font. get_italic( )——检查文本是否使用斜体渲染。

（10）pygame. font. Font. get_linesize( )——获取字体文本的行高。

（11）pygame. font. Font. get_height( )——获取字体的高度。

（12）pygame. font. Font. get_ascent( )——获取字体顶端到基准线的距离。

（13）pygame. font. Font. get_descent( )——获取字体底端到基准线的距离。

例如：

```
cFont＝pygame. font. Sysfont(' 微软雅黑' ,30)           #建立 Font 对象
cFont. set_bold(True)                                #设置字体加粗
cFont. set_italic(True)                              #设置字体为斜体
#绘制文本内容,字体颜色为红色,背景颜色为白色,返回一个 surface 对象赋值给 txt
txt＝cFont. render("显示文本",True,(255,0,0),(0,0,0))
#在 surface 对象 Screen 的坐标(20,20)位置绘制 txt 文本
Screen. blit(txt,(20,20))
```

9. 2. 3　Pygame 的键盘事件

Pygame 中使用 pygame. event. get( )方法来获取事件队列，当 event. type ＝＝ pygame. KEYDOWN 时，即发生了键盘被按下事件，然后可以通过判断 event. key 的具体取值来编写相应代码。

例如，根据按键的不同打印不同的信息：

```
for event in pygame. event. get()
    if event. type＝＝pygame. KEYDOWN:
        if event. key＝＝pygame. K_LEFT:
            print("方向键左")
        if event. key＝＝pygame. K_RIGHT:
            print("方向键右")
```

也可以使用 pygame. key. get_pressed( )方法获取键盘上所有按键的状态。

功能定义：

```
get_pressed()- > bools
```

该方法返回一个由布尔值组成的序列，表示键盘上所有按键的当前状态。使用 key 常量作为索引，若该元素是 True，则表示该按键被按下。

例如，若按下 A 键则打印信息：

```
pKeys＝pygame. key. get_pressed()
if pKeys[K_A]:
    print("A 键被按下")
```

9.2.4 Pygame 的鼠标事件

当 Pygame 程序初始化后，事件队列将开始接收鼠标事件。当鼠标左键被按下时会产生 pygame. MOUSEBUTTONDOWN 事件，当鼠标按键被松开时会产生 pygame. MOUSEBUTTONUP 事件。这些事件包含了一个按键属性，用于表示具体由哪个按键所触发。

Pygame 中与鼠标工作相关的模块为 pygame. mouse，其包括的主要功能如下。

（1）pygame. mouse. get_pressed()——获取鼠标按键的情况（是否被按下）。

（2）pygame. mouse. get_pos()——获取光标的位置。

（3）pygame. mouse. get_rel()——获取鼠标一系列的活动。

（4）pygame. mouse. set_pos()——设置光标的位置。

（5）pygame. mouse. set_visible()——隐藏或显示光标。

（6）pygame. mouse. get_focused()——检查程序界面是否获得鼠标焦点。

（7）pygame. mouse. set_cursor()——设置光标在程序内的显示图像。

（8）pygame. mouse. get_cursor()——获取光标在程序内的显示图像。

这些方法可以用于获取目前鼠标设备的情况，也可以改变鼠标在程序内的显示光标。

例如，显示单击的坐标：

```
for event in pygame. event. get():
    if event. type==pygame. MOUSEBUTTONDOWN:
        print(pygame. mouse. get_pos())
    if event. type==pygame. MOUSEBUTTONUP:
        print(pygame. mouse. get_pos())
```

案例实现

运行结果如图 9-3 所示。

二维码 9-2
案例二代码 AnLi-2

图 9-3　案例二运行结果

9.3　案例三　基于 Pygame 的飞机大战游戏

案例描述

使用 Pygame 开发一个飞机大战游戏。

游戏开始时播放背景音乐，陨石从上方随机掉落，玩家通过键盘方向键控制战机移动，使用〈Space〉键发射子弹，子弹击中陨石后爆炸，屏幕顶端显示得分。战机若被陨石击中则会爆炸，游戏结束，显示按〈Enter〉键重新开始游戏，按〈ESC〉键则退出游戏。

案例分析

为了完成这个案例，我们需要利用 Python 和 Pygame 库完成以下工作。

（1）创建游戏窗口，完成窗口参数设置。

（2）初始化数据，加载图片、音乐等媒体资源。

（3）创建游戏角色（战机、陨石）。

（4）播放背景音乐。

（5）根据鼠标和键盘事件类型做出相应处理，若单击关闭按钮则退出程序。

（6）捕获键盘按键，根据按键来完成相应角色状态的变化。

（7）判断游戏角色之间的碰撞关系（子弹与陨石，陨石与战机）。

（8）根据碰撞结果处理子弹、陨石、战机等角色。

（9）在屏幕上绘制所有场景和角色。

（10）循环处理下一帧游戏画面。

9.3.1　Pygame 的精灵模块

精灵模块包含几个在游戏中使用的简单类，最主要的是 Sprite 类和包含 Sprite 对象的 Group 类。使用 Pygame 时，这些类的使用是可选的。

Sprite 类被用作游戏中不同类型对象的基类，不能单独使用，这个类本身并不真正做任何事情，它只是包含了几个帮助管理游戏对象的函数。

Group 类是一个简单的容器，也可以称作精灵组，它只存储 Sprite 对象，即它是不同 Sprite 对象的容器。我们可以在 Group 类（精灵组）中删除和添加 Sprite 对象，还可以进行简单的测试，以查看 Sprite 对象是否已存在 Group 类（精灵组）中。

当游戏中有大量的精灵时，可以构建 Group 类（精灵组）来统一管理这些精灵。例如，可以构建一些组来控制对象渲染，还可以构建一些组用于控制交互或玩家移动。

精灵模块还包含多个碰撞功能，从而在具有交叉边界矩形的多个组内查找精灵。

1. 精灵

精灵可以被看作是游戏中的一个角色或一个物体，可以在游戏中活动，并且可以与其他角色或物体交互。精灵在游戏中以图像的形式表现，可以使用 Pygame 绘制图形，也可以使用图片，本案例内的战机、子弹等，都可以是一个精灵对象。

2. 精灵类的成员

（1）self. image。

该成员存储了用来显示的图形，可以通过创建一个 surface 对象，或者也可以通过加载图片文件来显示。

self. image 的使用方法：

```
self. image＝pygame. image. load(filename)
```

（2）self. rect。

该成员为一个矩形对象，用来确定图形显示的位置。可以通过 self. rect＝self. image. get_

rect( )来获取矩形的大小，然后对 self. rect. top 和 self. rect. left 赋值来确定矩形的左上角位置。

（3）pygame. sprite. Sprite. update( )。

该方法能够控制精灵的行为，此方法的默认实现不执行任何操作；它只是一个方便的"钩子"，我们可以在新类中覆盖实现这个方法，自己控制精灵的状态。Group. update( )使用所提供的任何参数调用此方法。

功能定义：

update(*args)- > None

（4）pygame. sprite. Sprite. kill( )。

该方法将删除精灵组中的全部精灵 Sprite 对象，但不会改变关于 Sprite 对象状态的任何信息。调用此方法后，可以继续使用 Sprite 对象，包括将其添加到 Groups 中。

3. 精灵组

在一款游戏中，往往存在大量的角色和对象，或者说存在多个精灵对象。为了便于管理和操作，我们使用精灵组来统一组织和存储这些精灵对象。精灵组可以看作是一个容器，可以统一操作其内部所有精灵。

使用 pygame. sprite. Group( )函数可以快速创建一个精灵组对象：

spriteGroup＝pygame. sprite. Group()
spriteGroup. add(sp)

精灵组对象使用 draw( )和 update( )方法来绘制和更新。

9.3.2 精灵之间的碰撞检测

1. 精灵之间的矩形冲突检测

pygame. sprite. collide_rect( )函数可以检测两个精灵之间的碰撞。

功能定义：

collide_rect(left,right)- > bool

该函数的参数为两个精灵对象，每个精灵对象都需要继承自 pygame. sprite. Sprite，返回一个布尔值，根据结果的真假可以判定是否发生碰撞。

这个函数要求精灵必须具有 rect 属性。

2. 精灵之间的圆形冲突检测

pygame. sprite. collide_circle( )函数使用圆来检测两个精灵之间的碰撞。

功能定义：

collide_circle(left,right)- > bool

该函数通过测试两个精灵中心的两个圆是否重叠来判定两个精灵之间是否发生碰撞。如果精灵具有 radius(半径)属性，那么以该属性值创建圆，否则会创建一个足够大的圆，以完全包围由 rect 属性给出的精灵矩形。该函数返回一个布尔值。

这个函数要求精灵必须具有 rect 和可选的 radius 属性。

3. 精灵和精灵组之间的矩形冲突检测

pygame. sprite. spritecollide( )函数用于精灵与精灵组之间的矩形冲突检测。

功能定义：

spritecollide(sprite,group,dokill,collided＝None)- >Sprite_list

该函数的返回值为一个精灵列表，其中包含与一个精灵(sprite)相交的精灵组(group)中的所有 Sprite。通过比较每个 Sprite 的 rect 属性来确定交集。

参数 dokill 是一个布尔值，若设置为 True，则将从组中删除所有碰撞的 Sprite。

collided 是一个回调函数，用于计算两个精灵之间是否发生碰撞，通常可以省略。

4. 精灵组之间的矩形冲突检测

pygame. sprite. groupcollide( )函数用于查找在两个组之间发生碰撞的所有精灵。

功能定义：

```
groupcollide(group1,group2,dokill1,dokill2,collided＝None)-＞Sprite_dict
```

该函数将在两组中找到所有精灵之间的碰撞，通过比较每个 Sprite 的 rect 属性或使用碰撞函数(如果 collided 参数值不是 None)来确定碰撞。该函数返回一个字典，键是精灵组 1 中发生碰撞的精灵，值是精灵组 2 中与该精灵发生碰撞的精灵的列表。

group1 中的每个 Sprite 都被添加到返回字典中。每个项的值是 group2 中相交的 Sprite 列表。

若参数 dokill 为 True，则将从各自的组中删除碰撞的 Sprite。

参数 collided 是一个回调函数，用于检测两个精灵之间是否发生碰撞。它将两个精灵对象进行碰撞检测，并返回一个 bool 值，指示它们是否发生碰撞。若 collided 参数值为 None，则所有精灵必须具有"rect"值，该值是精灵区域的矩形，根据其值计算精灵之间是否发生碰撞。通常该参数可以省略。

二维码 9-3
案例三代码 AnLi-3

案例实现

运行结果如图 9-4 和图 9-5 所示。

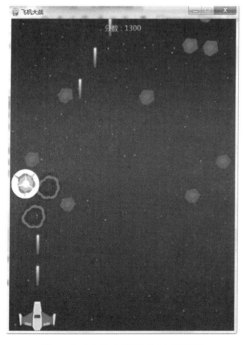

图 9-4 飞机大战游戏运行界面

图 9-5 飞机大战游戏结束界面

9.4 实 训

9.4.1 实训一 井字棋游戏

实现人机对战井字棋游戏。

(1)游戏规则：对战在九宫方格内进行，如果一方首先沿某个方向(横、竖、斜)连成3子，则获得胜利。

(2)游戏中输入的方格位置编号如图9-6所示。

0	1	2
3	4	5
6	7	8

图9-6 方格位置编号

9.4.2 实训二 推箱子游戏

经典的推箱子游戏发源于日本，目的是训练玩家的逻辑思维能力。在一个狭小的仓库中，要求玩家把木箱放到指定的位置，如果玩家稍不小心，那么就会出现箱子无法移动或通道被堵住的情况，所以需要巧妙利用有限的空间和通道，合理安排移动的次序和位置，这样才能顺利完成任务。

(1)游戏规则：玩家只要将场景内的箱子推送到指定的位置就可以获得游戏胜利。

(2)控制方式：可以使用〈↑〉〈↓〉〈←〉〈→〉键控制人物行动，使用〈R〉键重新开始本关游戏。

第10章
科学计算与可视化

随着 NumPy、SciPy、Matplotlib 等众多程序库的开发，Python 越来越适用于科学计算与数据可视化。与科学计算领域流行的商业软件 MATLAB 所采用的脚本语言相比，Python 是一门真正的通用程序设计语言，其应用范围更广泛，拥有更多程序库的支持。虽然 MATLAB 中的某些高级功能目前还无法用 Python 完成，但是对于基础性、前瞻性的科研工作和应用系统的开发，完全可以用 Python 来完成。

 学习目标

(1) 了解科学计算与数据可视化的基本概念。
(2) 掌握科学计算 NumPy 库的常用工具。
(3) 熟练运用数组对象进行矩阵分析。
(4) 熟练运用 matplotlib. pyplot 模块绘图。
(5) 熟练运用 WordCloud 库制作简单的词云。

思维导图

10.1 案例一 综合成绩统计分析

编写程序，应用 NumPy 函数完成学生成绩的统计工作，要求实现如下功能。

(1)应用随机函数，生成大一新生 5 个班(每班 30 人，包括 Python、高数、英语 3 门课程)的成绩，考试成绩为 0~100 分。

(2)分别统计男生和女生每门课程的平均分、最高分、最低分、中位数及标准差。

通过以下步骤可以实现上述问题。

(1)利用 randint( )函数生成 5 个二维数组。

(2)将 5 个班的考试成绩进行合并得到 score。

(3)生成性别数组 sex、水平叠加数组 sex 和 score 从而得到 data。

(4)根据性别分别输出结果。

10.1.1 NumPy 库概述

NumPy(Numerical Python)是一个开源的 Python 科学计算库，是用于科学计算的基础模块，不但能够完成科学计算的任务，而且能够被用作高效的多维数据，用于存储和处理大型矩阵。因此，Python 的第三方库 NumPy 得到了迅速发展，至今，NumPy 已经成为科学计算事实上的标准库。

NumPy 作为 Python 科学计算工具包，其中包含了大量有用的工具，如数组对象(用来表示向量、矩阵、图像等)、标准数学函数、线性代数、随机数生成及傅里叶变换功能函数。NumPy 能够直接对数组和矩阵进行操作，可以省略很多循环语句，如矩阵乘积、转置、解方程、向量乘积和归一化，这为图像变形及对变化进行建模、图像分类、图像聚类等提供了基础。

1. NumPy 库的安装

使用 NumPy 库之前，先要进行 NumPy 库的安装，方法如下。

(1)官网安装。NumPy 库的官网地址为 http://www.numpy.org/。

(2)pip 安装。安装 NumPy 库的 pip 命令为 pip install numpy。

(3)LFD 安装，针对 Windows 用户。其下载地址为 http://www.lfd.uci.edu/~gohlke/pythonlibs/。

(4)Anaconda 安装(推荐)，Anaconda 中集成了很多关于 Python 科学计算的第三方库，安装方便。其下载地址为 https://www.anaconda.com/download/。

本章使用 Anaconda 集成开发工具安装 NumPy 库，Anaconda 是一个第三方开源免费的开发工具，它支持 800 多个 Python 第三方库，也包含多个主流 Python 开发调试环境，是很好的跨平台工具，支持 Windows、Linux、Mac OS。Anaconda 利用工具/命令 conda 来进行包管理和环境管理，并且预装了 180 多个与 Python 相关的包，适用于数据处理和科学计算领域，使数据分析人员能够更加顺畅、专注地使用 Python 来解决数据分析的相关问题。在 Anaconda 官方网站(https://www.continuum.io/)下载安装包，具体安装界面如图 10-1 所示。

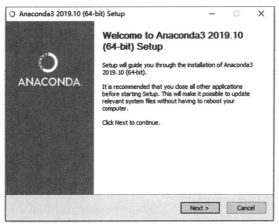

图 10-1　Windows 系统安装 Anaconda 界面

成功安装 Anaconda 集成开发工具后，启动 Jupyter Notebook，选择 Python 3 选项，进入 Python 3 脚本编辑界面，如图 10-2 所示。

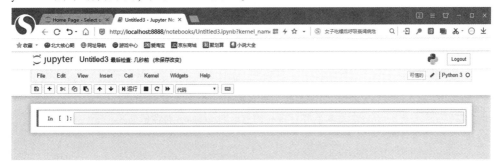

图 10-2　Jupyter Notebook Python 3 脚本编辑界面

其中"In[　]:"表示编号，显示代码的执行次序，在其右侧输入代码，按〈Shift+Enter〉快捷键可以运行代码。

2. NumPy 数组对象

NumPy 最重要的一个特点是提供了一个 N 维数组 ndarray 对象类，它是一系列同类型数据的集合，是一个具有矢量算术运算和复杂广播能力的快速且节省空间的多维数组。ndarray 由相同类型的元素组成，可以通过基于零的索引访问数组中的元素。NumPy 为 ndarray 提供了便利的操作函数，不需要使用 for 循环迭代就能进行逐元素的操作。

ndarray 的组成部分如下。

(1)一个指向数据(内存或内存映射文件中的一块数据)的指针。

(2)数据类型或 dtype，描述在数组中的固定大小值的格子。

(3)一个表示数组形状(shape)的元组，表示各维度大小的元组。

(4)一个跨度元组(stride)，其中的整数指的是为了前进到当前维度下一个元素需要"跨过"的字节数。

Python 数组是一种在 Python 编程语言中广泛使用的数据结构，它能够以有序的方式存储一组值，并且允许通过索引访问和操作这些值。索引值从左向右是从 0 开始的，从右向

左是从 −1 开始(与 Python 列表相同)的。数组元素的类型相同,可以存储数值、字符串以及其他 Python 对象等多种数据类型。另外,用户也可以创建自定义数据类型来处理不同类型的数据序列。如果需要处理多种类型的数据,则应该采用 pandas 数据框,因为数据框更灵活。本章只考虑数组元素为同一数据类型的情形。

10.1.2 NumPy 基本操作

1. NumPy 的引用

NumPy 库的引用和其他基础包的引用一样,输入以下代码即可。

```
import numpy as np        #使用 np 代替 numpy
```

2. 数组属性

NumPy 的主要对象是同种元素的多维数组,即所有元素都是一种类型。在 NumPy 中维度(dimensions)称作轴(axes),轴的个数称作秩(rand)。NumPy 的数组类被称作 ndarray(矩阵也称为数组),通常被称作数组。常用的 ndarray 对象属性如表 10-1 所示。

表 10-1　常用的 ndarray 对象属性

属性	说明
ndarray.ndim	返回 int 型数据,表示数组轴的个数,也被称作秩
ndarray.shape	返回 tuple 型数据,表示数组在每个维度上大小的整数元组
ndarray.size	返回 int 型数据,表示数组的元素总数,等于数组形状的乘积
ndarray.dtype	返回 data-type 型数据,描述数组中元素的数据类型
ndarray.itemsize	返回 int 型数据,表示数组的每个元素的大小,以字节为单位。例如,一个元素类型为 float 的数组的 itemsize 属性值为 8

示例如下:

```
import numpy as np
array1 = np. array([1,2,3])
print("创建一维数组为:",array1)
print("输出数组的维数为:",array1. ndim)
print("输出数组在每个维度上的大小为:",array1. shape)
print("输出数组的元素总数为:",array1. size)
print("输出数组中元素的数据类型为:",array1. dtype)
print("输出数组每个元素的大小为:",array1. itemsize)
```

输出结果:

```
创建一维数组为:[1 2 3]
输出数组的维数为:1
输出数组在每个维度上的大小为:(3,)
输出数组的元素总数为:3
输出数组中元素的数据类型为:int32
输出数组每个元素的大小为:4
```

3. 数组数据类型

Python 语法仅支持整数、浮点数和复数 3 种数据类型,但科学计算涉及数据较多,对存储和性能都有较高要求，为了得到更准确的计算结果，需要使用不同精度的数据类型，这样有助于 NumPy 合理使用存储空间并优化性能，同时有助于编程人员对程序规模进行合理评估。在 NumPy 中，所有数的数据类型是同质的，即数组中的所有元素类型必须是一致的。这样做更容易确定该数所需要的存储空间。表 10-2 所示为 NumPy 的基本数据类型。

表 10-2　NumPy 的基本数据类型

数据类型	说明
bool	布尔类型，值为 True 或 False
intc	与 C 语言中的 int 型一致，一般为 int32 或 int64
intp	用于索引的整数类型，类似于 C 语言中 ssize_t，一般为 int64
int8	1 字节长度的整数，取值范围为 $[-128, 127]$
int16	16 位长度的整数，取值范围为 $[-32\ 768, 32\ 767]$
int32	32 位长度的整数，取值范围为 $[-2^{31}, 2^{31}-1]$
int64	64 位长度的整数，取值范围为 $[-2^{63}, 2^{63}-1]$
uint8	8 位无符号整数，取值范围为 $[0, 255]$
uint16	16 位无符号整数，取值范围为 $[0, 65\ 535]$
uint32	32 位无符号整数，取值范围为 $[0, 2^{32}-1]$
uint64	64 位无符号整数，取值范围为 $[0, 2^{64}-1]$
float16	16 位双精度浮点数：1 位符号位，5 位指数，10 位尾数
float32	32 位双精度浮点数：1 位符号位，8 位指数，23 位尾数
float64	64 位双精度浮点数：1 位符号位，11 位指数，52 位尾数
complex64	复数类型，实部和虚部都是 32 位浮点数
complex128	复数类型，实部和虚部都是 64 位浮点数

4. 数组创建

创建 NumPy 数组的方法有很多，如可以使用 array( ) 函数从常规的 Python 列表和元组中创建数组。所创建的数组类型由原序列中的元素类型推导而来。

（1）利用 array( ) 函数生成数组。

NumPy 提供的 array( ) 函数可以创建一维或多维数组，其基本语法格式如下：

np. array(object,dtype＝None,copy＝True,order＝＝' K' ,subok＝False,ndmin＝＝0)

array( ) 函数的主要参数及其说明如表 10-3 所示。

表 10-3　array( ) 函数的主要参数及其说明

参数名称	说明
object	接收 array 型数据，表示想要创建的数组，无默认值
dtype	接收 data-type 型数据，表示数组所需的数据类型。若未给定，则选择保存对象所需的最小类型，默认为 None
ndmin	接收 int 型数据，指定生成数组应该具有的最小维数，默认为 None

创建一个二维数组，示例如下：

```
import numpy as np
array2＝np. array([[1,2,3],[4,5,6],[7,8,9]])
print("创建一个二维数组为:",array2)
```

输出结果：

```
创建一个二维数组为:[[1 2 3]
                [4 5 6]
                [7 8 9]]
```

可以在创建二维数组时显式指定数组中元素的类型，示例如下：

```
import numpy as np
array3＝np. array([[1,2,3],[4,5,6]],dtype＝complex)
print("创建一个元素类型为复数的二维数组为:",array3)
```

输出结果：

```
创建一个元素类型为复数的二维数组为:[[1. +0. j 2. +0. j 3. +0. j]
                            [4. +0. j 5. +0. j 6. +0. j]]
```

（2）利用 NumPy 提供的函数生成数组。

生成数组常用的函数及其说明如表 10-4 所示。

表 10-4　生成数组常用的函数及其说明

函数	说明
np. arange(n)	类似于 range( )函数，返回 ndarray 型，元素为 0～n-1
np. ones(shape)	根据 shape 生成一个全 1 数组，shape 是元组类型
np. zeros(shape)	根据 shape 生成一个全 0 数组，shape 是元组类型
np. full(shape，val)	根据 shape 生成一个数组，每个元素值都是 val
np. eye(n)	创建一个 n×n 单位矩阵，对角线元素值为 1，其余元素值为 0
np. linspace( )	根据起止数据等间距地填充数据，形成数组
np. concatenate( )	将两个或多个数组合并成一个新的数组

①arange( )函数。

类似于 Python 提供的 range( )函数，arange( )函数通过指定开始值、终值和步长来创建一维数组。需要注意的是，arange( )函数创建的数组包括开始值，但不包括终值（即为前闭后开区间）。

用 arange( )函数创建一个步长为 2 的数组，示例如下：

```
import numpy as np
array4＝np. arange(0,10,2)     #步长为 2
print("利用 arange()函数生成数组为:",array4)
```

输出结果：

```
利用 arange()函数生成数组为:[0 2 4 6 8]
```

此函数在区间[0，10]以 2 为步长生成一个数组。如果仅使用一个参数，那么代表的是终值，开始值为 0，示例如下：

```
import numpy as np
array5＝np. arange(10)      #默认步长为 1
print("只包含一个参数:",array5)
```

输出结果：

只包含一个参数:[0 1 2 3 4 5 6 7 8 9]

如果仅使用两个参数，则步长默认为 1，示例如下：

```
import numpy as np
array6＝np. arange(5,10)      #步长为 1
print("包含两个参数:",array6)
```

输出结果：

包含两个参数:[5 6 7 8 9]

② ones( )函数。

创建由 ones( )函数生成的数组，示例如下：

```
import numpy as np
array＝np. ones((3,4))
print("创建由 ones()函数生成的数组:",array)
```

输出结果：

创建由 ones()函数生成的数组:[[1. 1. 1. 1.]
　　　　　　　　　　　　　　[1. 1. 1. 1.]
　　　　　　　　　　　　　　[1. 1. 1. 1.]]

③zeros( )函数。

用 zeros( )函数创建一个元素类型为整型的数组，示例如下：

```
import numpy as np
array＝np. zeros((3,4),dtype=np. int32)      #元素类型为整型
print("创建由 zeros()函数生成的数组:",array)
```

输出结果：

创建由 zeros()函数生成的数组:[[0 0 0 0]
　　　　　　　　　　　　　　[0 0 0 0]
　　　　　　　　　　　　　　[0 0 0 0]]

④eye( )函数。

创建由 eye( )函数生成的数组，示例如下：

```
import numpy as np
array＝np. eye((4))
print("创建由 eye()函数生成的数组:",array)
```

输出结果：

创建由 eye()函数生成的数组:[[1. 0. 0. 0.]
　　　　　　　　　　　　　[0. 1. 0. 0.]
　　　　　　　　　　　　　[0. 0. 1. 0.]
　　　　　　　　　　　　　[0. 0. 0. 1.]]

⑤linspace( )函数。

用 linspace( )函数创建一个起始值为 1，终值为 10，生成 4 个元素的数组，示例如下：

```
import numpy as np
array=np. linspace(1,10,4)   #起始值1,终值10,生成4个元素
print("创建由 linspace()函数生成的数组:",array)
```

输出结果：

```
创建由 linspace()函数生成的数组:[ 1.    4.    7. 10. ] #默认生成浮点数
```

⑥concatenate( )函数。

用 concatenate( )函数合并两个数组，示例如下：

```
import numpy as np
a=np. linspace(1,10,4)
b=np. linspace(1,10,4,endpoint=False)
c=np. concatenate((a,b))
print("数 组 a:",a)
print("数 组 b:",b)
print("合 并 数组 a 和 b:",c)
```

输出结果：

```
数组 a:[ 1.    4.    7. 10. ]
数组 b:[1.    3.25 5.5   7.75]
合并数组 a 和 b:[ 1.    4.    7. 10.    1.    3.25  5.5  7.75]
```

（3）生成随机数组。

NumPy 提供了强大的随机数组生成功能。然而，真的随机数组很难获得，实际中使用的都是伪随机数组。对于 NumPy，与随机数组相关的函数都在 random 模块中，其中包括可以生成服从多种概率分布的随机数的函数。以下是一些常用的随机数生成函数。需要注意的是，每次运行代码后生成的随机数组都不相同。

①random( )函数。

用函数 random( )可创建一个内容随机并且依赖于内存状态的数组，示例如下：

```
import numpy as np
a=np. random. random(6)     #生成包含6个元素的一维数组
print("使用 random( )函数生成随机数组",a)
```

输出结果：

```
使用 random( )函数生成随机数组 [0. 18792288 0. 91161465 0. 38203563 0. 04916485 0. 6708103
0. 95663588]
```

②rand( )函数。

rand( )函数可以生成服从均匀分布的随机数。生成 3 行 4 列的服从均匀分布的随机数组，示例如下：

```
import numpy as np
b=np. random. rand(3,4)  #生成3行4列随机数组
print("使用 rand( )函数生成随机数组",b)
```

输出结果：

使用 rand()函数生成随机数组

[[7. 53541184e- 02 2. 44775530e- 01 6. 00490782e- 01 8. 19560285e- 02]

[6. 44843556e- 02 4. 18005074e- 01 3. 81830240e- 04 7. 02795787e- 01]

[2. 42818205e- 01 2. 77083644e- 01 6. 14470070e- 01 5. 68656155e- 01]]

③randint( )函数。

randint( )函数可以生成有上、下限范围的随机整数,语法格式如下:

np. random. randint(low,high＝None,size＝None,dtype＝＝' 1')

其中, low 为最小值, high 为最大值, size 为数组的 shape。生成一个最小值为 0、最大值为 10 的包含 6 个数的一维随机数组,示例如下:

```
import numpy as np
c=np. random. randint(0,10,6)
print("使用 randint()函数生成随机数组",c)
```

输出结果:

使用 randint()函数生成随机数组 [4 4 4 4 5 7]

10. 1. 3 数组对象的操作

1. 索引与切片

索引:获取数组中特定位置元素的过程。

切片:获取数组元素子集的过程。

(1)一维数组的索引和切片。

一维数组的索引和切片与 Python 列表的索引方法类似。

①一维数组的索引示例如下:

```
import numpy as np
a=np. array([1,2,3,4,5])
print("输出 a[2]=",a[2])
```

输出结果:

输出 a[2]=3

②一维数组的切片示例如下(上例数组 a):

```
print("输出 a[1:4:2]=",a[1:4:2])   #输出起始编号为 1,终止编号为 4,步长为 2 的元素
```

输出结果:

输出 a[1:4:2]=[2 4]

(2)多维数组的索引和切片。

①多维数组的索引示例如下:

```
import numpy as np
a=np. arange(24). reshape((2,3,4))
print("输出数组 a=",a)
print("输出元素 a[1,2,3]=",a[1,2,3])   #输出三维数组第 1,2,3 维度数分别为 1,2,3 的元素
print("输出元素 a[-1,-2,-3]=",a[-1,-2,-3])
```

输出结果：

```
输出数组 a=[[[ 0   1   2   3]
           [4   5   6   7]
           [8   9  10  11]]

          [[12  13  14  15]
           [16  17  18  19]
           [20  21  22  23]]]
输出元素 a[1,2,3]=23
输出元素 a[-1,-2,-3]=17
```

②多维数组的切片示例如下：

```
import numpy as np
a=np. arange(24). reshape((6,4))
print("输出数组 a=",a)
print("输出数组切片 a[0:5:2]=",a[0:5:2])      #输出数组第 0~5 行的偶数行元素
```

输出结果：

```
输出数组 a=[[0   1   2   3]
          [4   5   6   7]
          [8   9  10  11]
          [12  13  14  15]
          [16  17  18  19]
          [20  21  22  23]]
输出数组切片 a[0:5:2]=[[0   1   2   3]
                    [8   9  10  11]
                    [16  17  18  19]]
```

2. 变换数组的形态

（1）ndarray 数组的维度变换。

对于创建后的 ndarray 数组，可以对其进行维度变换和元素类型变换。ndarray 数组的维度变换方法及其说明如表 10-5 所示。

表 10-5　ndarray 数组的维度变换方法及其说明

方法	说明
reshape(shape)	不改变数组元素，返回一个 shape 形状的数组，原数组不变
resize(shape)	与 reshape( )方法功能一致，但修改原数组
swapaxes(ax1，ax2)	将数组 n 个维度中的两个维度进行调换
flatten( )	对数组进行降维，返回降维后的一维数组，原数组不变

①利用 reshape( )方法将三维数组变换为二维数组，示例如下：

```
import numpy as np
a=np. ones((2,3,4,),dtype=np. int32)        #数组 a 为三维数组
print("输出数组 a:",a)
print("输出变换维度的数组 a:",a. reshape((3,8)))    #将数组 a 变换为二维数组
```

输出结果:

输出数组 a:[[[1 1 1 1]

　　　　[1 1 1 1]

　　　　[1 1 1 1]]

　　　　[[1 1 1 1]

　　　　[1 1 1 1]

　　　　[1 1 1 1]]]

输出变换维度的数组 a:[[1 1 1 1 1 1 1 1 1]

　　　　　　　　[1 1 1 1 1 1 1 1 1]

　　　　　　　　[1 1 1 1 1 1 1 1 1]]

②利用 flatten( )方法将数组降维,示例如下:

```
import numpy as np
a=np. ones((2,3,4,),dtype=np. int32)
print("输出数组 a:",a)
b=a. flatten()
print("输出降维度的数组 b:",b)
```

输出结果:

输出数组 a:[[[1 1 1 1]

　　　　[1 1 1 1]

　　　　[1 1 1 1]]

　　　　[[1 1 1 1]

　　　　[1 1 1 1]

　　　　[1 1 1 1]]]

输出降维度的数组 b:[1 1 1 1 1 1 1 1 1 1 1 1 1 1 1 1 1 1 1 1 1 1 1 1]

(2)ndarray 数组的元素类型变换。

ndarray 数组的元素类型变换方法 astype( )的语法格式如下:

```
new_a=a. astype(new_type)
```

astype( )方法一定会创建新的数组(是原始数据的一个拷贝),即使两个数组的元素类型一致。

用 astype( )方法进行数组的元素类型变换,示例如下:

```
import numpy as np
a=np. ones((2,3,4,),dtype=np. int)
print("输出数组 a:",a)
b=a. astype(np. float)
print("输出变换元素类型的数组 b:",b)
```

输出结果:

输出数组 a:[[[1 1 1 1]

　　　　[1 1 1 1]

　　　　[1 1 1 1]]

　　　　[[1 1 1 1]

　　　　[1 1 1 1]

　　　　[1 1 1 1]]]

```
输出变换元素类型的数组 b:[[[1. 1. 1. 1. ]
                      [1. 1. 1. 1. ]
                      [1. 1. 1. 1. ]]
                     [[1. 1. 1. 1. ]
                      [1. 1. 1. 1. ]
                      [1. 1. 1. 1. ]]]
```

3. 数组的运算

(1) 四则运算。

NumPy 的 ndarray 数组对象的四则运算与数值运算的使用方式相同，且保留习惯的运算符。但是需要注意的是，操作的对象是数组元素，即对每个数组中的元素分别进行四则运算，因此进行四则运算的两个数组的形状必须相同。a、b 数组进行加、减、乘、除，示例如下：

```
import numpy as np
a=np. array([10,20,30,40])
b=np. arange(5,9)
print("输出数组 a=",a)
print("输出数组 b=",b)
print("输出数组 a+b=",a+b)
print("输出数组 a- b=",a- b)
print("输出数组 a*b=",a*b)
print("输出数组 a/b=",a/b)
```

输出结果：

```
输出数组 a=[10 20 30 40]
输出数组 b=[5 6 7 8]
输出数组 a+b=[15 26 37 48]
输出数组 a- b=[5 14 23 32]
输出数组 a*b=[ 50 120 210 320]
输出数组 a/b=[2.          3. 33333333 4. 28571429 5.          ]
```

(2) 数组与标量之间的运算。

数组与标量之间的运算作用于数组的每一个元素，即数组中的每一个元素与标量进行运算，但原数组元素的值不变。计算数组 a 与 a 中元素的平均值的商，示例如下：

```
import numpy as np
a=np. arange(12). reshape((2,3,2))
print("输出数组 a=",a)
ave=a. mean()
print("输出数组 a 中元素的平均值 ave=",a. mean())
print("输出 a*ave=",a*ave)
```

输出结果：

```
输出数组 a=[[[0    1]
            [2    3]
            [4    5]]
           [[6    7]
            [8    9]
            [10  11]]]
```

输出数组 a 中元素的平均值 ave＝5.5

输出 a*ave＝[[[0.　　5.5]

　　　　　　[11.　　16.5]

　　　　　　[22.　　27.5]]

　　　　　　[[33.　　38.5]

　　　　　　[44.　　49.5]

　　　　　　[55.　　60.5]]]

（3）数组运算函数。

①NumPy 一元函数。

数组是元素的集合，因此对数组的运算实际是对数组中每个元素进行运算。ndarray 中的数据执行元素级运算。NumPy 常用一元函数及其说明如表 10-6 所示。

表 10-6　NumPy 常用一元函数及其说明

函数	说明
np. abs(x) np. fabs(x)	计算数组中各元素的绝对值
np. sqrt(x)	计算数组中各元素的平方根
np. square(x)	计算数组中各元素的平方
np. log(x) np. log10(x) np. log2(x)	计算数组中各元素的自然对数、以 10 为底的对数和以 2 为底的对数
np. ceil(x) np. floor(x)	计算数组中各元素的最大整数值——ceiling 值和最小整数值——floor 值
np. rint(x)	计算数组中各元素的四舍五入值
np. modf(x)	将数组中各元素的小数和整数部分以两个独立数组形式返回
np. cos(x)　　np. cosh(x) np. sin(x)　　np. sinh(x) np. tan(x)　　np. tanh(x)	计算数组中各元素的普通型和双曲型三角函数
np. exp(x)	计算数组中各元素的指数值
np. sign(x)	计算数组中各元素的符号值

输出数组 a 中元素的平方和平方根，示例如下：

```
import numpy as np
a＝np. arange(12). reshape((2,3,2))
print("输出数组 a＝",a)
b＝np. square(a)
print("输出数组 a 中元素的平方 b＝",np. square(a))
c＝np. sqrt(a)
print("输出数组 a 中元素的平方根 c＝",np. sqrt(a))
```

输出结果：

```
输出数组 a=[[[0   1]
            [2   3]
            [4   5]]

           [[6   7]
            [8   9]
            [10  11]]]
输出数组 a 中元素的平方 b=[[[  0   1]
                          [4   9]
                          [16  25]]

                         [[36  49]
                          [64  81]
                          [100  121]]]
输出数组 a 中元素的平方根 c=[[[0.          1.          ]
                            [1.41421356 1.73205081]
                            [2.         2.23606798]]

                           [[2.44948974 2.64575131]
                            [2.82842712 3.         ]
                            [3.16227766 3.31662479]]]
```

②NumPy 二元函数。

除了一元函数，NumPy 也提供了多个二元函数，二元函数是可以对两个数组进行运算的函数，NumPy 常用二元函数及其说明如表 10-7 所示。

表 10-7 NumPy 常用二元函数及其说明

函数	说明
np. maximum(x, y)　　np. fmax( ) np. minimum(x, y)　　np. fmin( )	元素级的最大值/最小值计算
np. mod(x, y)	元素级的模运算
np. copysign(x, y)	将数组 y 中各元素值的符号赋值给数组 x 对应元素
>　　<　　>=　　<=　　==　　!=	算术比较，产生布尔型数组

输出数组 a 和 b 的最大值，示例如下：

```
import numpy as np
a=np. arange(12). reshape((2,2,3))
print("a=",a)
b=np. sqrt(a)     #数组 b 中的元素是 a 对应元素的平方根
print("b=",b)
print("输出数组 a 和 b 的最大值 max=",np. maximum(a,b))
```

输出结果：

```
a=[[[0   1   2]
    [3   4   5]]

   [[6   7   8]
    [9  10  11]]]
```

```
b = [[[0.            1.            1.41421356]
      [1.73205081 2.            2.23606798]]
     [[2.44948974 2.64575131   2.82842712]
      [3. 3.16227766   3.31662479]]]
```
输出数组 a 和 b 的最大值 max = [[[0. 1. 2.]
　　　　　　　　　　　　　　　　　　　[3. 4. 5.]]
　　　　　　　　　　　　　　　　　　[[6. 7. 8.]
　　　　　　　　　　　　　　　　　　[9. 10. 11.]]]

10.1.4　NumPy 统计分析

1. 排序

NumPy 的排序方式主要分为直接排序和间接排序两种。直接排序是对数组中各元素的值直接进行排序，而间接排序是指根据一个或多个键对数据进行排序。

（1）直接排序。

使用 sort( ) 函数对数组进行排序，语法格式如下：

```
sort(a,axis,kind)
```

其中，a 表示要排序的数组；axis 表示沿着它排序数组的轴，当 axis = 1 时，表示沿着横轴对数组进行从小到大排序，当 axis = 0 时，表示沿着纵轴对数组进行从小到大排序；kind 表示排序算法，默认为 quicksort（快速排序算法）。

①对一维数组 a 进行排序，示例如下：

```
import numpy as np
np.random.seed(40)
a = np.random.randint(1,10,size = 10)
print("新创建的数组为:",a)
a.sort()
print("排序后的数组为:",a)
```

输出结果：

```
新创建的数组为:[7 8 6 9 9 3 2 8 3 4]
排序后的数组为:[2 3 3 4 6 7 8 8 9 9]
```

②对二维数组 b 进行排序，示例如下：

```
import numpy as np
b = np.random.randint(1,10,size = (3,3))
print("新创建的数组为:",b)
b.sort(axis = 1)
print("沿着横轴排序后的数组为:",b)
b.sort(axis = 0)
print("沿着纵轴排序后的数组为:",b)
```

输出结果：

```
新创建的数组为:[[8 4 1]
              [2 6 9]
              [5 5 9]]
```

```
沿着横轴排序后的数组为:[[1 4 8]
                [2 6 9]
                [5 5 9]]
沿着纵轴排序后的数组为:[[1 4 8]
                [2 5 9]
                [5 6 9]]
```

（2）间接排序。

使用 argsort( ) 函数和 lexsort( ) 函数对数据进行从小到大排序，返回数据的索引值，即得到一个由整数构成的索引数组，索引值表示数据在新的序列中的位置。

①对数组 a 利用 argsort( ) 函数进行排序，示例如下：

```
import numpy as np
a＝np. random. randint(1,10,10)
print("新创建的数组为:",a)
b＝a. argsort()
print("排序后的数组索引为:",b)
```

输出结果：

```
新创建的数组为:[9 7 5 3 8 4 1 6 6 6]
排序后的数组索引为:[6 3 5 2 7 8 9 1 4 0]
```

argsort( ) 函数是将数组 a 中的元素从小到大排列，提取其对应的 index（索引），然后输出到 b。例如，a[6]＝1 最小，所以 b[0]＝6；a[0]＝9 最大，所以 b[9]＝0。

②lexsort( ) 函数可以一次性对满足多个键的数组执行间接排序，即使用键序列执行间接排序，键也可以看作是电子表格中的一列。该函数返回一个索引数组，可以获得排序数据，且最后一个键是 lexsort( ) 函数的主键。

示例如下：

```
import numpy as np
a＝np. random. randint(1,10,5)
print("新创建的数组为:",a)
b＝np. random. randint(1,10,5)
print("新创建的数组为:",b)
c＝np. lexsort((b,a))    #主键为数组 a
print("排序后的数组索引为:",c)
```

输出结果：

```
新创建的数组为:[5 5 9 4 3]
新创建的数组为:[2 1 9 5 9]
排序后的数组索引为:[4 3 1 0 2]
```

lexsort( ) 函数首先将数组 a 中的元素从小到大排列，索引为[4 3 0 1 2]，由于元素 a[0]＝a[1]＝5，因此再根据数组 b，由于 b[0]＝2 大于 b[1]＝1，因此索引为[4 3 1 0 2]。

2. 清洗数据

在统计分析的工作中，经常会产生"脏"数据。重复数据就是"脏"数据之一。若手动删除"脏"数据，耗时费力，效率很低。NumPy 提供了一些函数用于清洗数据。

（1）利用 unique( )函数找出数组中的唯一值并返回已排序的结果。

使用随机函数生成数组 a，包含 10 个从 0~9 的数，删掉其中的重复数字，示例如下：

```
import numpy as np
a=np. random. randint(1,10,10)
print("新创建的数组为:",a)
b=np. unique(a)
print("去重的数组为:",b)
```

输出结果：

```
新创建的数组为:[9 2 7 1 2 6 6 2 9 5]
去重的数组为:[1 2 5 6 7 9]
```

（2）利用 tile( )函数实现数据重复，函数的语法格式如下：

```
tile(a,reps)
```

其中，参数 a 表示重复的数组；参数 reps 表示重复的次数。

用 tile( )函数将数组 a 重复 3 次，示例如下：

```
import numpy as np
a=np. arange(5)
print("创建的数组 a=",a)
b=np. tile(a,3)    #将数组 a 重复 3 次
print("重复后的数组 b=",b)
```

输出结果：

```
创建的数组 a=[0 1 2 3 4]
重复后的数组 b=[0 1 2 3 4 0 1 2 3 4 0 1 2 3 4]
```

（3）利用 repeat( )函数实现数据重复，函数的语法格式如下：

```
repeat(a,reps,axis=None),
```

其中，参数 a 表示重复的数组；参数 reps 表示重复的次数；参数 axis=1 表示沿横轴重复，axis=0 表示沿纵轴重复。

用 repeat( )函数将数组 a 分别沿横轴、纵轴重复，示例如下：

```
import numpy as np
a=np. random. randint(10,100,size=(3,3))
print("创建的数组 a=",a)
b=np. repeat(a,2,axis=1)
print("沿横轴重复后的数组 b=",b)
c=np. repeat(a,2,axis=0)
print("沿纵轴重复后的数组 c=",c)
```

输出结果：

```
创建的数组 a=[[98 34 32]
            [28 24 35]
            [14 54 97]]
```

```
沿横轴重复后的数组 b=[[98 98 34 34 32 32]
                [28 28 24 24 35 35]
                [14 14 54 54 97 97]]
沿纵轴重复后的数组 c=[[98 34 32]
                [98 34 32]
                [28 24 35]
                [28 24 35]
                [14 54 97]
                [14 54 97]]
```

3. 统计函数

NumPy 提供了很多统计函数，实现对数组中的信息的统计运算，常用的统计函数有 max( )、min( )、sum( )、prod( )、std( )、var( )、mean( )和 median( )等，它们完成从数组中查找最大元素、最小元素、数组元素求和等功能。

（1）max( )函数和 min( )函数的作用分别是找出数组中所有元素的最大值和最小值，示例如下：

```
import numpy as np
a=np. random. randint(10,100,size=(3,3))
print("创建的数组 a=",a)
max=np. max(a)
print("数组中元素的最大值 max=",max)
min=np. min(a)
print("数组中元素的最小值 min=",min)
```

输出结果：

```
创建的数组 a=[[22 32 78]
            [85 62 10]
            [67 15 17]]
数组中元素的最大值 max=85
数组中元素的最小值 min=10
```

如果要输出每一行（或列）的最大值和最小值，则可以使用参数 axis 设置，示例如下：

```
import numpy as np
a=np. random. randint(10,100,size=(3,3))
print("创建的数组 a=",a)
b=np. max(a,axis=1)
print("数组中每一行元素的最大值 max=",b)
c=np. max(a,axis=0)
print("数组中每一列元素的最大值 max=",c)
```

输出结果：

```
创建的数组 a=[[54 46 38]
            [91 23 61]
            [11 38 85]]
数组中每一行元素的最大值 max=[54 91 85]
数组中每一列元素的最大值 max=[91 46 85]
```

（2）sum( )函数和 prod( )函数的作用分别是计算数组中所有元素的和与所有元素的积，示例如下：

```
import numpy as np
a=np. random. randint(1,10,size=(3,3))
print("创建的数组 a=",a)
b=np. sum(a)
print("数组中所有元素的和 b=",b)
c=np. prod(a)
print("数组中所有元素的积 c=",c)
```

输出结果：

```
创建的数组 a=[[8 7 4]
            [7 6 6]
            [2 2 6]]
数组中所有元素的和 b=48
数组中所有元素的积 c=1354752
```

（3）std( )函数和 var( )函数的作用分别是计算数组元素的标准差和方差。标准差是一组数据平均值分散程度的一种度量，标准差是方差的算术平方根。统计中的方差（样本方差）是每个样本值与全体样本值的平均数之差的平方值的平均数，示例如下：

```
import numpy as np
a=np. array([[-1,3,0],[5,2,7]])
print("创建的数组 a=",a)
b=np. std(a)
print("数组元素的标准差 b=",b)
c=np. var(a)
print("数组元素的方差 c=",c)
```

输出结果：

```
创建的数组 a=[[-1   3   0]
            [5   2   7]]
数组元素的标准差 b=2. 748737083745107
数组元素的方差 c=7. 555555555555556
```

（4）mean( )函数和 median( )函数：mean( )函数的作用是返回数组中元素的算术平均值，若提供了轴参数，则沿轴计算算术平均值；median( )函数的作用是返回数组中元素的中位数。示例如下：

```
import numpy as np
a=np. array([[7,3,2],[5,0,-1]])
print("创建的数组 a=",a)
b=np. mean(a)
print("数组元素的平均值 b=",b)
c=np. median(a)
print("数组元素的中位数 c=",c)
```

输出结果：

```
创建的数组 a=[[7  3  2]
            [5  0-1]]
数组元素的平均值 b=2.6666666666666665
数组元素的中位数 c=2.5
```

案例实现

运行结果如图 10-3 所示。

二维码 10-1
案例一代码 AnLi-1

```
 1 班成绩为      2 班成绩为        3 班成绩为        4 班成绩为        5 班成绩为
[[83 23  0]    [[ 95  90  12]    [[30 92 57]      [[55 68 90]      [[35 65 23]
 [83 29 12]     [ 80  45  69]     [87 62 96]       [41 96 76]       [38 22 60]
 [53 26 82]     [ 22  24  44]     [25 44 98]       [17 32 60]       [99 65 54]
 [53 17 64]     [ 46  29  12]     [42 48 15]       [30 91 27]       [16 74 88]
 [44 81 81]     [ 49  24  80]     [55 12 87]       [69 92 55]       [95 81 70]
 ..........     ..........        ..........       ..........       ..........
```

```
男生各科成绩统计
         Python   高数    英语
平均值     46.9     53.7    52.2
最大值     98.0    100.0    99.0
最小值      2.0      1.0     2.0
中位数     41.0     52.0    61.0
标准差     26.8     28.0    30.0
女生各科成绩统计
         Python   高数    英语
平均值     44.4     42.3    48.9
最大值     99.0     99.0    98.0
最小值      0.0      0.0     0.0
中位数     41.0     39.0    44.0
标准差     28.0     27.2    29.5
```

图 10-3　案例一运行结果

10.2　案例二　综合成绩统计可视化分析

案例描述

编写程序，对案例一生成的大一新生 5 个班(每班 30 人，包括 Python、高数、英语 3 门课程)的成绩，选取任一班级学生成绩进行可视化分析，要求如下。

(1)请计算 3 门课程的总分，此班级每门课程的平均分、最高分及最低分，并绘制相应的图形来统计 3 门课程的成绩分布。

(2)各图形自拟。

(3)坐标轴标签、图例等属性设置完整。

(4)使用中文标题及标签。

10.2.1　使用 pyplot 模块的绘图方法

Matplotlib 是 Python 中常用的数据可视化应用库，它支持各种平台，并且功能强大，可以非常方便地创建海量类型的 2D 图表和一些基本的 3D 图表。Matplotlib 库的安装命令为 pip install Matplotlib。

为方便用户快速绘图，Matplotlib 的 pyplot 模块提供了和 MATLAB 相似的绘图 API。matplotlib. pyplot 是一些命令式函数，每一个 pyplot( )函数都可以创建图形、在图形里创建绘图区、在绘图区画线、用标签装饰图形等。使用 matplotlib. pyplot 模块绘图，一般遵循以下 5 个步骤。

（1）创建一个画板或画布（figure）。

（2）在画板上创建一个或多个绘图（plotting）区域。

（3）在绘图区上描绘点、线等各种标记。

（4）为绘图区添加修饰标签（绘图线上或坐标轴上的）。

（5）其他各种操作。

在绘图过程中，主要包括如下元素：变量、函数、画板（figure）和绘图区（axes，也称为画纸，可以理解为坐标轴）。其中，变量和函数通过改变 figure 和 axes 中的元素（如 title、label、点和线等）来描述画板和绘图区，也就是在画布上绘图。绘图结构如图 10-4 所示。

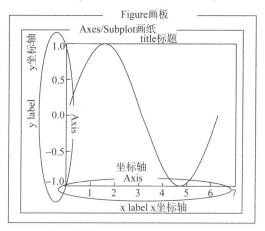

图 10-4　绘图结构

1. 调用 figure( ) 函数创建绘图对象

figure( )函数的语法格式：

```
plt. figure(figsize=(8,4))
```

参数 figsize 指定绘图对象的宽度和高度，单位为英寸（1 英寸＝2.54 厘米）；此外，还可以用 dpi 参数指定绘图对象的分辨率，即每英寸多少像素，默认为 100；可用参数 facecolor 指定绘图区背景颜色；可用参数 dgecolor 指定边框颜色；可用参数 frameon 表示是否显示边框。因此，本例中所创建的绘图对象的宽度为 800 像素，高度为 400 像素。上述语句的调用运行结果如图 10-5 所示。

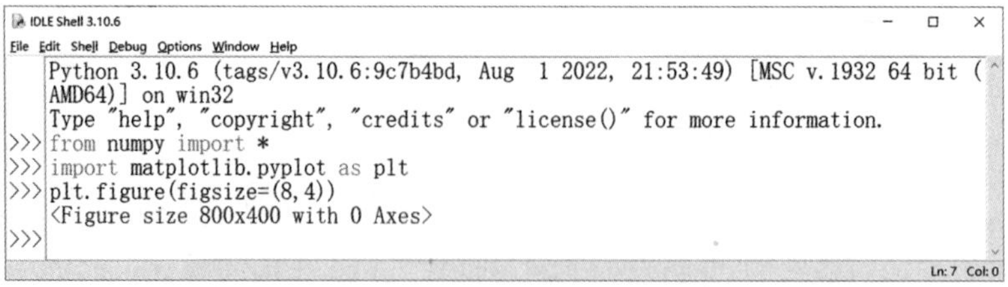

```
IDLE Shell 3.10.6
File Edit Shell Debug Options Window Help
Python 3.10.6 (tags/v3.10.6:9c7b4bd, Aug  1 2022, 21:53:49) [MSC v.1932 64 bit (AMD64)] on win32
Type "help", "copyright", "credits" or "license()" for more information.
>>> from numpy import *
>>> import matplotlib.pyplot as plt
>>> plt.figure(figsize=(8,4))
<Figure size 800x400 with 0 Axes>
>>>
Ln: 7  Col: 0
```

图 10-5　创建绘图对象的运行结果

2. 调用 plot( )函数在当前绘图对象中绘图

创建绘图对象之后，就可以利用 plot( )函数在当前绘图对象中绘图。实际是在子图对象上绘图，若当前的绘图对象中没有子图对象，那么将会创建一个充满整个图表区域的子图对象。

plot( )函数的调用格式：

```
plt.plot(x,z,"b--",label="$cos(x)$")
```

plot( )函数中各参数说明：

(1)将 x、z 数组传递给 plot 进行绘图。

(2)通过参数 b--指定曲线的颜色和线型，这个参数称为格式化参数，它通过一些特定的符号快速指定曲线的样式，其中“b”表示蓝色，“--”表示线型为虚线。常用的格式化参数如下。

①颜色(color，简写为 c)：蓝色(b)，绿色(g)、红色(r)、红紫色(m)、黄色(y)、黑色(k)、白色(w)。

②线型(Line styles，简写为 ls)：实线(-)、虚线(--)、虚点线(-.)、点线(:)、点(.)、星形(*)。

(3)可以用关键字参数制定各种属性。

label：设置曲线的标签，在图例中显示。只要在字符串前后添加“$”符号，Matplotlib 就会使用其内嵌的 latex 引擎绘制数学公式。

color：制定曲线的颜色。

linewidth：制定曲线的宽度，默认为 1。

3. 设置绘图对象的各个属性

(1)xlable、ylable：分别设置 x、y 轴的标题文字。

(2)title：设置图表标题。

(3)xlim、ylim：分别设置 x、y 轴的显示范围。

(4)legend：显示图例，即图中表示每条曲线的标签和样式的矩形区域。

(5)grid(True)：显示网格。

4. 清空 plt 绘制的内容

(1)plt.cla( )：关闭 plt 绘制的图形。

(2)plt.close(0)：关闭 0 号图表。

(3)plt.close('all')：关闭所有图表。

5. 图形保存和输出设置

调用 plt.savefig( )可以将当前的绘图对象保存成图像文件，图像格式由图像文件的扩展名决定，例如：

```
plt. savefig("pic. png",dpi=120)
```

表示将当前的图像保存为"pic. png"，并且图像的分辨率为 120，输出图像的宽度为 8×120=960 像素。

绘制的图形可通过 plt. show( )展示出来，可以通过图形界面中的工具栏进行设置和保存。

【微实例 10-1】

使用 matplotlib. pyplot 模块绘制正弦函数图形。

【程序代码 eg10-1】

```
from numpy import *
import matplotlib. pyplot as plt          #载入绘图模块 pyplot,并重命名为 plt
plt. figure(figsize=(8,4))                #创建一个画板,大小为 800*400
x=arange(0,4* math. pi,0. 01)            #初始值为 0,终值为 4*pi,步长为 0. 01
y=sin(x)
#调用 plot()函数绘图,绘制正弦曲线,线条颜色为红色,线条宽度为 3
plt. plot(x,y,label=" $ sin(x) $ ",color="red",linewidth=3)
plt. savefig("sin. png")
plt. show()
```

【运行结果】如图 10-6 所示。

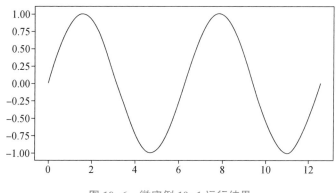

图 10-6　微实例 10-1 运行结果

6. 绘制多个子图

一个绘图对象可以包含多个子图，可以使用 subplot( )函数快速绘制包含多个子图的图表，调用格式如下：

```
subplot(numRows,numCols,plotNum)
```

subplot( )函数将整个绘图区域等分为 numRows 行、numCols 列，形成若干个子区域，然后按照从左到右、从上到下的顺序对各个区域进行编号，左上角的区域编号为 1，以此类推，并在 plotNum 指定的区域创建一个对象。

【微实例 10-2】

使用 matplotlib. pyplot 模块绘制多个子图。

【程序代码 eg10-2】

```
import numpy as np
import matplotlib. pyplot as plt          #载入绘图模块 pyplot,并重命名为 plt
t1 = np. arange(0,5,0. 2)                  #初始值为 0,终值为 5,步长为 0. 2
t2 = np. arange(0,5,0. 02)                 #初始值为 0,终值为 5,步长为 0. 02
plt. figure(figsize=(8,4))                 #创建一个画板,大小为 800*400
plt. subplot(2,2,1)                        #选择左上角区域为子图的绘图区域
#调用 plot()函数绘图,使用 t1 和 t2 绘制两条正弦曲线
plt. plot(t1,np. sin(t1),' bo' ,t2,np. sin(t2),' r--' )
plt. subplot(2,2,2)                        #选择右上角区域为子图的绘图区域
#调用 plot()函数绘图,使用 t2 绘制余弦曲线
plt. plot(t2,np. cos(2*np. pi*t2),' r--' )
#选择下面区域为子图的绘图区域
plt. subplot(2,1,2)
#调用 plot()函数绘图:y=x 的平方
plt. plot([1,2,3,4],[1,4,9,16])
plt. savefig("dzt. png")
plt. show()
```

【运行结果】如图 10-7 所示。

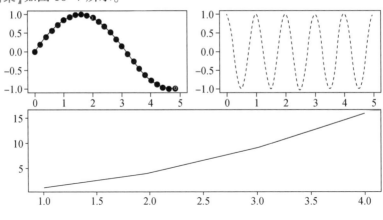

图 10-7　微实例 10-2 运行结果

7. 在图表中显示中文

Matplotlib 的默认配置中不支持中文字体显示,若需要显示中文,则需要在文件头增加以下代码。

```
plt. rcParams[' font. sans- serif' ]=[' SimTi' ]
plt. rcParams[' axes. unicode_ minus' ]=False
```

其中,SimTi 表示楷体。常用的中文字体表示:SimSun 表示宋体,SimHei 表示黑体,Microsoft YaHei 表示微软雅黑,Lisu 表示隶书,FangSong 表示仿宋,YouYuan 表示幼圆,SSTSong 表示华文字体,STHeiti 表示华文黑体。

【微实例 10-3】

使用 matplotlib. pyplot 模块绘制正弦函数图形,图表中显示中文。

【程序代码 eg10-3】

```
from numpy import *
import matplotlib. pyplot as plt          #载入绘图模块 pyplot,并重命名为 plt
#下面命令设置可以显示中文,将字体设置为黑体
plt. rcParams[' font. sans- serif' ]=[' SimHei' ]
plt. rcParams[' axes. unicode_minus' ]=False
plt. figure(figsize=(8,4))                #创建一个画板,大小为 800*400
x=arange(0,4*math. pi,0. 01)             #初始值为 0,终值为 4* pi,步长为 0. 01
y=sin(x)
#调用 plot()函数绘图,绘制正弦曲线,线条颜色为红色,线条宽度为 5
plt. plot(x,y,label=" $ sin(x) $ ",color="red",linewidth=5)
plt. xlabel("x 轴")                       #设置 x 轴标题
plt. ylabel("y 轴")                       #设置 y 轴标题
plt. title("y=sin(x)正弦曲线")            #设置图表标题
plt. ylim(-1,1)                           #设置 y 轴范围
plt. grid(True)                           #显示网格
plt. legend()                             #显示图例
plt. savefig("sin(x). png")               #保存图像
plt. show()                               #显示图像
```

【运行结果】如图 10-8 所示。

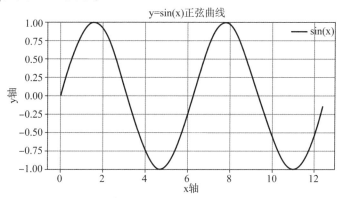

图 10-8　微实例 7-3 运行结果

10.2.2　使用 pyplot 模块绘制常见基础图表

Matplotlib 的 pyplot 模块可以进行快速计算和绘图,提供了 14 个绘制基础图表的函数,如表 10-8 所示。

表 10-8　pyplot 模块绘制基础图表的函数

函数	说明
plt. plot(x, y, fmt, …)	绘制折线图
plt. boxplot(data, notch, position)	绘制箱型图
plt. bar(left, height, width, bottom)	绘制条形图
plt. barh(width, bottom, left, height)	绘制横向条形图

函数	说明
plt. polor(theta，r)	绘制极坐标图
plt. pie(data，explode)	绘制饼图
plt. psd(x，NFFT=256，pad_to，Fs)	绘制功率谱密度图
plt. scatter(x，y)	绘制散点图
plt. step(x，y，where)	绘制步阶图
plt. hist(x，bins，normed)	绘制直方图
plt. vlines( )	绘制垂直图
plt. plot_date( )	绘制日期图

【微实例 10-4】

使用 Matplotlib 的 pyplot 模块函数绘制折线图、直方图、条形图、饼图。

【程序代码 eg10-4】

```python
import numpy as np
import matplotlib. pyplot as plt        #载入绘图模块 pyplot,并重命名为 plt
plt. figure(figsize=(16,8))             #创建一个画板,大小为 800*400
#绘制折线图
plt. subplot(2,2,1)                     #选择左上角区域为子图的绘图区域
plt. rcParams[' font. sans- serif' ]=[' SimHei' ]
plt. rcParams[' axes. unicode_minus' ]=False
x=['1 月','2 月','3 月','4 月','5 月','6 月']
y=[50,45,65,76,75,85]
plt. plot(x,y,color=' m' ,linewidth=3,linestyle=' dashdot' )
plt. xlabel("x 轴")
plt. ylabel("y 轴")
plt. title("折线图")
#绘制直方图
plt. subplot(2,2,2)                     #选择右上角区域为子图的绘图区域
zx=100                                  #设置均值,中心点所在
sg=20                                   #用于将每个点都扩大的响应倍数
#x 中的点以 zx 为中心,分布在 zx 旁边
x=zx+sg*np. random. randn(20000)
#绘制直方图:bins 设置分组的个数为 100,显示 100 个矩形
plt. hist(x,100,color=' g' )
plt. xlabel("x 轴")
plt. ylabel("y 轴")
plt. title("直方图")
#绘制条形图
plt. subplot(2,2,3)                     #选择左下角区域为子图的绘图区域
x=np. random. randint(10,50,20)         #x 轴,随机生成 20 个数值
```

```
y1=np. random. randint(10,50,20)          #y1 轴,随机生成 20 个数值
y2=np. random. randint(10,50,20)          #y2 轴,随机生成 20 个数值
r=0. 5
#绘制竖直方向条形图,线条颜色为红色
plt. bar(x,y1,width=0. 5,color=' r' )
#绘制竖直方向条形图,通过设置 left 来设置并列显示,线条颜色为蓝色
plt. bar(x+r,y2,width=0. 5,color=' b' )
plt. xlabel("x 轴")
plt. ylabel("y 轴")
plt. title("条形图",x=0. 5,y=-0. 3)
#绘制饼图
plt. subplot(2,2,4)                        #选择右下角区域为子图的绘图区域
#设置 6 个数据点的值,根据数据在所有数据中所占的比例显示结果
x=[222,142,455,664,454,334]
#设置 6 个数据点的标签
lab=[' China' ,' Swiss' ,' USA' ,' UK' ,' Laos' ,' Spain' ]
#explode 设置每一块或很多块的突出显示,由下面的 exp 参数决定
exp=[0. 01,0. 03,0. 01,0. 03,0. 01,0. 03]
#绘制饼图,autopct 设置百分数保留 2 位小数,显示阴影
plt. pie(x,labels=lab,autopct=' % 1. 2f% % ' ,explode=exp,shadow=True)
plt. title("饼图",x=0. 5,y=-0. 3)
plt. savefig("多种图形 . png")
plt. show()
```

【运行结果】如图 10-9 所示。

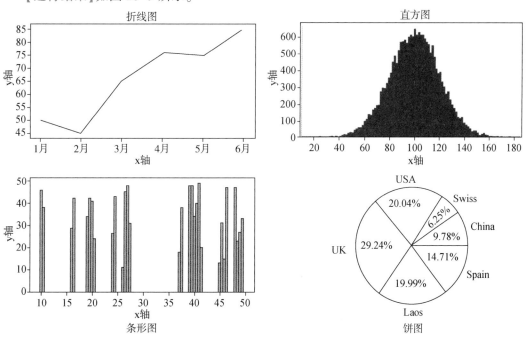

图 10-9　微实例 10-4 运行结果

运行结果如图 10-10 所示。

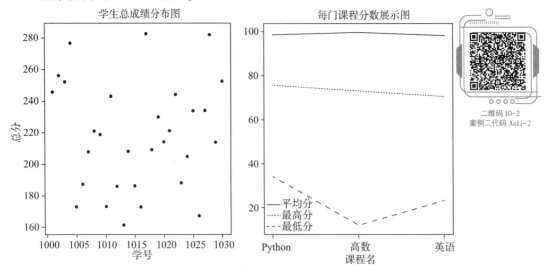

二维码 10-2
案例二代码 AnLi-2

图 10-10　案例二运行结果

由折线图可以看出学生高数成绩最高分与最低分相差最大，存在两极分化现象，应该多关注学生的高数学习情况，提高其对高数学科的学习兴趣。

10.3　案例三　词云应用

实现简单的中文词云，将"鲜衣怒马少年时，不负韶华行且知"生成词云图片。

WordCloud 在生成词云时，是以空格或标点符号作为分隔符对文本文件进行分词处理的。对于中文的文本文件，需要引入 jieba 库来对文件进行处理。生成中文文本词云的基本步骤是先将文本进行分词处理，然后以空格进行文本拼接，最后调用 WordCloud 库函数。

10.3.1　WordCloud 库的使用

WordCloud 把词云当作一个对象，它可以将文本中词语出现的频率作为一个参数来绘制词云，而词云的大小、颜色、形状等都是可以设定的。

1. WordCloud 库的安装方法

安装 WordCloud 库，可在 Windows 系统下的 cmd 命令行输入以下命令：

```
pip install WordCloud
```

2. WordCloud 库的常用方法

WordCloud 库把词云当作一个 WordCloud 对象(在 WordCloud 作为对象时，要注意字母的大小写)。WordCloud 库的常用方法如表 10-9 所示。

表 10-9　WordCloud 库的常用方法

方法	说明
w. generate(txt)	向 WrodCloud 对象 w 中加载文本 txt
w. to_file(filename)	将词云输出为 filename 图像文件，可输出为 .png 或 .jpg 格式文件

3. WordCloud 库的使用方法

(1)用 w = WordCloud. WordCloud( )配置对象参数。

(2)以 WordCloud 对象为基础。

(3)配置参数、加载文本、输出文件。

【微实例 10-5】

使用 WordCloud 库的常用方法，将"Together for a Shared Future"生成为词云图片。

【程序代码 eg10-5】

```
import WordCloud
c = WordCloud. WordCloud()
c. generate("Together for a Shared Future")
c. to_file("AnLi- 1. png")
```

【运行结果】如图 10-11 所示。

图 10-11　微实例 10-5 运行结果

10. 3. 2　WordCloud 对象常用参数

在 WordCloud 库中，其核心是使用 WordCloud 类，在使用 WordCloud 类时，需要进行对象的实例化。WordCloud 类中包含一系列的参数，可以配置词云图片的宽度、高度、字体、字号、背景颜色等信息。WordCloud 对象创建的常用参数如表 10-10 所示。

表 10-10　WrodCloud 对象创建的常用参数

参数	说明
width	指定生成词云图片的宽度，默认为 400 像素
height	指定生成词云图片的高度，默认为 200 像素
min_font_size	指定词云中字体的最小字号，默认为 4 号
max_font_size	指定词云中字体的最大字号，根据高度自动调节

续表

参数	说明
font_step	指定词云中字体字号的步进间隔，默认为 1
font_path	指定字体文件的路径，默认为 None
max_words	指定词云显示的最大单词数量，默认为 200
stop_words	指定词云的排除词列表，即不显示的单词列表
mask	指定词云形状，默认为长方形，需要引用 imread( ) 函数
background_color	指定词云图片的背景颜色，默认为黑色

配置对象参数方法：

```
w=WordCloud. WordCloud(<参数>)
```

案例实现

本案例具体实现过程可以参考以下步骤。

（1）分隔：WordCloud 默认以空格或标点符号作为分隔符对目标文件进行分词处理。对于中文文本，分词处理需要由用户来完成。

（2）字体：处理中文时需要指定中文字体，如本案例设置微软雅黑（msyh. ttc）字体作为显示效果。在使用时，需要将文本文件与代码文件放在同一目录下或增加完整路径。

二维码 10-3
案例三代码 AnLi-3

（3）布局：可以通过设置背景颜色对词云的背景色进行设定。

运行结果如图 10-12 所示。

图 10-12 案例三运行结果

10.4 实 训

10.4.1 实训一 学生身高、体重统计分析

根据两个班级学生的身高和体重，完成统计分析任务。

（1）使用随机函数生成两个班级共 100 名学生的身高和体重信息表，并保存为 HW. csv

文件。

(2)按性别统计学生的身高和体重的平均值。

(3)绘制条形图显示不同性别身高的平均值。

10.4.2　实训二　手机销售价格统计分析

根据一个手机评论数据 Mobile.csv 文件，该文件的数据列包括手机品牌、价格和评分，请完成下列数据分析任务。

(1)使用随机函数生成一个手机评论数据，并保存为 Mobile.csv 文件。

(2)按手机价格统计评分的最高分、最低分、平均分和中位数。

(3)按手机品牌统计评分的最高分、最低分、平均分和中位数。

10.4.3　实训三　中文词频统计

利用 WordCloud 库，使用 WordCloud.to_file 语句，将本地文件"每日一习话"中的关键词以图片的方式展示出来。

参 考 文 献

[1]嵩天，礼欣，黄天羽，等. Python 语言程序设计基础[M]. 2 版. 北京：高等教育出版社，2017.

[2]江红，于青松. Python 程序设计与算法基础教程[M]. 2 版. 北京：清华大学出版社，2019.

[3]李国辉. Python 数据分析与应用[M]. 北京：北京邮电大学出版社，2018.

[4]刘庆，姚丽娜，余美华. Python 编程案例教程[M]. 北京：航空工业出版社，2018.

[5]夏敏捷，宋宝卫. Python 基础入门[M]. 北京：清华大学出版社，2020.

[6]夏敏捷，尚展垒. Python 游戏设计案例实战[M]. 北京：人民邮电出版社，2019 年.

[7]嵩天. 全国计算机等级考试二级教程——Python 语言程序设计[M]. 北京：高等教育出版社，2020.

[8]董付国. Python 程序设计实例教程[M]. 北京：机械工业出版社，2021.

[9]张宗霞，项雪琰，张静. Python 程序设计案例教程[M]. 北京：机械工业出版社，2021.

[10]娄岩，刘帮涛. Python 程序设计基础[M]. 北京：清华大学出版社，2022.